I0751542

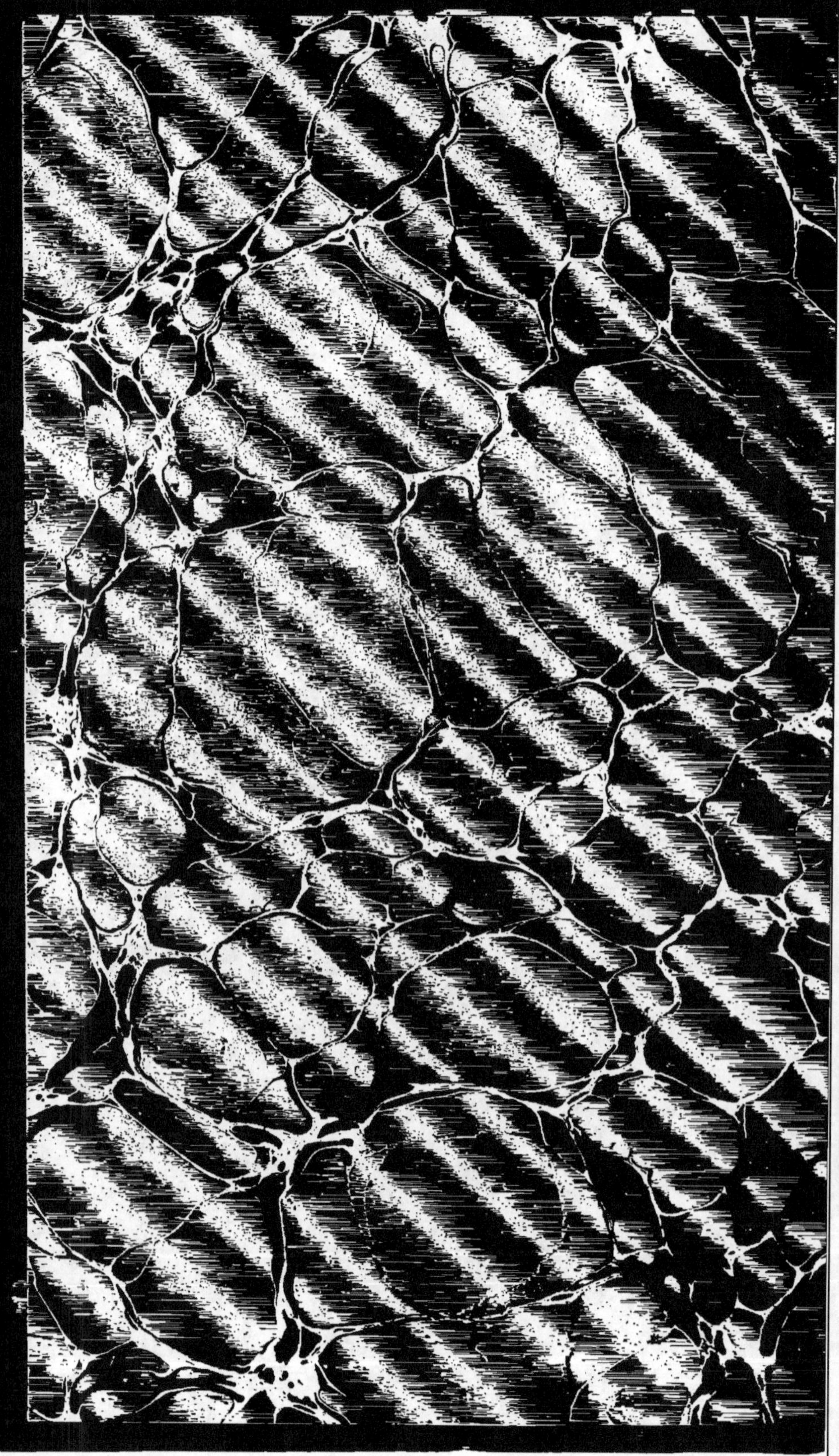

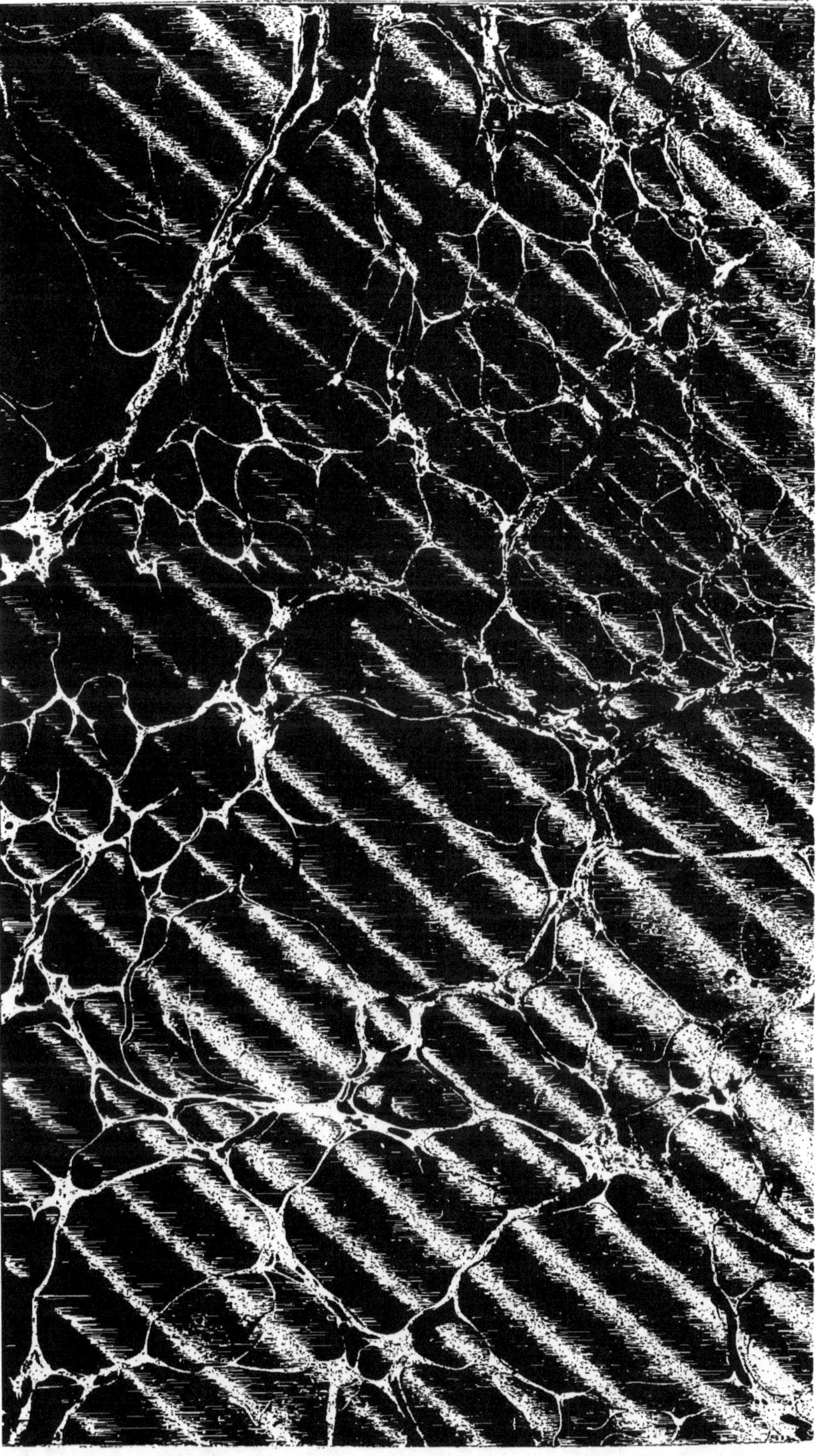

ENTOMOLOGIE APPLIQUÉE.

INSECTES NUISIBLES.

(Extrait du Bulletin de la Société des Sciences historiques et naturelles de l'Yonne.
3e Trimestre 1861.)

Auxerre, imprimerie de Perriquet.

LES

INSECTES NUISIBLES

AUX ARBRES FRUITIERS

AUX PLANTES POTAGÈRES,

AUX CÉRÉALES & AUX PLANTES FOURRAGÈRES,

PAR

CH. GOUREAU,

Colonel du Génie en retraite, Officier de la Légion-d'Honneur,
Membre de la Société entomologique de France et de la Société des Sciences historiques et naturelles de l'Yonne.

AUXERRE

IMPRIMERIE DE PERRIQUET ET ROUILLÉ.

MDCCCLXI.

PRÉFACE.

Ce petit ouvrage sur l'entomologie appliquée est destiné aux jardiniers de profession, aux propriétaires qui cultivent leurs terres et leurs jardins, qui soignent eux-mêmes leurs arbres fruitiers et aux fermiers jaloux de posséder toutes les connaissances relatives à l'agriculture. Il a pour but de leur faire connaître les insectes qui leur portent préjudice, de leur indiquer les dégâts qu'ils causent, l'industrie qu'ils emploient pour vivre, pour se conserver et propager leur espèce et aussi de leur désigner les moyens que l'on peut employer pour les combattre et atténuer le dommage qu'ils occasionnent.

On est souvent frappé des dégâts que l'on remarque sur les arbres fruitiers et sur leurs fruits, sur les légumes et les céréales, et de voir la faiblesse des récoltes succéder aux plus belles préparations printanières. Quelle est la cause de ce changement que bien souvent rien ne fait prévoir ? Les jardiniers et les cultivateurs ne manquent pas d'accuser les matinées froides, les brouillards humides, les pluies au moment de la floraison, les mauvais vents appelés *vents roux* et d'autres causes analogues qui sont généralement admises et assez faiblement prouvées. Mais si les intempéries sont quelquefois coupables des dommages qu'on leur attribue, d'autres fois elles en sont innocentes et la véritable cause du mal réside dans une multitude d'insectes qui attaquent les organes de la fructification ou ceux essentiels à la vie de la plante. Ces insectes échappent aux yeux inattentifs par leur petitesse ou par les réduits dans lesquels ils se cachent et ne sont nullement accusés, ni même soupçonnés d'être la cause des dégâts dont ils sont les véritables auteurs. L'œil exercé des entomologistes a su les découvrir et les suivre dans les phases de leur vie depuis leur naissance jusqu'à leur mort, ce qui leur a permis de nous en tracer l'histoire. C'est cette histoire qui est le sujet de ce livre, dans lequel on s'est proposé d'indiquer les dégâts causés par un grand nombre d'insectes et de mettre les personnes qui le consulteront à même de reconnaître ces petits animaux, de leur faire la chasse pour en diminuer le nombre ou les détruire plus ou moins complétement et de trouver, peut-être, un moyen simple, pratique, peu dispendieux de nous en délivrer suffisamment pour que le dommage soit insensible.

Il y a vraisemblablement beaucoup d'autres insectes nuisibles, tantôt sur un point, tantôt sur un autre, à des intervalles plus ou moins longs, dont je n'ai pas parlé, parce que je ne les ai pas observés moi-même et que je n'ai rien trouvé d'écrit sur eux dans les ouvrages que j'ai consultés.

Les moyens de combattre les insectes nuisibles sont de deux sortes ; les uns dépendent de l'industrie de l'homme, de ses soins bien dirigés et des sacrifices pécuniaires qu'il veut faire pour sauver sa récolte et conserver ses produits. On doit avouer que ces procédés sont, en général, peu fructueux, au moins ceux qui sont connus jusqu'à ce jour, même lorsqu'ils sont préconisés. Les autres dépendent de la nature et résident dans l'action d'autres insectes que l'on nomme parasites, dont les fonctions semblent consister à s'opposer à la trop grande multiplication des premiers. Comme l'influence des parasites est très efficace et que leur rôle dans la nature est très-important, on exposera, en débutant, leur histoire générale et on donnera le signalement des divisions entomologiques dans lesquelles ils sont rangés afin qu'on puisse les reconnaître pour les épargner.

Il n'existe en France aucun ouvrage sur l'entomologie appliquée, ce qui est une lacune regrettable dans la science entomologique. L'essai que je publie a pour but d'appeler l'attention sur ce sujet intéressant et d'exciter les entomologistes plus savants que moi à gratifier le public d'un traité complet scientifique et pratique sur cette matière.

En 1859, M. Curtis, célèbre entomologiste anglais, a publié un très-bel ouvrage (1), dans lequel il décrit et représente soit au trait, soit en figures coloriées, les insectes nuisibles à l'agriculture anglaise. Je lui ai emprunté plusieurs articles dont j'ai fait des traductions ou des extraits, notamment ceux où il fait mention des parasites des insectes nuisibles. J'ai aussi emprunté plusieurs faits au traité de M. Géhin sur les insectes qui vivent sur le poirier et dont les deux premières parties ont vu le jour.

Ce petit ouvrage est divisé en trois sections : la première traite des insectes nuisibles aux arbres fruitiers ; la deuxième, de ceux qui attaquent les plantes potagères ; la troisième est consacrée aux insectes qui ravagent les champs cultivés en céréales et en plantes fourragères. Il renferme un assez grand nombre d'observations qui me sont propres, et, pour ce que je n'ai pas vu moi-même, je m'en suis rapporté aux auteurs les plus accrédités dont je cite les noms.

CH. GOUREAU.

De Santigny, juin 1861.

(1) Farm Insects teing, the natural history and economy of the Insects injurious to the field crops of Great-Britain and Ireland and also those which infect barns and granaries, by Joh Curtis. — Londres, 1860.

AVANT-PROPOS.

LES INSECTES DESTRUCTEURS DES INSECTES NUISIBLES.

On peut regarder comme une loi générale de la Nature, que les animaux sont d'autant plus nombreux qu'ils sont plus petits, et comme une autre loi, que leur fécondité est en raison de leur petitesse ; ce qui a été établi par le créateur de ce monde pour qu'ils compensent, par le nombre, la force individuelle qui leur manque, et qu'ils puissent remplir le rôle qu'il leur a assigné dans la police de l'univers. On peut encore regarder comme une loi, que les animaux, si rien ne contrarie leur développement, se multiplient en proportion des aliments qui leur sont destinés. C'est pourquoi les insectes sont très-nombreux et que dans certaines années ils pullulent tellement que, s'ils se portent sur les végétaux qui nous sont utiles, ils y font de grands dégâts et nous causent de notables dommages. Mais un fait bien digne de remarque, c'est que ces insectes nuisibles, si nombreux dans une année que l'on croirait que l'année suivante la terre en doit être accablée, disparaissent quelquefois complètement et qu'on n'en voit pas un seul, ou, pour parler plus exactement, qu'ils deviennent tellement rares que c'est à peine si, avec les soins les plus minutieux, on en découvre quelques-uns. Cette destruction est la conséquence d'une autre loi générale de la nature, savoir : que tous les êtres créés servent de pâture les uns aux autres. Les oiseaux à bec fin, comme les fauvettes de toutes les espèces, ainsi que les hirondelles, etc., vivent exclusivement d'insectes et s'ils se plaisent dans nos jardins et autour de nos maisons c'est qu'ils y trouvent une nourriture abondante pour eux et pour leurs petits ; ce sont de très-bons échenilleurs que nous devons respecter et aimer, car leur intervention est de beaucoup supérieure à celle de l'homme pour la destruction des insectes. Mais toute importante qu'elle soit, elle le cède en efficacité à l'action des insectes que l'on appelle parasites, lesquels doivent être regardés comme les modérateurs de leur classe.

Pour maintenir un juste équilibre entre les insectes et les végétaux dont ils se nourrissent, le souverain créateur a placé à côté de chaque espèce herbivore une espèce carnassière qui s'en nourrit. Cette dernière a l'instinct de pondre ses œufs dans le corps même de la larve qui produit la première ou dans l'habitation que la mère a choisie pour élever ses petits. Il sort de cet œuf une larve qui ronge celle qui la porte dans son sein ou qui l'a reçue dans son berceau. Pour rendre ceci plus clair on va citer des exemples. Les papillons blancs qui voltigent dans les jardins pondent sur les choux et produisent des chenilles vertes qui rongent ce légume et font beaucoup de dégâts lorsqu'elles sont nombreuses. Il existe un petit moucheron noir à quatre ailes qui voltige au-dessus de ces chenilles, se pose sur elles, les pique avec une petite tarière menue comme un cheveu qu'il porte au derrière et pond un œuf dans la blessure. Il en place quelquefois 60 ou 80 dans la même chenille. Chaque œuf produit un petit ver qui suce les humeurs intérieures du corps de la chenille et grandit sans blesser les organes nécessaires à la vie. Cette chenille ne paraît pas incommodée de la nichée qu'elle porte dans son sein ; mais lorsque ces larves parasites sont devenues grandes, elles percent la chenille pour sortir de son corps qui se trouve alors réduit à la peau ; chacune s'enveloppe dans un petit cocon de soie où elle se change en chrysalide, puis en insecte parfait qui va pondre sur les chenilles du chou comme a fait sa mère.

On pourrait croire que la larve du Pique-bourgeon, dont on parlera plus loin, est bien en sûreté dans sa galerie creusée au centre d'une branche de poirier et que rien ne peut l'y déranger ; mais il existe une mouche à quatre ailes, à corps allongé et fluet, qui porte une longue tarière menue comme un crin, qui sait bien la découvrir. Cette mouche perce la branche et pond un œuf dans le corps de la larve mineuse. De cet œuf sort un petit ver qui ronge intérieurement la larve du Pique-bourgeon et la fait périr.

Maintenant on peut comprendre le rôle des parasites. Lorsqu'une espèce nuisible, favorisée par des circonstances heureuses, se multiplie outre mesure, ses parasites se multiplient en même temps et finissent par prendre le dessus et par l'exterminer, sauf un très petit nombre d'individus qui échappent à la destruction générale. L'année suivante les parasites, ne trouvant plus d'aliments, périssent à leur tour et tout rentre dans l'ordre régulier. Les parasites sont donc les plus utiles auxiliaires de l'homme dans la guerre qu'il fait aux insectes nuisibles à ses récoltes et il doit les connaître afin de les respecter. Il s'en faut de beaucoup que les entomologistes puissent dire quels sont ceux de ces parasites qui s'attachent à chaque espèce d'insecte en particulier; ils se sont très-peu occupés de ce sujet intéressant où, pour ainsi dire, presque tout est à faire. Je ne pourrai donc citer qu'un petit nombre d'entre eux d'après mes propres observations qui sont très-incomplètes, et celles des auteurs qui en ont décrit quelques autres. Mais on est en état de signaler les parasites d'une manière générale, suffisante pour les faire reconnaître, et l'on doit engager à les conserver tous, car ils ne nous font jamais de mal et peuvent nous rendre service.

Les parasites forment trois immenses tribus dans la classe des Insectes, savoir : la tribu des Ichneumoniens, celle des Chalcidites et celle des Tachinaires. Les deux premières font partie de l'ordre des Hyménoptères et de la famille des Pupivores, et la troisième de celui des Diptères et de la famille des Athéricères.

On reconnait les Ichneumoniens à leurs antennes longues, filiformes, presque toujours en mouvement; à leur corps allongé et svelte; à leur abdomen attaché au corselet par une petite portion de son épaisseur ou simplement par un fil plus ou moins long appelé pédicule; chez les femelles, il est ordinairement terminé par une queue ou tarière d'une longueur plus ou moins considérable; leurs ailes sont parcourues par des veines ou nervures qui forment plusieurs mailles ou cellules fermées. Lorsque l'on a vu quelques femelles à longue tarière, on reconnait à leur forme celles qui n'en ont pas d'apparente et les mâles qui en sont toujours privés. Les Ichneumoniens sont ordinairement noirs avec des nuances jaunes ou fauves, soit sur le corps, soit sur les pattes.

Les Chalcidites sont de très-petits hyménoptères dont les couleurs sont généralement vert doré ou rouge doré ou bleues, quelquefois noires, toujours brillantes; leurs antennes sont coudées, c'est-à-dire, pliées comme le bras, peu longues; leur abdomen est réuni au corselet par un pédicule très-court, et rarement terminé par une tarière saillante; leurs ailes supérieures n'ont qu'une courte nervure près du bord extérieur et jamais de mailles ou cellules fermées.

C'est avec leur tarière que les femelles, dans ces deux tribus, percent la peau des chenilles et des larves qui vivent à découvert pour pondre leurs œufs dans leur corps, ou qu'elles percent le logement dans lequel elles sont renfermées pour y introduire leurs œufs.

Les Tachinaires font partie, comme on vient de le dire, de l'ordre des Diptères; elles entrent dans la famille des Athéricères et dans la tribu des Muscides dont elles forment une section ou sous-tribu. Elles sont ordinairement plus grosses que les mouches de nos appartements et atteignent quelquefois la taille des grosses mouches bleues qui pondent leurs œufs sur la viande et la gâtent. Elles sont noires; leurs antennes sont ordinairement couchées sur la face et descendent presque à l'ouverture de la bouche qui est bordée de poils appelés soies; le troisième article de ces antennes est ordinairement oblong et toujours surmonté d'une soie simple ou plumeuse; leur face et le sommet de leur tête portent des soies, ainsi que leur corselet; leur abdomen, outre des poils qui s'y voient, présente des soies au bord postérieur de ses segments et souvent au milieu; les pattes sont ciliées; leurs ailes sont écartées. Ces mouches, qui sont dépourvues de tarière, pondent leurs œufs sur le corps des chenilles ou des larves qu'elles trouvent à leur portée, ou les font parvenir dans leurs habitations par des procédés particuliers.

On doit encore signaler comme insectes destructeurs des espèces nuisibles tous les coléoptères de la tribu des Carabiques qui sont carnassiers et chasseurs et qui se nourrissent de larves, d'insectes, de vers, etc., qu'ils trouvent sur la terre. On les reconnaît à leurs antennes filiformes ou sétacées, leurs palpes, au nombre de six, leurs pattes propres à la course dont les antérieures sont portées sur une grande rotule et les postérieures sont pourvues d'un trochanter; tous leurs tarses ont cinq articles, enfin leurs mâchoires sont écailleuses et crochues à l'extrémité.

Si un très petit nombre d'espèces de cette tribu peuvent causer quelque préjudice, toutes les autres sont utiles, et parmi elles on doit signaler le Carabe doré (*Carabus auratus*, Lin.) que l'on voit fréquemment dans les jardins et qui est connu sous les noms vulgaires de *Jardinière*, *Vinaigrier*; il est particulièrement utile et mérite d'être ménagé avec soin, car il détruit un grand nombre de petits animaux inutiles ou dangereux. Il a environ 22 millimètres de longueur sur 8 de largeur. Il est d'une belle couleur vert doré en dessus; le labre, les mandibules, les palpes, la base des antennes et les pattes sont d'un rouge ferrugineux; les élytres portent chacune trois côtes longitudinales obtuses avec lés intervalles très-faiblement granulés; le dessous du corselet est verdâtre et le reste du corps est noir.

PREMIÈRE PARTIE.

INSECTES NUISIBLES AUX ARBRES FRUITIERS.

ENTOMOLOGIE APPLIQUÉE.

INSECTES NUISIBLES.

PREMIÈRE PARTIE.

INSECTES NUISIBLES AUX ARBRES FRUITIERS.

1. — LE HANNETON.

(*Melolontha vulgaris*, Fab.) (1).

Le Hanneton est connu de tout le monde, et peu de personnes ignorent qu'il cause beaucoup de dégâts en rongeant les feuilles des arbres. Il n'est pas difficile sur le choix de ses aliments et il attaque presque toutes les espèces de nos forêts, mais son mets de prédilection est le chêne pour lequel il néglige les autres essences. Lorsqu'il est abondant il a bientôt dépouillé une forêt de toutes ses feuilles et réduit les rameaux à l'état où ils étaient pendant l'hiver. Ses ravages ne sont pas annuels dans une même localité, ils sont périodiques et reviennent tous les quatre ans, et pendant cette quatrième année la végétation est retardée par l'enlèvement de la première feuille du printemps, ce qui cause un préjudice notable au bois. Le Hanneton n'est pas seulement dangereux à l'état d'insecte parfait il l'est encore sous celui de larve, et pendant la période de développement de la larve ses dégâts sont quelquefois plus considérables que ceux qu'il produit comme insecte ; car alors il ronge les racines et fait périr les jeunes sujets. Il se plait dans les terrains légers, friables, faciles à fouiller et s'y multiplie considérablement ; il est moins commun dans les terres fortes, dans la glaise, dans les sols durs, battus, et qui sont peu ou point cultivés. C'est

(1) L'ordre observé pour chaque partie dans la disposition des Insectes est celui des familles naturelles de Latreille.

pourquoi les semis, les pépinières y sont fort exposées, mais les cultures et les labours ramenant les larves à la surface du sol on peut les tuer et diminuer leurs ravages. La tranquillité lui est nécessaire, comme à tous les animaux, pour se multiplier, et lorsque le terrain est retourné fréquemment par les labours, il l'abandonne pour chercher un séjour plus tranquille. Les jardins et les champs y sont beaucoup moins exposés que les bois et les broussailles et, parmi ces derniers, ceux qui ont le plus à en souffrir sont ceux qui croissent dans des terrains légers. Le hanneton est un insecte particulièrement nuisible aux arbres forestiers, mais comme on le rencontre assez souvent dans les jardins et dans les vergers j'ai dû en parler ici.

Le Hanneton ne se montre que dans le mois de mai et ne disparaît qu'à la fin de juin. Il a ainsi près de deux mois pour ronger les bourgeons et les feuilles épanouies. Il se tient sur les rameaux et les feuilles, il s'y accouple et y pend quelquefois en girandoles si nombreuses qu'elles font disparaître le bois. Après l'accouplement qui dure longtemps, la femelle descend de l'arbre et s'enfonce dans la terre à une profondeur de 10 à 20 centimètres. Elle creuse une galerie verticale à l'aide de ses mandibules et de ses pattes et fait sa ponte au fond. Cette ponte consiste en 12 à 30 œufs de la grosseur d'un grain de chénevis environ et d'une couleur blanc-jaunâtre. Au bout d'un mois ou six semaines les larves éclosent et se mettent à ronger les fibrilles des racines qui sont à leur portée. Elles croissent lentement et ne se séparent pas pendant le reste de la belle saison. Quant à la mère, elle est morte dans sa galerie après avoir fait sa ponte. Le mâle est aussi mort après l'accouplement. L'hiver venu les jeunes larves s'enfoncent dans le sol pour se préserver de la gelée et s'engourdissent. Au retour du printemps elles se raniment, remontent vers la surface du sol et se séparent pour vivre chacune à part. Elles creusent des galeries pour trouver des racines tendres et succulentes dont elles se nourrissent. A l'approche du froid elles redescendent dans la terre pour échapper à sa rigueur. A l'automne de leur troisième année elles s'enfoncent plus profondement que de coutume et se creusent une petite cellule dans laquelle elles ne tardent pas à se changer en chrysalides. Cette larve parvenue à cette période de sa vie a acquis toute sa grandeur. Elle a 45 mil. de longueur ; elle est blanche, arquée, grosse et plissée sur le dos ; sa tête est écailleuse, jaunâtre, pourvue de deux fortes mandibules et de deux petites antennes. Le corps est formé de douze segments plissés transversalement, armés de spinules sur le dos ; le dernier est plus long, plus gros que les autres, rempli d'une matière noirâtre. Cette larve est connue des horticulteurs sous les noms de : *ver-blanc*, *ver-turc*, *mans*.

La chrysalide se transforme en hanneton à la fin de mars ou au commencement d'avril de la quatrième année. Ce dernier se raffermit peu à peu, prend de la force et se met à creuser une galerie pour sortir de la terre et prendre son essor. Il fait partie de la famille des Lamellicornes, de la tribu des Scarabéides, de la sous-tribu des Phyllopages et du genre *Melolontha*. Son nom entomologique est *Melolontha vulgaris*, et son nom vulgaire *Hanneton commun* ou simplement *Hanneton*.

1. *Melolontha vulgaris*, Fab. — Il a 27 mil. de longueur. Il est noir, velu ; les parties de la bouche, les antennes, les pattes, le dernier segment de l'abdomen et les élytres sont d'un brun rouge. On voit quatre côtes élevées sur les élytres et des taches triangulaires blanches sur les côtés de l'abdomen ; le stylet anal est rétréci insensiblement en pointe. Les jambes antérieures de la femelle sont tridentées ; celles du mâle, bi-dentées ; il a en outre les feuillets de ses antennes plus longs que ceux de la femelle.

On s'oppose à la trop grande multiplication de cet insecte en tuant toutes les larves que l'on rencontre en labourant la terre, en secouant les arbres chargés de hannetons depuis le grand matin jusqu'à l'approche du soir. Il se laisse tomber et on l'écrase. Cette opération doit être renouvelée le plus souvent possible pendant tout le temps de son apparition.

Le Hanneton a beaucoup d'ennemis naturels qui en font une grande destruction. Les volailles, particulièrement le dindon, en sont très friandes ; elles dévorent avidement les larves et les insectes parfaits. Les oiseaux de nuit et les petits oiseaux de proie en prennent beaucoup, ainsi que l'engoulevent, l'étourneau, les grives, les mésanges, les pouillots; le renard, la martre, la fouine, la belette, le hérisson s'en nourrissent faute d'autre proie. Les taupes détruisent beaucoup de larves. Les corbeaux, particulièrement le Freux (*Corvus frugilegus*, Lin.), suivent les charrues au printemps pour ramasser les larves de hannetons et autres insectes qu'elles mettent à jour en retournant la terre.

On ne connat pas encore le parasite de cet insecte et l'on ignore si sa larve est la proie d'une autre larve carnassière qui se nourrit de sa substance. On ne lui fait pas la chasse dans le but de le détruire, en sorte qu'il se multiplie librement. Si l'on découvrait un moyen de l'utiliser soit à l'état de larve, soit à l'état parfait, on aurait intérêt à le récolter ; on s'occuperait alors de sa destruction et l'on parviendrait à diminuer considérablement les dommages qu'il occasionne.

---

2. — LE COUPE-BOURGEON.

(*Rhynchites conicus*, Herbs.)

Le Coupe-bourgeon est bien connu des jardiniers, au moins par les dégâts qu'il cause aux jeunes arbres fruitiers. Toutes les personnes qui s'occupent d'arboriculture savent que l'opération la plus importante de l'éducation des arbres fruitiers est l'ébourgeonnement. Cette opération consiste à conserver soigneusement les bourgeons qui doivent former les rameaux, puis ensuite les branches de l'arbre et à supprimer les autres bourgeons dont la sève répercutée se porte dans les premiers pour les fortifier. Lorsque l'on a ainsi préparé l'arbre ou que l'on a marqué dans son esprit les jets que l'on doit conserver, arrive le Coupe-bourgeon qui scie aux trois quarts la pousse réservée et la fait tomber. Il sort bientôt de l'aisselle de la feuille la plus voisine du bout amputé un nouveau bourgeon qui pourrait remplacer celui qui vient d'être abattu, mais l'insecte accourt et le coupe de nouveau, en sorte que le jardinier n'est plus maître de diriger l'arbre et de lui donner la forme convenable.

Le Coupe-bourgeon est un petit insecte de l'ordre des Coléoptères, de la famille des Porte-bec, de la tribu des Attélabites et du genre *Rhynchites*; son nom entomologique est *Rhynchites conicus*, Herbs, en français *Rynchite conique*. On lui donne aussi le nom d'*Attélabe conique*.

1.' *Rhynchites conicus*, Herbs. — Il est long de 3 à 4 mil. y compris le rostre ou bec. Sa couleur est d'un beau bleu foncé; il est revêtu de poils épars, courts, fins, dressés, qu'on ne distingue qu'en le regardant de près; sa tête se prolonge en un rostre long, menu, filiforme, de couleur noire; les antennes droites, insérées sur le rostre, sont noires, terminées en massue; les yeux sont noirs; la tête et le corselet sont bleus et couverts de petits points enfoncés; l'abdomen est protégé par des élytres carrées, arrondies aux angles, fortement striées et ponctuées dans les stries; elles sont plus larges que le corselet; le dessous et les pattes sont bleus.

Il a des ailes sous ses élytres au moyen desquelles il vole d'un arbre à l'autre. Lorsqu'on veut le saisir il faut avoir soin de placer la main ouverte au-dessous de la feuille sur laquelle il se tient, car au moindre danger il se laisse tomber et fait le mort.

Pendant les mois de mai et de juin on remarque fréquemment dans les jardins plantés d'arbres fruitiers et dans les pépinières des bourgeons flétris, noircis ou desséchés qui pendent aux arbres et ne sont retenus que par un filet d'écorce. La coupe qui les a séparés est nette comme si on avait employé un couteau. Cet ouvrage a été fait par le Coupe-bourgeon qui agit de la manière suivante : Lorsque la femelle s'est accouplée et qu'elle est pressée par le besoin de pondre elle se transporte sur un jeune bourgeon tendre, de consistance herbacée; elle s'y promène et choisit le point où elle veut placer son œuf; elle y perce un petit trou oblique avec son rostre dont l'extrémité est armée de deux petites dents qui agissent latéralement comme des ciseaux. Le trou fait, elle y pond un œuf; puis ensuite elle descend au-dessous du point où est l'œuf, lui tourne le derrière et elle coupe circulairement le bourgeon sur les trois quarts de la circonférence. Elle répète cette opération sur d'autres bourgeons autant de fois qu'elle a d'œufs à pondre. La sève se trouvant interrompue, le bout coupé se flétrit, se casse et pend à la branche. Mais pourquoi agit-elle ainsi? c'est parce que le petit ver qui sortira de l'œuf a besoin de sève altérée pour sa nourriture, de jeune bois flétri, amorti, pour croître et se développer; il périrait dans un bourgeon sain. Au bout de quelque temps le bourgeon coupé se détache de l'arbre et tombe à terre; la larve continue à y croître en rongeant le bois pourri. Parvenue à sa taille, elle entre dans le sol, s'enveloppe de parcelles fines de terre qui lui forment une coque sphérique dans laquelle elle passe l'hiver sans redouter les gelées.

Cette larve est un petit ver blanc, mou, courbé en arc, privé de pattes, dont la tête est ronde, en partie rentrée dans le premier segment du corps, et armée de deux mâchoires; il est couvert de rides transversales et formé de douze segments. Elle se change en chrysalide à la fin d'avril, et en insecte parfait dans le première quinzaine de mai. Dans les années chaudes l'insecte éclôt en septembre et les femelles fécondées se réfugient dans un abri comme une écorce soulevée, une fente, une crevasse pour y passer l'hiver et attendre le retour du printemps, mais dans ce cas une partie de la génération reste dans la terre.

On fait utilement la chasse à cet insecte en cueillant tous les bourgeons coupés et les jetant au feu. On doit renouveler cette chasse tous les deux ou trois jours pendant les mois de mai et de juin. Il faut bien se garder de jeter les bourgeons à terre, car on ferait ce qui est dans le cours naturel de la vie de cet insecte; on n'en détruirait aucun; il faut les brûler.

Le Coupe-bourgeon s'adresse particulièrement aux poiriers, mais il attaque aussi les pommiers, les pruniers, les abricotiers et même l'épine blanche et probablement d'autres espèces d'arbres.

—

3 et 4. — L'URBEC.

(*Rhynchites betuleti*, Fab. et *Rhynchites populi*, Fab.)

L'*Urbec* est encore appelé par les viticulteurs, dans diverses contrées de la France, *Urbère*, *Urbée*, *Becmare*, *Bèché*, *Lisette*, *Diableau*, *Destraux*, *Velours-vert*. Le nom de *Urbec* me parait signifier tête-à-bec (hure-bec); celui de *Becmare* signifie grand bec; *Bèche* est le patois de bec; *Lisette*, *Diableau*, *Destraux*, sont des noms de fantaisie et n'apprennent rien sur l'animal; *Velours-vert* indique sa couleur. Ce même insecte a encore porté le nom de *Attelabe bacchus* qu'il ne faut pas confondre avec le *Rhynchites bacchus*, Schœn., qui en est fort différent. Cette confusion a été faite et a jeté de l'incertitude dans l'histoire de ces petits animaux. Il me paraît certain que l'urbec ou becmare est le *Rhynchites betuleti*, Fab. ou le *Rhynchites populi*, Fab., qui lui ressemble beaucoup.

Dans un savant mémoire sur les insectes nuisibles à la vigne (1), M. Walcknaer dit que l'*Attelabus bacchus* a les mêmes habitudes que l'*Attelabus betuleti;* le premier s'adresse de préférence aux feuilles de la vigne et du cerisier; le second aux feuilles du bouleau et de la vigne. Ces deux insectes pourraient bien être les mêmes que ceux qui viennent d'être nommés, c'est-à-dire les *A. betuleti et A. populi*. de Fabricius.

On connaît très-bien les mœurs du *Rhynchites betuleti*. Il roule en paquet cylindrique les feuilles de l'extrémité d'un bourgeon et s'adresse à plusieurs espèces d'arbres différents, tels que le bouleau, le saule-marsault, le hêtre, le poirier, etc. La femelle, après la confection de son rouleau, le perce en quatre ou cinq places différentes avec son bec et pond un œuf dans chaque trou, puis elle coupe à moitié les pétioles des feuilles pour arrêter la sève, les faire flétrir et dessécher. Ces rouleaux pendent à l'extrémité des branches et tombent à terre au bout de quelque temps. Les larves sorties des œufs ont rongé l'intérieur du rouleau pour vivre. Parvenues à toute leur croissance lorsqu'il est tombé, elles en sortent pour entrer dans le sol où elles se changent en chrysalide. L'insecte parfait commence à éclore le 20 septembre, mais une partie de la génération passe l'hiver dans la terre et ne se transforme qu'à la fin du mois de mai suivant.

(1) Ann. Soc. Ent., 1836.

La larve est blanche, ové-conique, courbée en arc, molle, apode, glabre, formée de douze segments, sans compter la tête qui est ronde, écailleuse, jaunâtre, armée de deux mâchoires. La chrysalide est renfermée dans une coque de terre agglutinée, peu solide.

L'insecte parfait est un coléoptère de la famille des Porte-bec ou Rhyncophores, de la tribu des Attélabites et du genre *Rhynchites*, son nom est *Rhynchites betuleti*, Fab.

1. *Rhynchites betuleti*, Fab. — Long. 5 à 7 mil. rostre compris. Vert doré, brillant; Antennes noires, de la longueur de la tête, de onze articles, les trois derniers formant la massue; rostre arqué, plus long que la tête, laquelle est un peu épaissie à son extrémité, d'un noir bleu. Corselet vert doré, ponctué avec un faible sillon dorsal, plus étroit en devant qu'en arrière, arrondi sur les côtés; élytres deux fois aussi longues que le corselet, plus larges que ce dernier, presque carrées, arrondies en arrière, d'un vert doré, à points enfoncés nombreux, rangés en stries; pattes vert doré, ponctuées; dessous vert doré, ponctué, pubescent.

On trouve des individus de cette espèce qui sont d'un beau bleu indigo à reflets violacés et qui portent de chaque côté du corselet une épine dirigée en avant.

D'après les habitudes de cet insecte on peut lui faire la chasse fructueusement en récoltant dans les vignes tous les paquets de feuilles roulées en forme de cylindre et les brûlant. C'est dans le mois de juin qu'on doit faire cette recherche qui détruira une bonne partie de la génération à venir.

Si le *rhynchites populi* s'adresse aussi à la vigne il doit être traité de la même manière que le *betuleti*, car ses habitudes sont les mêmes à l'état de larve et d'insecte parfait; il lui ressemble considérablement lorsqu'on le regarde en dessus.

2. *Rhynchites populi*, Fab. — Long. 6 à 7 mil. rostre compris. Dessus d'un vert brillant doré ou bronzé. Antennes noires ayant leurs trois derniers articles en massue; rostre épais, arqué, de la longueur de la tête, un peu plus gros à l'extrémité, d'un vert bronzé, ponctué, avec un petit sillon en dessus; tête vert doré,

ponctuée, profondément canaliculée sur le front; yeux noirs; corselet vert doré brillant, ponctué, avec un sillon au milieu du dos, plus étroit en devant qu'en arrière, arrondi sur les côtés; écusson petit, bleu; élytres d'un vert doré ou bronzé brillant, plus larges que le corselet, à épaules saillantes, arrondies, en carré arrondi à l'extrémité, à stries formées de points enfoncés; dessous d'un bleu foncé, ponctué; pattes bleues à tarses noirs.

---

5. — LE RHYNCHITES BACCHUS.

(*Rhynchites bacchus*, Schœn.)

Le *Rhynchites bacchus* est accusé de rouler les feuilles de vigne pour y établir son nid comme le font les *Rhynchites betuleti* et *Rhynchites populi*, ce que je n'ai pas vérifié, car je n'ai jamais eu l'occasion d'observer ses mœurs, mais je doute qu'il se serve de cette industrie, parce que le *Rhynchites auratus*, qui lui ressemble tellement qu'on n'en a fait qu'une espèce jusqu'à ces derniers temps, se développe dans les noyaux des prunelles. M. Géhin a donné l'histoire du *R. bacchus* (1) et c'est d'après lui que je la rapporterai.

On trouve cet insecte au premier printemps sur les pommiers et les poiriers en fleurs. Il prend sa nourriture dans le suc, dans la sève ou dans la moëlle des jeunes pousses. Après l'accouplement, la ponte a lieu dans le mois de juin, vers la Saint-Jean, dans les années ordinaires, beaucoup plus tôt lorsque le mois de mai a été favorable à la végétation, dans tous les cas c'est après le nouage des fruits que cette opération se fait. La femelle, à l'aide de sa trompe, perce sur les petites poires, un trou de 3 à 4 mill. de profondeur, dans lequel elle pond un œuf blanchâtre qu'elle pousse au fond avec son rostre; elle en bouche l'ouverture et, pour la fer-

(1) Insectes qui attaquent le poirier (*Soc. hist. nat. de la Moselle*).

mer complétement, elle y dépose une matière glutineuse qu'elle lisse ensuite avec son abdomen. En général, la femelle ne confie qu'un œuf à chaque fruit; cependant on en trouve quelquefois un deuxième à côté du premier, mais dans un trou séparé.

Au bout d'un temps plus ou moins long, selon la température, mais qui, en général, ne dépasse pas une semaine, il éclot une petite larve apode, blanc-rosé, molle, courte, composée de douze anneaux peu distincts, avec la tête noire, écailleuse. Cette larve commence immédiatement à creuser une galerie qui va jusqu'au centre où se trouvent les pépins et qu'elle continue ensuite jusqu'à ce qu'elle arrive à percer une seconde ouverture de l'autre côté du fruit, dans le but probable de donner de l'air à sa galerie et d'évacuer ses excréments.

Après quelques jours s'opère une première mue, et 3 ou 4 semaines plus tard, la larve a acquis son développement. Alors elle abandonne le fruit, dont elle détermine toujours la chute et va s'enfoncer dans la terre où elle se transforme en nymphe; elle attend, dans cet état, le printemps suivant où elle éclot à l'époque de la floraison des poiriers et des pommiers. L'insecte parfait se porte sur les feuilles de ces arbres pour vivre, s'accoupler et propager son espèce.

1. *Rhynchites bacchus*, Schœn. — Long. 6 mil., 8 mil. avec le rostre. D'un rouge cuivreux brillant avec reflet violacé, velu; antennes noires, de la longueur du rostre, velues, les trois derniers articles formant la massue; rostre long, peu arqué, élargi à l'extrémité, rugueux, violet noirâtre; tête cuivreuse, fortement ponctuée; yeux noirs, saillants; corselet plus étroit en devant qu'en arrière, renflé au milieu, arrondi sur les côtés, ponctué, sillonné au milieu en dessus; écusson petit; élytres beaucoup plus larges que le corselet, fortement ponctuées, à stries peu régulières, presque carrées, deux fois aussi longues que le corselet; dessous et pattes d'un cuivreux doré comme le dessus; tarses violets.

Tout l'insecte est couvert de poils hérissés sortant des points enfoncés, nombreux sur tous ses téguments.

Pour combattre cet insecte il faut visiter les jeunes fruits, enlever tous ceux sur lesquels on verra une cicatrice gommeuse et les brûler.

---

6. — LE CHARANÇON DES POMMIERS.

(*Anthonomus pomorum*, Schœn.)

Lorsque les pommiers fleurissent, au mois de mai, on voit fort souvent qu'une partie des fleurs ne s'épanouit pas et prend une teinte rousse qui devient de plus en plus foncée. Si on ouvre quelques-unes de ces dernières, on trouve dans chacune un petit ver blanc qui s'y tient couché en rond. Beaucoup de jardiniers et d'horticulteurs attribuent cet accident à une maladie causée par des vents qu'ils appellent *roux*, lesquels soufflent du nord-ouest et apportent les germes de ces vers. Cette explication des fleurs rousses et des vers qu'elles renferment est entièrement inexacte, parce que le vent n'a pas de couleur et qu'il ne transporte pas les œufs des insectes pour les déposer dans des fleurs qui ne sont pas encore épanouies. La véritable cause de cette maladie est due à un petit insecte de l'ordre des Coléoptères, de la famille des Curculionites et du genre *Anthonomus* dont le nom entomologique est *Anthonomus pomorum*, Schœn. Pendant longtemps on l'a désigné sous celui de *Charançon des pommiers*, mais aujourd'hui c'est l'*Anthonome des pommiers*.

1. *Anthonomus pomorum*, Schœn. — Il a 5 à 6 mil. de longueur en y comprenant son bec ou rostre. Il est d'une couleur brune noirâtre et couvert d'un duvet gris, court, serré et couché; ses élytres sont ferrugineuses, avec une tache postérieure oblique, blanche, entourée de noir; son écusson est d'un blanc pur; son rostre est long, grêle, arqué; ses antennes coudées ont leur premier article long et ferrugineux, les autres bruns et le dernier noir renflé en massue; ses pattes sont noirâtres.

Au commencement du printemps, dès que les bourgeons des pommiers commencent à se développer et que les fleurs se montrent en bouton, la femelle de l'anthonome se transporte sur l'un de ces arbres; elle choisit un de ces boutons qu'elle perce avec son rostre effilé et pond un œuf dans le petit trou; elle passe ensuite à une autre fleur dans laquelle elle introduit un nouvel œuf; elle continue ainsi jusqu'à ce qu'elle ait achevé sa ponte, ayant le soin de ne jamais placer deux œufs dans la même fleur. Au bout de sept à huit jours il sort de cet œuf un petit ver ou larve qui ronge, pour sa nourriture, les organes de la fructification, savoir : les étamines, le pistil et un peu de l'ovaire. La fleur a grossi pendant le temps de l'incubation de l'œuf, mais se trouvant bientôt mutilée elle ne peut s'ouvrir; ses pétales meurent, se dessèchent et prennent une teinte ferrugineuse. Lorsque la petite larve a pris tout son développement, ce qui exige quinze jours, elle a 6 mil. de longueur; elle est blanche, de forme conique, allongée; sa tête est petite, ronde, noire et armée de deux dents écailleuses; son corps est courbé en arc, formé de douze segments et privé de pattes. Elle se métamorphose en chrysalide dans son berceau et reste pendant huit jours dans cet état, après quoi elle se change en insecte parfait qui ne sort de sa prison que deux ou trois jours après en perçant la fleur d'un trou assez grand pour lui livrer passage.

Cet insecte se conserve pendant l'été et l'automne et passe l'hiver dans un abri sous la mousse, sous des feuilles, dans une crevasse, où il s'engourdit et supporte, sans périr, les froids les plus rigoureux. Il est cependant probable qu'il en meurt plusieurs, mais il en reste beaucoup trop au printemps suivant qui se raniment et se préparent à propager leur espèce.

L'Anthonome des pommiers se jette quelquefois sur les poiriers, lorsque les fleurs de pommier lui manquent; mais il préfère ces dernières qui durent plus longtemps que les premières. On dit aussi qu'il attaque les fleurs de merisier, mais je ne l'ai pas observé sur cet arbre.

On ne connaît aucun moyen de combattre avantageusement cet insecte, car, recommander de le chercher dans son gîte d'hiver ou bien d'enlever toutes les fleurs rousses des pommiers, poiriers et merisiers, c'est donner un conseil impraticable. Mais il a des ennemis naturels qui en détruisent un grand nombre lorsqu'ils sont eux-mêmes en quantité. Le premier est un Ichneumonien du genre *Pimpla* qui paraît se rapporter au *Pimpla graminellæ*, (Grav.).

I. *Pimpla graminellæ*, Grav. — Il a 5 mil. 1/2 de longueur; il est noir et fluet. Les antennes sont noires en dessus et roussâtres en dessous; la face est garnie d'une pubescence blanche; les palpes sont blancs. On voit un point blanc à la racine des ailes. L'abdomen est séparé du corselet par un simple étranglement; il est fluet, deux fois aussi long que la tête et le corselet pris ensemble, noir, sauf les 3e, 4e, 5e segments qui sont d'un fauve pâle et bordés de noir. Les pattes antérieures et intermédiaires ainsi que les hanches sont blanchâtres; les hanches et les cuisses postérieures sont fauves, mais l'extrémité de la hanche est blanche; les tibias postérieurs et les tarses sont annelés de blanc et de noir; les ailes sont hyalines, de la longueur de l'abdomen. Ce parasite pond ses œufs dans les larves du charançon des pommiers et les vers qui sortent des œufs mangent ces larves.

Un deuxième parasite du même charançon est encore un Ichneumonien, mais de la division des Braconites. Il agit de la même manière que le *Pimpla*, c'est-à-dire qu'il pond ses œufs dans les larves du charançon renfermées dans les fleurs non épanouies du pommier. Les petites larves sorties des œufs dévorent intérieurement celles qui les portent dans leur sein. Ce braconite entre dans le genre *Bracon* et semble se rapporter au *Bracon variator* (N. de E.)

II. *Bracon variator*. — Il a 3 mil. de longueur. Il est noir. Les antennes sont noires; les mâchoires et les palpes sont jaunâtres; la tête et le corselet sont noir luisant; l'abdomen est séparé du corselet par un étranglement profond, il est de la longueur de ce dernier, noir avec les côtés des premier et deuxième segments fauves, ainsi qu'une partie des côtés du troisième. Les pattes sont fauves, mais les hanches, l'extrémité des tibias et les tarses des pattes postérieures sont noirs. Les ailes dépassent l'abdomen, elle sont hyalines, mais on voit au milieu des supérieures une légère teinte brune traversée par une raie hyaline.

On doit ménager ces deux Ichneumoniens avec le plus grand

soin et se bien garder de les tuer lorsqu'on les voit voltiger au-dessus des fleurs des pommiers et des poiriers.

—

7. — LE CHARANÇON DES NOISETTES.
(*Balaninus nucum*, Schœn.)

Tout le monde sait que l'on rencontre fréquemment des noisettes verreuses un peu avant le temps de leur parfaite maturité, soit dans les bois sur les noisetiers sauvages, soit dans les jardins sur les noisetiers cultivés. Dans la deuxième quinzaine du mois d'août, quelques jours plus tôt ou quelques jours plus tard, selon les saisons, on voit de gros vers blancs sortir des noisettes après en avoir percé la coque d'un trou rond. Ce ver ou larve a pris toute sa croissance dans le fruit dont il a mangé une partie de l'amande, laissant à la place de la portion rongée une sorte de poussière brune formée de petits grains qui sont ses excréments. Lorsqu'il est arrivé à peu près à sa taille, le fruit tombe de l'arbre et la larve achève de prendre sa grosseur, puis ensuite, elle perce un trou rond dans la coquille et son enveloppe à l'aide de ses fortes dents dans l'intention de se mettre en liberté. Elle sort en s'allongeant pour diminuer sa grosseur, car son diamètre est plus grand que celui du trou par lequel elle doit passer; ce dernier est juste égal à la dimension du crâne qui, étant écailleux, ne peut pas diminuer de diamètre. Elle entre dans la terre et s'y enfonce à quelques centimètres ; elle s'enferme dans une petite boullette formée de parcelles fines du sol dont elle occupe le centre et passe dans cet asile l'automne et l'hiver sans éprouver d'inconvénient des froids les plus rigoureux qui l'engourdissent et suspendent momentanément sa vie. Elle se réveille aux premières chaleurs du printemps et se change en chrysalide dans le mois de mai.

Cette larve, au sortir de la noisette, est longue de 5 à 6 mil. Elle est dodue, blanche, courbée en arc et toute ridée en travers. On voit une sorte de bourrelet qui règne de chaque côté tout le long du corps. Sa tête est ronde, écailleuse, d'un jaune brun, armée de fortes mâchoires et plus petite que le premier segment du corps; ce dernier va un peu en diminuant de grosseur jusqu'à son extrémité ; elle est privée de pattes.

L'insecte sort de sa chrysalide dès les premiers jours du mois de juin et se transporte en volant sur les noisetiers où il s'accouple et où la femelle doit pondre ses œufs. Elle sait qu'elle doit les placer un à un dans les noisettes dont la coque est très-tendre à cette époque. Pour les y faire parvenir elle perce cette coque avec son long bec effilé dont l'extrémité est armée de petits mâchoires tranchantes. Elle l'y enfonce jusqu'à la jeune amande, après quoi elle pond son œuf dans le trou qu'elle vient de faire. Elle recommence la même opération sur une autre noisette et continue ainsi jusqu'à ce qu'elle ait achevé sa ponte.

L'insecte fait partie de l'ordre des Coléoptères, de la famille des Curculionites, de la tribu des Érirhinites et du genre *Balaninus*. Son nom entomologique est *Balaninus nucum*, et son nom vulgaire *Charançon des noisettes*.

1. *Balaninus nucum*, Schœn. — Il a 6 mil. de longueur, sans compter sa trompe qui est brune, très-menue, arquée, de la longueur de la moitié du corps. La tête et le corps forment un ovale également rétréci aux deux extrémités ; ils sont couverts d'un duvet jaunâtre ou gris un peu plus clair dans quelques endroits. Toutes les cuisses sont armées d'une forte dent.

On ne connaît pas d'autre moyen de combattre cet insecte que de ramasser les noisettes à mesure qu'elles tombent de l'arbre, de les ouvrir et de tuer les larves qu'elles renferment ou simplement de les jeter au feu. Cette opération doit commencer dès le 15 août et se continuer tous les jours jusqu'au moment où on récolte ce fruit.

---

8. — LE GRAND-RONGEUR DE LA VIGNE.

(*Apate sex-dentata*, Oliv.) (1).

L'insecte dont il est question ne se rencontre pas dans le centre

(1) Ann. Soc. Ent., 1850.

de la France, mais il est commun dans les départements méridionaux où il fait du tort à la vigne. Il attaque plusieurs sortes d'arbres et d'arbrisseaux malades ou récemment morts, et ne s'adresse guère qu'aux rameaux qui ont de 1 à 2 centimètres de diamètre. Il se porte sur le robinier, le figuier, la clématite, le mûrier multicaule, le bois mort de l'olivier, mais il a une préférence marquée pour les sarments de la vigne cultivée et surtout les pieds appelés *hautains* parce que ces pieds sont élevés, éloignés les uns des autres et que leurs sarments sont réunis en arcs plats pour y attacher les pousses de l'année des ceps inférieurs.

La femelle pénètre dans l'intérieur du sarment presque toujours par un bourgeon et y pratique une galerie circulaire parallèle à l'écorce mais à un ou deux millimètres de celle-ci. Cette galerie fait quelquefois le tour complet du sarment; le plus ordinairement elle laisse un intervalle de quatre à dix millimètres entre ses extrémités. Il arrive même que dans les petites branches la femelle se contente de creuser une cellule discoïdale à parois supérieurs et inférieurs parallèles et nettement coupés; dans cet état le sarment ne tient plus que par les fibres corticales et par quelques fibres ligneuses épargnées par l'insecte. C'est dans cette galerie que s'opère l'accouplement, puis la femelle s'enfonce dans le sarment parallèlement à l'axe, et dans cette nouvelle galerie, qui a cinq à six centimètres de longueur, elle dépose des œufs blancs, lisses, elliptiques. Cela fait, elle sort par où elle est entrée pour aller préparer un autre berceau à sa progéniture.

Les larves qui naissent des œufs s'enfoncent dans le sarment et le parcourent longitudinalement en y creusant des galeries dont elles consomment les déblais et qu'elles laissent derrière elles remplies de détritus et d'excréments. Celles qui occupent un sarment sont ordinairement en si grand nombre qu'elles le réduisent, pour ainsi dire, en poussière, et cela est l'œuvre de quatre mois au plus; car la femelle pond en mai et, à la fin d'août, les larves sont transformées ou sur le point de l'être, de sorte que les sarments remplissent à grand'peine la mission qui leur est conférée de soutenir les pousses et les grappes de ceux des ceps qu'ils relient, et il arrive fréquemment qu'il rompent sous le poids.

La larve parvenue à toute sa taille a 7 à 8 mil. de longueur. Elle est blanche, molle, glabre et composée de douze segments sans compter la tête qui est petite, écailleuse, jaunâtre vers la bouche, armée de deux mandibules et pourvue de deux petites antennes de quatre articles. Les trois premiers segments sont très grands relativement à la tête, les autres vont en diminuant de largeur et les derniers sont repliés en-dessous en forme de hameçon; il y a une sorte de carène plissée de chaque côté et neuf stigmates; les pattes au nombre de six, sous les trois segments thoraciques, sont ciliées.

Cette larve se transforme à nu à l'extrémité de sa galerie en une chrysalide qui présente, repliée, toutes les parties de l'insecte parfait. Celui-ci perce le sarment au point que touche sa tête et se met en liberté. Ceux qui ont pris leur essor en août ou septembre passent l'hiver cachés sous des écorces, mais une partie de la génération ne sort qu'au printemps suivant.

Ce petit coléoptère fait partie de la famille des Xylophages, de la tribu des Bostrichites et du genre *Apate*. Son nom entomologique est *Apate sex-dentata*, et son nom vulgaire le *Grand-Rongeur de la vigne* ou *Bostriche à six dents*.

1. *Apate sex-dentata*, Oliv. — Long. 4 mil. Larg. 2 1/2 mil. Noir et fauve, antennes fauves, en massue tri-dentée, plus longues que la tête; celle-ci petite, noire, enfoncée en partie dans le corselet; ce dernier, noir, grand, bossu, relevé au-devant, très-rugueux à sa partie antérieure, ponctué à la partie postérieure. Elytres un peu plus larges que le corselet, un peu plus longues, à côtés parallèles, fortement ponctués, à angles huméraux saillants, d'un rouge brun en devant, noirâtres en arrière, à extrémité tronquée presque carrément et armée de six dents; dessous et pattes noirs; des poils hérissés sur le corselet, les élytres et les pattes.

Cet insecte se jetant sur la vigne malade, faible, mal venante, il faut s'attacher à lui donner de la force par la culture, les engrais, les arrosements, en retrancher les mauvaises branches, celles qui sont inutiles pour donner de la vigueur aux autres, supprimer et brûler toutes celles que l'on croira envahies par les larves.

—

9. — LE PETIT-RONGEUR DE LA VIGNE.

(*Apate sinuata*, Fab.) (1).

Ce coléoptère habite la France méridionale et ne se montre pas dans le centre et l'est de notre pays. Sa larve vit quelquefois en société avec celle de l'*Apate sex-dentata* dont il vient d'être parlé; mais le plus souvent on la trouve dans les sarments réunis en fagots pour le chauffage qu'épargne habituellement ce dernier, ainsi que dans les tiges mortes de la vigne sauvage.

La femelle creuse des galeries circulaires exactement comme celles de l'*Apate sex-dentata*, avec cette seule différence qu'elles sont plus étroites, parce que l'insecte est plus petit. Les œufs sont déposés dans ces galeries, et les larves qui en proviennent pénètrent dans le bois, et y creusent, comme la précédente, des galeries longitudinales dont le plus grand nombre se trouve dans la région médullaire. Cette larve, parvenue à toute sa taille, a la même longueur que celle de l'*Apate sex-dentata* et lui ressemble presqu'identiquement; ses pattes sont moins velues. Contrairement à celle-ci, qui subit toutes ses métamorphoses avant l'hiver, elle continue à se développer pendant la mauvaise saison. Ce n'est qu'aux mois de mai et de juin qu'elle se tranforme dans sa galerie même, en chrysalide qui n'offre rien de remarquable, et l'insecte parfait prend son essor en juin et en juillet. Son nom entomologique est *Apate sinuata* et son nom vulgaire *Petit-Rongeur de la vigne*.

1. *Apate sinuata*, Fab. — Long. 4 1/2 mil. Larg. 1 1/2 mil. Noir; antennes fauves, en massue tri-dentée, plus longues que la tête; celle-ci, petite, à palpes fauves et front velu; yeux saillants, globuleux; thorax noir, bossu, relevé en devant, gros, pouvant recevoir la tête jusqu'aux yeux, rugueux et velu en devant et en dessus, lisse en arrière; élytres de la largeur du corselet, deux fois et demie aussi longues, à côtés parallèles, noires, ponctuées, tronquées oblique-

(1) Ann. Soc. Ent., 1850.

ment en arrière, les bords de la troncature sinués, velus à l'extrémité; dessous noir; pattes noires, luisantes, les cuisses antérieures brunâtres; tarses ferrugineux.

Les moyens de s'opposer aux ravages de cet insecte lorsqu'il s'attache aux ceps vivants sont les mêmes que ceux que l'on a indiqués pour l'*apate sex dentata*; donner de la force et de la vigueur à la végétation, retrancher les branches inutiles et celles qui sont attaquées; brûler ces dernières.

—

10. — LE GRAND-RONGEUR DU POMMIER.

(*Scolytus pruni,* Ratz.)

Dans les vergers plantés de pommiers en plein vent, on voit quelquefois des arbres malades, ayant une végétation faible, un feuillage rare d'un vert jaunâtre et ne rapportant pas de fruit. Si on les examine avec attention, on remarque sur quelques uns d'eux des petits trous ronds, nombreux qui traversent l'écorce du tronc, et si on enlève un fragment de cette écorce on voit qu'elle est sillonnée de galeries remplies de sciure de bois brune, pressée et qu'elle est percée à jour comme un crible. Si l'on fait ces remarques vers le 15 juin, on pourra observer des petits insectes qui se promènent sur le tronc et même en surprendre qui sortent des trous percés par eux-mêmes ou qui en creusent pour entrer dans l'écorce. Les pommiers peuvent être malades par d'autres causes; mais celle que l'on signale est très grave et entraîne ordinairement la mort de l'arbre lorsque les insectes s'y sont multipliés.

Le petit animal qui cause ce désordre s'occupe de la propagation de son espèce aussitôt qu'il s'est mis en liberté. A cet effet la femelle se place sur un point du tronc qu'elle choisit, elle y perce l'écorce avec ses dents et creuse une galerie en dessous prise en partie dans le bois, en partie dans l'écorce. Cette galerie a ordinairement 40 mil. de longueur sur un 1 1[2 mil. de diamètre; elle est arquée et dirigée obliquement par rapport aux fibres ligneuses;

c'est là qu'elle s'accouple et pond ses œufs. Dans l'accouplement la femelle se tient dans la galerie, présentant le derrière à l'ouverture; le mâle est placé en dehors. D'après M. Géhin (1) on y trouve ordinairement quatre ou six scolytes, ce qui fait penser que plusieurs femelles déposent leurs œufs dans la même galerie. La chaleur du soleil les couve et il en sort bientôt des petites larves qui se mettent à ronger devant elles pour se nourrir et qui se frayent chacune une galerie dans la couche tendre de l'écorce humectée de sève, rampant sur le bois dont elles absorbent le cambium; elles poursuivent leur chemin et grandissent peu à peu sans se nuire. Les galeries qu'elles tracent sont d'abord perpendiculaires à la galerie de ponte et très-voisines les unes des autres; elles dévient ensuite pour suivre ordinairement le sens des fibres, et vont en s'écartant un peu sans se croiser, ni se brouiller. Lorsque les larves ont pris tout leur accroissement, à l'approche des premiers froids de l'automne, elles se couchent chacune dans une petite cellule ovalaire pratiquée à l'extrémité de la galerie qu'elles remplissent exactement, et dans laquelle elles restent engourdies jusqu'au retour des chaleurs du printemps qui les ranime. Toutes les galeries qu'elles ont tracées sont remplies d'une poussière brune qui est le résidu des fragments d'écorce qu'elles ont digérés et laissent une légère trace sur le bois.

Les larves se changent en chrysalides dans le mois de mai; elles sont d'abord blanches; elles brunissent ensuite et deviennent noires au moment de leur transformation en insecte parfait. Celui-ci passe quelques jours à raffermir ses téguments et se met à percer un trou dans l'écorce pour se mettre en liberté et prendre son essor, ce qui a lieu dans la première quinzaine de juin.

Cet insecte fait partie de l'ordre des Coléoptères, de la famille des Xylophages, de la tribu des Scolytes et du genre *Scolytus*. Son nom entomologique est *Scolytus pruni* et son nom vulgaire *Grand-Rongeur du pommier*.

1. *Scolytus pruni*, Ratz. — Long. 4 mil. Noir et marron; antennes courtes, fauves, en massue solide; tête noire rentrant un peu dans

(1) Insectes qui attaquent les poiriers.

le corselet avec des poils roux sur la face; corselet noirâtre, luisant, plus étroit en avant qu'en arrière, à bord antérieur droit, et bord postérieur arrondi; écusson petit; élytres couleur marron, de la longueur du corselet, beaucoup plus longues, à stries nombreuses, très-finement pointillées, peu distinctes, arrondies à l'extrémité; abdomen noirâtre, ponctué, coupé obliquement à l'extrémité en dessous; pattes courtes, fortes, d'un brun marron luisant.

Lorsque ce scolyte a pris son essor, il se répand sur le tronc des pommiers languissants, la femelle y creuse une galerie de ponte et le mâle perce l'écorce pour atteindre la sève et le cambium dont il se nourrit. Plusieurs se réfugient dans les trous et les galeries qu'ils ont creusés pour échapper au mauvais temps et au froid et y meurent. Au commencement du printemps on trouve leurs cadavres dans ces retraites qui n'ont pu leur sauver la vie ou dans lesquelles ils sont venus mourir.

Cet insecte vit aussi sur le prunier et peut-être sur le poirier, à ce que l'on dit, mais je n'ai pas eu l'occasion d'observer de ces arbres atteints par lui, tandis que j'ai vu des pommiers qui ont succombé sous ses attaques.

On ne connait aucun moyen de combattre le *Scolytus pruni*. On a remarqué qu'il se jette sur les pommiers faibles, languissants, et qu'il épargne ceux qui sont vigoureux. On devra donc rendre la santé et la force à ceux de ces arbres qui commencent à être attaqués, en les émondant, en cultivant la terre à leur pied, en y apportant des amendements, en les arrosant avec de l'eau préparée convenablement, propre à leur donner du ton et à les nourrir. Si on parvient à leur rendre leur première vigueur, les scolytes les abandonneront. Si l'arbre est gravement atteint, le plus sûr est de l'arracher et de le remplacer.

J'ai aperçu un petit parasite de la tribu des chalcidites, appelé *Pteromalus bimaculatus*, se promenant sur le tronc d'un pommier atteint par le *Scolytus pruni* dans le temps que ces insectes sortaient de l'écorce, au mois de juin. Je suppose qu'il est un des ennemis de ce rongeur et qu'il nous rend service en en détruisant un certain nombre. Il sera décrit à l'article suivant.

—

11. — LE PETIT-RONGEUR DU POMMIER.

(*Scolytus rugulosus*, Ratz.)

On voit fréquemment sur les vieux pommiers, et même sur les jeunes dont la végétation est languissante, des branches sèches ou qui commencent à se déssécher ; ce sont les petites branches, les rameaux qui sont dans ce cas. Cette maladie gagne de plus en plus et l'arbre finit par être couronné et entouré de branches sèches. Il pousse alors des rejets sur le tronc ou sur les grosses branches qui affament les rameaux supérieurs et hâtent leur mort ; eux-mêmes sont bientôt atteints du même mal qui entraîne la perte de l'arbre après deux ou trois années pendant lesquelles il languit et ne donne plus de fruits.

Si on examine les petites branches sèches on ne tarde pas à en trouver dont l'écorce est percée de petits trous ronds, isolés ou groupés les uns à côté des autres ; et si on enlève l'écorce on apperçoit des galeries tortueuses ou flexueuses remplies de poussière brune qui aboutissent chacune à un petit trou creusé dans le bois ; ce trou, peu profond, correspond à celui de l'écorce et en a le diamètre. Les galeries sont tracées sur le bois et rampent entre lui et l'écorce où elles sont aussi imprimées ; elles sont dirigées dans le sens des fibres du bois ; elles se courbent, s'infléchissent d'une manière capricieuse et s'élargissent insensiblement en s'éloignant de leur origine qui est une galerie oblique, courbée en arc, longue de 6 à 7 mil., imprimée un peu plus profondément dans le bois. Elles aboutissent chacune à une cellule oblique, pratiquée dans l'aubier. La galerie courbée en arc a été creusée par une femelle d'insecte pour y pondre ses œufs, et les galeries longitudinales ont été faites par les larves sorties de ces œufs. Elles ont rongé l'écorce intérieure et le liber de la branche pour se nourrir, absorbé la sève destinée à la végétation et amené la mort du membre atteint. Ces larves, parvenues à leur croissance à l'entrée de l'hiver, se creusent dans l'aubier une petite cellule où elles restent engourdies pendant l'hiver; elles se changent en chrysalides à la fin de mai et en insectes parfaits dans le mois de juin.

Pendant l'hiver et le printemps on trouve fréquemment, dans les galeries courbes et obliques, les cadavres desséchés des insectes qui les ont creusées, soit que ces cadavres appartiennent à des femelles qui y sont mortes après leur ponte ou à des individus qui ont cherché un refuge pendant la mauvaise saison.

Ce petit insecte appartient au genre *Scolytus* de la famille des Xylophages et son nom entomologique est *Scolytus rugulosus*.

1. *Scolytus rugulosus*, Ratz. — Long. 2 1/4 mil. Noir, antennes fauves; tête noire, ponctuée, un peu enfoncée dans le corselet, garnie de poils fauves sur la face; thorax noir, ponctué, bombé, plus étroit en devant qu'en arrière, coupé droit au bout antérieur, arrondi au postérieur; écusson petit; élytres ovalaires, un peu rétrécies en arrière, arrondies à l'extrémité, de la largeur du corselet, une fois et demie aussi longues, fortement ponctuées, à points serrés, paraissant rugueuses; pattes courtes, fortes, d'un fauve brun, avec la base des cuisses noirâtre; dessous noir; extrémité de l'abdomen tronquée obliquement en-dessous.

La larve est blanche, glabre, apode, longue de 2 mil. environ; les premiers segments sont plus gros que les autres; on en compte douze en tout; la tête est petite, ronde, rentrée en partie dans le premier segment; le labre et les mâchoires sont bruns; sortie de sa galerie elle se tient courbée en arc.

Cette larve est atteinte dans sa galerie par deux parasites qui en font périr un grand nombre; chacun d'eux en détruit autant qu'il a d'œufs à pondre. La larve parasite dévore celle du scolyte et usurpe sa place. Le premier de ces parasites est un Ichneumonien de la sous-tribu des Braconites et du genre *Blacus*, auquel je donnerai le nom de *fuscipes*.

III. *Blacus fuscipes*, G. — Long. 3 mil. Noir, antennes noires de vingt-cinq articles dont les quinze derniers moniliformes; tête et palpes noirs, la première luisante; thorax ovalaire, de la largeur de la tête, noir, luisant; métathorax arrondi, chagriné; abdomen de la longueur du thorax, ovalaire, aminci aux deux extrémités, à premier segment presque carré, un peu rétréci à la base, strié en long, les autres lisses, luisants, tous noirs; pattes brunes, à hanches noires; ailes hyalines, à nervures et stigma noirs; une cellule radiale lancéolée aux antérieures, deux cubitales dont la première reçoit la nervure récurrente.

Cet insecte prend son essor vers le vingt-trois mai.

Le second parasite est un chalcidite dont la chrysalide occupe la cellule creusée par la larve du scolyte; on l'y trouve dans la première quinzaine de mai. L'insecte parfait se montre dès le vingt-quatre du même mois. Il appartient au genre *Pteromalus* et son nom est *Pteromalus bimaculatus*.

IV. *Pteromalus bimaculatus*, N. de E. — Long. 3 mil. Bronzé verdâtre; antennes brisées, noires, à premier article fauve; tête bronzé verdâtre, ponctuée; thorax de la largeur de la tête, ovalaire, ponctué d'un bronzé verdâtre; écusson ponctué, bronzé; abdomen ové-conique, terminé en pointe, un peu plus long que la tête et le thorax, lisse, luisant, d'un bronzé vert, ayant le bord des segments un peu plus foncé que le milieu, ce qui produit des espèces de bandes alternativement plus foncées et plus claires; pattes d'un noir bronzé à tarses d'un brun fauve; ailes hyalines, dépassant un peu l'abdomen; les supérieures marquées de deux bandes transverses noires partant de la côte et s'étendant jusqu'au milieu, l'une cachant le rameau stigmatique, l'autre à égale distance de celle-ci et de la base de l'aile.

Les moyens de s'opposer aux ravages de cet insecte consistent, comme pour le précédent, à entretenir la santé et la vigueur des pommiers. Les deux rongeurs de ces arbres paraissent avoir la mission de faire mourir, le petit, les branches malades ou languissantes, le grand, le tronc même, afin que la terre, débarrassée d'un arbre qui a fait son temps, puisse produire d'autres végétaux. Il en est de même à l'égard d'autres insectes nuisibles à l'homme, mais qui remplissent un rôle utile dans l'organisation de l'univers.

—

12. — LE RONGEUR DU FIGUIER.

(*Hypoborus ficus*, Erich.)

Je ne puis donner que des renseignements très-incomplets sur ce petit coléoptère que je n'ai pas observé moi-même et sur lequel je ne trouve rien d'écrit. Ce que j'en sais m'a été communiqué par des entomologistes qui, dans leurs recherches, n'avaient pas pour but d'étudier sa larve et sa manière de vivre, mais de posséder l'insecte dans leur collection. Ce coléoptère, extrêmement petit, se trouve dans les branches des figuiers qu'il ronge et réduit presqu'en poussière lorsqu'il s'y multiplie en grand nombre. Il creuse des galeries dans le bois tendre et le mine continuellement pour se nourrir en laissant derrière lui une poussière de bois digéré qui encombre sa galerie. Les branches ainsi minées se cassent très facilement ou meurent bientôt sur l'arbre. Les larves vivent et se développent sous l'écorce en creusant des galeries entre celle-ci et le bois jusqu'au moment où, ayant pris tous leurs accroissements, elles se changent en chrysalide à l'extrémité de leur galerie et ensuite en insecte parfait. Elles vivent à la manière de celles des scolytes ou des bostriches. Mais j'ignore dans quel lieu se fait l'accouplement, comment les œufs sont pondus, quelle est la forme de la larve, le temps qu'elle met à se développer, l'époque de ses métamorphoses, enfin la véritable histoire de cet insecte.

Il fait partie de la famille des Xylophages, de la tribu des Scolytes et du genre *Hypoborus*. Son nom entomologique est *Hipoborus ficus*, et son nom vulgaire, le *Rongeur du figuier*.

1. ***Hypoborus ficus***, Erich. Long. 1/2 mil. Corps noir; antennes roussâtres terminées en massue solide; tête noire couverte de poils grisâtres; corselet plus court que large, étroit antérieurement, arrondi sur les côtés, presque tronqué antérieurement et un peu convexe en dessus, noir, revêtu de poils gris très serrés; élytres d'un roux brunâtre, avec des poils grisâtres, striées et ponctuées.

—

13 et 14. — LES RONGEURS DE L'OLIVIER.

(*Hylesinus oleiperda*, Fab., et *Phloiotribus oleæ*, Lat.)

Les branches de l'olivier sont exposées aux atteintes de deux petits coléoptères qui les font ordinairement périr lorsqu'ils s'y établissent en grand nombre. C'est plus particulièrement sous la forme de larve qu'ils exercent leurs ravages. L'un de ces insectes est l'*Hylesinus oleiperda*, l'autre est le *Phloiotribus oleæ*. On va donner l'histoire de ces rongeurs d'après Boyer de Fourcolombe qui les a observés et qui a publié deux mémoires sur les insectes qui attaquent l'olivier (1).

La larve de l'*Hylesinus oleiperda* est blanche, presque rase, pourvue de six pattes (2); elle est ordinairement repliée sur elle-même en demi-cercle. Elle se loge sous l'écorce et dans l'aubier des petites branches. Les branches qui sont rongées par cet insecte se distinguent par des taches rousses ou d'un gris brun quelquefois un peu violâtres, d'une assez grande étendue; elles languissent et meurent bientôt après. Cet insecte est connu sous le nom de *Ciron* ou *Taragnon*. Les larves vivent sous l'écorce en se nourrissant de la sève et du cambium qui s'y trouvent, et lorsqu'elles ont acquis toute leur croissance elles se transforment en chrysalides, chacune dans une petite cellule qu'elle s'est pratiquée dans l'écorce et l'aubier. Elles deviennent ensuite des insectes parfaits qui attendent quelques jours pour consolider leur téguments et qui percent chacun un trou rond dans l'écorce pour sortir et prendre son essor. La sortie a lieu en avril ou au plus tard en mai. Après l'accouplement la femelle se porte sur une branche qu'elle choisit pour lui confier ses œufs; elle en perce l'écorce et creuse une petite galerie entre l'écorce et le bois dans laquelle elle pond. On reconnait les branches attaquées aux taches qu'elles présentent et celles dont les insectes sont sortis aux petits trous ronds que l'on voit sur ces taches.

(1) Ann. Soc., Ent. 1840.
(2) Je soupçonne qu'il y a erreur et que la larve n'a pas de pattes.

Ce rongeur est un Coléoptère de la famille des Xylophages de la tribu des Scolytes et du genre *Hylesinus*. Son nom entomologique est *Hylesinus oleiperda*, en français *Hylésine de l'olivier* ou *le Grand-Rongeur de l'olivier*.

1. *Hylesinus oleiperda*, Fab. — Longueur, 3 mil. Il est épais, raccourci, noirâtre, couvert de duvet; les antennes sont courtes, en massue ovale, presque solide, et rousse; la tête, large et grosse, est enfoncée dans le corselet et velue sur la face qui est aplatie; le corselet est bombé, plus étroit en avant qu'en arrière, à côtés arrondis, ponctué sur le dos, avec un sillon longitudinal au milieu; les élytres sont deux fois aussi longues que larges, bombées, marquées de dix stries ponctuées, hérissées de poils roux ainsi que le corselet, à extrémité arrondie et l'angle anal un peu aigu; il y a des ailes sous les élytres; les pattes sont d'un brun roussâtre avec les tarses plus clairs.

Cet insecte se jette de préférence sur les arbres malades et sa présence est un indice que le sujet souffre. Il faut donc soigner l'arbre, augmenter la vigueur de la végétation par les labours, les engrais, les arrosages, et de plus il faut enlever en mars toutes les branches tachées et les brûler.

Le deuxième Rongeur de l'olivier est le *Phloiotribus oleæ*. Il attaque aussi les rameaux de cet arbre. C'est surtout à l'enfourchure des branches qu'il se loge de préférence, soit à l'état de larve, soit à l'état d'insecte parfait. Il découle de l'ouverture qu'il y pratique une substance gommeuse assez semblable à la manne. Le moindre vent fait rompre les rameaux ainsi rongés. C'est surtout après les mortalités, lorsque les jeunes rejets repoussent des vieilles souches, que cet insecte fait le plus de mal.

Il entre, comme le précédent, dans la famille des Xylophages, dans la tribu des Scolytes, mais il fait partie du genre *Phloiotribus*. Son nom entomologique est *Phloiotribus oleæ*, en français Phloïtribe de l'olivier; on l'appelle aussi *le Scolyte de l'olivier* ou *le Petit-Rongeur de l'olivier*.

2. *Phloiotribus oleœ*, Lat. — Long. 2 mil. Il est noirâtre, revêtu d'un duvet grisâtre; les antennes sont plus longues que la

tête, terminées en massue allongée divisée en trois feuillets, de couleur rousse, hérissées de poils; la tête est un peu enfoncée dans le corselet; les mandibules sont un peu saillantes; la face est aplatie, finement ponctuée, hérissée de poils; le corselet est bombé, non relevé ni cucullé, plus étroit en avant qu'en arrière, arrondi sur les côtés, ponctué en dessus, hérissé de poils roux; l'écusson est large, pas très-grand; les élytres sont deux fois aussi longues que larges, bombées, très-ponctuées, marquées de 10 stries, hérissées de poils roux; il y a des ailes sous les élytres; les pattes sont brunes.

On doit traiter les oliviers attaqués par ce rongeur comme ceux qui sont atteints par l'*Hylesinus oleiperda*. Ces arbres sont malades et c'est parce qu'ils sont languissants que les insectes s'y portent en masse pour hâter leur mort.

Les parasites de ces deux rongeurs n'ont pas été observés.

---

15. — LA SAPERDE LINÉAIRE.

(*Saperda linearis*, Fab.)

Lorsqu'on examine des noisetiers soit dans les jardins, soit dans les bois, on y remarque assez ordinairement des branches mortes et sèches, et d'autres branches dont le bout se flétrit; les feuilles de l'extrémité des bourgeons se fanent et pendent, puis elles meurent et prennent la teinte de feuilles sèches. Cette maladie s'accroît avec le temps et les bourgeons ainsi que les rameaux meurent graduellement en se rapprochant des branches. L'année suivante les parties malades continuent à s'étendre et meurent définitivement. Si l'on examine une branche morte on y découvre un trou rond sur un point de son étendue et si on la fend en deux on voit qu'elle est percée d'une galerie longitudinale qui suit le tuyau médulaire si la branche est petite et qui se trouve à côté si elle est grosse. En faisant les mêmes observations sur une branche malade on n'y découvre pas le trou rond de la superficie dont on vient de parler, mais on y voit une galerie creusée au centre qui commence à l'extrémité du bourgeon où elle est très petite, et qui va insensiblement en grandissant de diamètre à mesure qu'on remonte dans la branche. Cette galerie est remplie de petits grains blanchâtres posés bout à bout, qui sont les excréments rendus par la larve qui fait tout ce travail; on trouve enfin cette larve à l'extrémité de sa galerie continuant à ronger et à creuser en avant pour la prolonger. Elle se nourrit de la moelle et du bois tendre qu'elle digère et qu'elle rend en petites crottes blanches.

Cette larve grandit lentement, et met au moins deux ans à prendre tout son accroissement. Lorsqu'elle l'a atteint, à l'automne, elle arrache des fibres de bois qu'elle entasse et presse derrière et devant elle, se faisant ainsi une cellule de la longueur de son corps à l'extrémité de sa galerie dans laquelle elle passe l'hiver pour se changer en chrysalide dans le mois de mai suivant.

Cette larve, examinée à la fin de juin, lorsqu'elle est âgée d'un an, a 11 mil. de longueur. Elle est blanchâtre, allongée, plus grosse près de la tête qu'au bout opposé ; son corps diminue graduellement de largeur d'une extrémité à l'autre ; sa tête, plus étroite que le premier segment, est armée de fortes mâchoires; elle est écailleuse en dessus et rugueuse comme une rape; le dos des segments du corps est aussi rugueux ; elle est privée de pattes, ou pour parler exactement, elle en possède six placées près de la tête, si petites qu'il faut les chercher avec attention pour les découvrir ; elles sont impropres à la marche. Cette larve se meut facilement dans sa galerie à l'aide des rapes de sa tête et de son dos et des contractions des segments de son corps.

Elle se change en chrysalide au mois de mai de la deuxième année de sa vie, et l'insecte parfait se montre vers le dix-huit juin suivant. Il ne sort pas de sa galerie immédiatement après sa transformation; il attend pendant quelques jours que son corps soit affermi et ses téguments durcis; alors il perce, avec ses mandibules, un trou rond dans les parois de sa prison et se met en liberté. Aussitôt, il voltige sur les noisetiers, s'accouple et la femelle fécondée va pondre à l'extrémité des bourgeons, ne confiant qu'un œuf au même bourgeon, mais elle en place plusieurs sur les différents bourgeons d'une même branche.

Cet insecte fait partie de l'ordre des Coléoptères, de la famille des Longicornes, de la tribu des Lamiaires et du genre *Saperda*. Son nom entomologique est *Saperda linearis*, en français *Saperde linéaire.*

1. *Saperda linearis*, Fab. — Long. 17 mil. Corps cylindrique, très étroit et très allongé; antennes à peu près de la longueur du corps, noires; tête et corselet noirs, légèrement velus et finement chagrinés; palpes jaunâtres; élytres très-longues, un peu plus larges que la base du corselet, tronquées obliquement à leur extrémité, couvertes de points enfoncés très rapprochés, rangés en lignes longitudinales, ayant quelquefois leur bord extérieur près de la base, d'un roux jaunâtre; dessous du corps noir, ponctué; pattes de longueur moyenne, d'un jaune roussâtre, à cuisses un peu renflées.

On combat cet insecte en coupant les bourgeons et les rameaux que l'on voit se flétrir et se dessécher de manière à enlever les larves qui s'y trouvent et on les brûle. On peut encore prendre, avec le filet de chasse, les insectes qui voltigent sur les noisetiers pendant le mois de juin; ils ont le vol lourd et on s'en empare facilement.

On n'a pas encore observé les parasites de la Saperde linéaire.

---

16. — L'ÉCRIVAIN.

(*Eumolpus vitis*, Fab.)

Dans diverses parties de la France, les vignerons donnent les noms *d'Écrivain*, *de Bèche*, *de Lisette*, *de Tête-cache* à un insecte qui nuit beaucoup à la vigne. Le premier nom me paraît venir de l'espèce de travail qu'il fait sur les raisins dont il coupe les grains en travers, y traçant des traits dans différentes directions, imitant des caractères d'écriture. Le deuxième nom, celui de *Bèche*, me parait un mot patois signifiant *bec*, sur quoi l'on doit faire observer que l'*Eumolpus vitis* n'a pas de bec et que cette dénomination ne lui convient pas et doit être reportée à l'*urbec* qui est aussi gratifié du même nom. Celui de *Tête-cache* indique que la tête de l'insecte est cachée, ce qui convient très-bien à l'Eumolpe qui a été compris pendant longtemps dans le genre *Gribouri* sous le nom de Gribouri de la vigne (*Cryptocephalus vitis*). Il me paraît donc certain que l'écrivain est l'*Eumolpus vitis*.

Les feuilles de la vigne, les jeunes pousses et souvent le raisin même, lui servent de nourriture. Sa larve vit sur cette plante, et elle cause souvent de grands dommages. Elle a le corps à peu près ovale, d'une couleur obscure ; elle a six pattes, la tête écailleuse et armée de deux petites mâchoires assez fortes pour ronger les feuilles, les tiges nouvelles et même les raisins. Elle paraît au printemps et s'attache surtout aux jeunes pousses de la vigne. Elle ronge le pédicule de la grappe au moment où, tendre, pulpeux et plein de sucs, il sort du bouton ; elle l'épuise, détruit son organisation et le fait tomber entièrement desséché et flétri ; ou, s'il résiste, il se ressent toujours des plaies qu'il a reçues à son développement ; il ne transmet à la grappe que des sucs trop peu abondants et mal élaborés ; les grains languissent et l'on voit les parties de la grappe qui correspondent aux fibres blessées, demeurer faibles ou stériles, ne porter que des fruits avortés ou n'en point produire dutout, tandis que les autres parties se développent et fructifient.

L'insecte parfait n'est guère moins nuisible que sa larve, car il coupe en travers, avec ses dents, les grains de raisin pour se nourrir de la peau et du jus qu'il exprime ; ces coupures les font fendre et les empêchent de grossir et de mûrir ; quelquefois tous les grains sont ainsi atteints et le raisin est perdu. Il pond ses œufs au pied des ceps, ces œufs éclosent dans la terre, et ce n'est qu'au printemps que les larves se répandent sur les feuilles (1) pour y exercer leurs ravages.

(1) Ann. Soc. Ent., 1846.

Il est rangé dans l'ordre des Coléoptères, dans la famille des Cycliques, dans la tribu des Chrysomélines et dans le genre *Eumolpus*. Son nom entomologique est *Eumolpus vitis*, Fab.

1. *Eumolpus vitis*, Fab.—Long. 5 mil. Noir et châtain, couvert de duvet jaunâtre; tête noire, rentrée en partie dans le corselet, finement ponctuée, avec une légère impression longitudinale au milieu du front; antennes noires, allant un peu en grossissant, ayant les trois premiers articles fauves; corselet noir, bombé, finement ponctué, arrondi sur les côtés, un peu plus étroit en devant, sinué en arrière; écusson petit, noir; élytres deux fois aussi larges que le corselet, arrondies à l'extrémité, à épaules saillantes, deux fois et demie aussi longues, à stries ponctuées, d'un rouge châtain; dessous et pattes noirs; tibias antérieurs à base et extrémité noires.

On ne connait pas de moyen de s'opposer aux ravages de cet insecte.

---

17 et 18. — LES PSYLLES DU POIRIER.

(*Psylla rubra*, Fourc. et *aurantiaca*, G.)

La Psylle rouge (*Psylla rubra*) n'est pas, à beaucoup près, aussi nuisible aux poiriers que les pucerons parce qu'elle est moins nombreuse qu'eux, qu'elle absorbe une moindre quantité de sève et qu'elle en déforme moins les feuilles. Une famille entière de psylles se contente de crisper quelques feuilles, d'altérer le bourgeon sur lequel elle s'est établie, et encore pour produire cet effet il faut qu'elle soit très nombreuse. C'est à l'état de larve et de nymphe que ces insectes nous portent préjudice en suçant la sève destinée à la nourriture des bourgeons. Il n'est pas très-facile de découvrir leurs nichées, par la raison qu'elles sont peu apparentes et que les dégâts produits ne se révélent pas par des désordres frappants; mais on y est conduit par les fourmis qui s'y rendent continuellement à la file les unes des autres pour sucer le liquide sucré que les larves et les nymphes rendent par le derrière sous la forme de gouttelettes limpides.

A la fin du mois de mai et au commencement du mois de juin, on trouve sur les feuilles des poiriers ou sur les bourgeons des atomes jaunâtres placés en grand nombre les uns à côté des autres. Ce sont des œufs d'où sortent bientôt des petites larves de la même couleur ayant 1/4 ou 1/3 de mil. de long. Elles sont oblongues, pourvues de deux petites antennes, de six pattes et d'un petit bec situé entre les jambes antérieures. Elles enfoncent ce petit bec dans l'épiderme de la feuille ou du bourgeon pour sucer la sève dont elles se nourrissent. Elles croissent assez rapidement sans changer de place. Chez ces larves, la tête, le thorax et l'abdomen sont peu distincts et l'animal paraît presque tout d'une venue; mais lorsqu'il s'est tranformé en nymphe, vers le 14 juin, il a considérablement changé de forme; il est devenu presque circulaire et ses ailes commencent à se montrer; alors la tête, le corselet et l'abdomen sont distincts, et, il a acquis environ 1 et 1/2 mil. de long. Cette nymphe est très déprimée, de couleur brunâtre; les antennes sont blanches avec l'extrémité noire; le corselet est rougeâtre, orné de deux lignes longitudinales de quatre points noirs chacune, ayant entre elles une ligne médiane blanchâtre qui se prolonge sur la tête et sur l'abdomen; les fourreaux des ailes portent une tache blanchâtre dans leur milieu; les pattes sont de la même couleur; le dessous du thorax et la base de l'abdomen sont d'un vert-pré luisant. Ces nymphes restent immobiles se touchant les unes les autres jusque vers le 22 juin, époque où elles disparaissent, soit qu'elles se métamorphosent en insectes parfaits sans changer de place, soit qu'elles se réfugient dans la terre pour y subir plus tard leur dernière métamorphose. Je pense que la première supposition est la plus probable.

Cet insecte fait partie de l'ordre des Hémiptères, de la section des Homoptères, de la famille des Aphidiens et du genre *Psylla*. Son nom entomologique est *Psylla rubra*, Fourc., en français *Psylle rouge*, *Psylle du poirier* ou *faux Puceron du poirier*.

1. *Psylla rubra*, Fourc. — Longueur 2 mil. 1/2. Elle est d'un brun ferrugineux, marqué de taches rouges ferrugineuses; les antennes sont brunes; le thorax est brun ferrugineux avec quatre lignes

longitudinales sanguines; l'écusson est brun; l'abdomen brun avec le bord des segments sanguin; les pattes sont d'un brun noirâtre avec les articulations et les tarses ferrugineux; la poitrine est tachée de rouge ferrugineux; les ailes sont hyalines à côtes et nervures ferrugineuses.

Cette espèce est peut-être la *Psylla pyri* de Linné.

La Psylle orange se montre sur le poirier à la fin du mois de juin et au commencement de celui de juillet. Elle s'attache aux bourgeons les plus tendres qu'elle enveloppe à rangs serrés sur plusieurs centimètres d'étendue. Les petites larves croissent et se métamorphosent en nymphes sans changer de place. Cette nymphe parvenue à toute sa taille a 2 mil. de longueur sur 1 et 1/2 mil. de largeur; elle est ovalaire, plate, brunâtre; la tête est arrondie en devant, aussi large que le thorax dont elle est séparée par un simple trait; les antennes sont filiformes, de la moitié de la longueur du corps; le thorax est ridé transversalement et porte de chaque côté un disque presque rond dans lequel les ailes sont renfermées; l'abdomen est de la largeur du thorax à sa base, de la longueur de celui-ci, arrondi à l'extrémité qui est un peu atténuée; les six pattes sont courtes; le dessous de l'abdomen est d'un vert pré au milieu et brun sur les côtés.

L'insecte parfait commence à s'envoler dès le 5 juillet; il se transforme sur place, c'est-à-dire que la peau de la nymphe, toujours fixée à son bourgeon, se fend sur le dos du corselet pour la sortie de l'insecte.

2. *Psylla aurantiaca*, G. — Long. 3 mil. Le corps est de couleur orange; les antennes sont jaunâtres avec l'extrémité noirâtre et le dernier article noir; la tête et le corselet sont d'un jaune orange foncé; la partie antérieure de la première est bifide et blanchâtre; les yeux sont noirs et les stemmates rougeâtres; l'abdomen est vert avec son extrémité d'un jaune orange; les pattes sont testacées; les ailes et les hémiélytres, hyalines, les nervures de ces dernières sont testacées.

On peut se débarrasser de ces insectes en enlevant les bourgeons ou les feuilles sur lesquels ils se sont établis et les jetant au feu.

On peut encore essayer de poudrer les larves et les nymphes avec du tabac, de la pyrèthre, de la fleur de soufre, ou de les laver avec une infusion de ces substances, si l'on tient à conserver les bourgeons envahis.

---

19 à 26. — LES PUCERONS DES ARBRES FRUITIERS.

Aphis laniger, Ill., *persicæ*, Morr., *amygdali*, Blanch., *Pyri*, G., *mali*, de G., *cerasi*, Fab., *pruni*, Fab., *ribis*, Lin.

On donne le nom de Pucerons à ces petits insectes que l'on trouve réunis en troupes serrées sur les branches et sur les feuilles des arbres et des plantes. Il n'est peut-être aucun végétal qui n'en nourrisse une espèce particulière, et plusieurs en comptent deux ou trois espèces différentes. Ces petits animaux ont le corps très mou et on les écrase par le plus léger attouchement. On en voit qui portent quatre ailes et d'autres qui en sont dépourvues. Parmi ces derniers il s'en trouve qui deviennent ailés par la suite, d'autres qui restent aptères toute leur vie, ce que l'on reconnaît à la forme de leur corselet. Le mâle est toujours pourvu d'ailes, mais la femelle en possède ou en manque indifféremment. Les femelles ailées ou aptères mettent au monde des petits vivants qui sortent de leur corps le derrière le premier ; ces petits sont tous des femelles qui mettront au monde d'autres femelles sans s'être accouplées avec un mâle, lesquelles produiront sans accouplement de nouvelles femelles fécondes, ainsi de suite pendant neuf ou dix générations qui se succéderont durant le printemps, l'été et l'automne, mais la dernière génération pond des œufs qui passent l'hiver sur les arbres et les plantes qui les ont reçus et qui éclosent au printemps suivant. Ils donneront naissance à des mâles et à des femelles qui s'accouplent une seule fois. Il n'y a donc qu'un seul accouplement qui féconde la femelle et toutes celles qui sortiront d'elles pendant une succession de neuf ou dix générations.

Les Pucerons prennent leur nourriture au moyen d'un petit bec placé entre les jambes de devant qu'ils enfoncent dans l'écorce des végétaux pour en pomper la sève. Ils ne changent presque jamais de place et se tiennent serrés les uns contre les autres. Il y a cependant des espèces qui émigrent et qui se transportent d'une plante à une autre. Il n'y a que les individus ailés qui font ces voyages. Ces insectes pullulent prodigieusement et absorbent une quantité considérable de la sève des végétaux sur lesquels ils vivent. Ils portent au derrière deux petites cornes qui distillent continuellement la sève qu'ils ont absorbée et qui la rendent en liquide légèrement sucré. On peut les appeler sangsues des végétaux, mais sangsues qui ne se remplissent jamais. Les fourmis sont très-friandes de la liqueur sucrée secrétée par les Pucerons et vont la chercher sur les arbres et sur les plantes qui nourrissent ces derniers. C'est en suivant les fourmis qu'on arrive aux familles des Pucerons, et à celles des Gallinsectes et des Psylles qui distillent aussi un liquide sucré. Il y a des vegétaux qui ne paraissent pas souffrir de l'action des Pucerons, tandis que d'autres en sont considérablement altérés dans leurs feuilles qui se crispent, se roulent, se tordent, se gonflent en bourse et perdent leur faculté respiratoire.

Tous les Pucerons font partie de l'ordre des Hémiptères, de la section des Homoptères, de la famille des Aphidiens et du genre *Aphis*. On va considérer en particulier ceux de ces insectes qui vivent sur les arbres fruitiers et qui leur sont plus ou moins nuisibles; parmi ces insectes on doit placer au premier rang le *Puceron lanigère*.

1. Le Puceron lanigère, *Aphis laniger*, Ill. — Long 2 1/2 mil. Espèce *aptère*. Brun-rougeâtre, recouvert dessus d'une secrétion blanche cotonneuse; antennes courtes d'un jaune pâle; trompe blanchâtre s'étendant jusqu'aux pattes postérieures; yeux très-petits, bruns; pattes jaunâtres, à genoux bruns; pas de cornicules à l'abdomen, mais une cicatrice circulaire à la place de chacune.

Espèce *ailée*. Antennes variant du brun au noir, plus courtes que la tête et le thorax; yeux très grands; trompe blanchâtre, atteignant la troisième paire de pattes ; tête et thorax noir-brillant; anneaux du cou brunâtres; abdomen brun chocolat, sans cornicules; pattes grêles, brunâtres; ailes hyalines à nervures et stigma brun foncé. Il est enveloppé dans un duvet cotonneux blanc.

Cet insecte s'établit par familles plus ou moins nombreuses sur les branches, sur le tronc et sur les racines des pommiers. Il y produit par ses piqûres et par l'afflux de la sève qu'il attire des loupes, des nodosités galeuses, des déformations plus ou moins considérables, qui augmentent chaque année, qui entraînent la langueur et quelquefois la mort de l'arbre et qui empêchent la production des fruits lorsque l'arbre est gravement atteint.

On détruit facilement les familles du puceron lanigère que l'on aperçoit, en passant dessus un pinceau ou une brosse trempés dans l'eau de lessive, ou dans de l'eau de chaux, ou bien encore dans une infusion de tabac, et cette lotion les fait périr sur-le-champ, mais comme on ne peut pas faire la même opération sur les racines, les familles qui les occupent envoient de nouvelles colonies pour remplacer celles qui viennent d'être anéanties.

2. Le Puceron du pêcher, *Aphis persicæ*, Morr. — Long. 2 mil. ; avec les ailes près de 4 mil. Corps d'un noir verdâtre taché de noir ; antennes noires; abdomen d'un jaune brunâtre irrégulièrement tacheté de noir ; pattes d'un jaune brunâtre; ailes hyalines.

Il s'établit sur les feuilles de l'extrémité des branches et s'avance successivement du côté de la tige ; il les roule, les tord, les chiffonne et détruit leurs propriétés respiratoires ; il altère la branche et finit par la dessécher et la faire mourir.

On le combat dès l'origine du mal en enlevant les feuilles cloquées s'il n'y en a qu'un petit nombre d'atteintes, en coupant même les bourgeons malades si on le peut faire sans inconvénient. On répand du tabac, de la poudre de pyrèthre, etc., sur les feuilles atteintes, ou bien on fait usage de lotions avec des liquides insecticides. On doit en même temps, et c'est là le plus important, donner à l'arbre tous les soins nécessaires pour augmenter la vigueur de la végétation : labourages, arrosages, amendements, etc.

Le pêcher nourrit une seconde espèce de Puceron qui est beaucoup plus petite que la précédente, et qui s'attache aux feuilles pour les crisper et les tordre. Il a reçu le nom de Puceron de l'amandier parcequ'il vit aussi sur cet arbre.

3. Le Puceron de l'amandier, *Aphis amygdali*, Blanch. — Long. 2/3 de mil.: 2 mil. y compris les ailes. Corps entièrement d'un vert tendre; antennes brunâtres; abdomen verdâtre sans taches; pattes d'un vert jaunâtre avec l'extrémité des cuisses et des tibias jaunâtre; ailes hyalines, très longues ayant leurs nervures d'un jaune pâle ou d'un vert clair.

Ce Puceron doit être traité comme le précédent.

4. Le Puceron du poirier, *Aphis pyri*, G. — Espèce *Aptère*. Long 2 mil. Noir; antennes brunes à base blanchâtre, tête et corps d'un noir un peu velouté; cornicules courtes et noires; abdomen terminé par une petite queue; cuisses noires; tibias blanchâtres, tarses bruns; bec noirâtre atteignant les hanches intermédiaires; dessous du ventre brun rougeâtre.

Ce Puceron se trouve dans les mois de mai, juin, juillet, sous les feuilles des poiriers qu'il courbe, crispe et déforme; il envahit quelquefois toutes les feuilles et donne à l'arbre un aspect malade et dégoûtant; il habite en famille l'intérieur du rouleau formé par chaque feuille atteinte.

On peut essayer contre cet insecte nuisible les aspersions dirigées de bas en haut afin de l'atteindre dans ses cachettes, ou les fumigations de tabac, de soufre, etc.; mais il faudra surtout soigner l'arbre, lui donner de la vigueur par les amendements, les labourages, les arrosages, etc.

5. Le Puceron du pommier, *Aphis mali*, de G. — Espèce *Aptère*. Long 1/2 mil. Vert, couvert d'une sorte de poussière pollineuse blanchâtre; dessous jaunâtre; yeux et antennes noirs; pattes vertes.

Espece *Ailée*. Long. 2 mil. Corselet d'un vert brun; abdomen vert; yeux, antennes et pattes comme dans la femelle aptère; ailes hyalines dépassant beaucoup l'abdomen.

On trouve cette espèce dès le commencement de juin. Elle envahit en familles nombreuses les feuilles des pommiers, les crispe, les recoquille en dessous, les altère et fait un tort très sensible aux branches et aux fruits qu'elles portent. Comme les espèces précédentes, c'est sur le revers ou le dessous des feuilles qu'elle s'établit pour être à l'abri de la pluie et garantie des rayons du soleil.

On peut traiter les pommiers envahis par les aspersions, les fumigations indiquées précédemment; mais il faut surtout s'attacher à soigner l'arbre, à lui donner de la vigueur par des labours, des amendements et des arrosages.

6. Le Puceron du cerisier, *Aphis cerasi*, Fab. — Long. 2 mil. Corps noir; antennes noires, avec leur partie moyenne jaunâtre; abdomen noir, terminé par une petite queue; pattes noires ayant les tibias d'un blanc jaunâtre; ailes hyalines.

On le voit sur les cerisiers établi sur le revers des feuilles qu'il roule et crispe.

7. Le Puceron du prunier, *Aphis pruni*, Fab. — Espèce *Aptère*. Long. 1 et 1/2 mil. Corps entièrement verdâtre, ayant les antennes et les pattes de la même couleur; abdomen avec une ligne dorsale et deux points brunâtres; les cornicules courtes et brunes et la queue verte.

Espèce *Ailée*. Antennes plus courtes que le corps, jaunâtres, avec la base et la pointe un peu brunâtres; yeux rouge-brun; trompe verte, n'atteignant pas la deuxième paire de pattes; tête et poitrine brunes, poudrées de blanc; abdomen vert jaunâtre avec trois lignes longitudinales d'un vert pré; cornicules et queue comme les individus aptères; pattes verdâtres avec l'extrémité des jambes et les tarses bruns; genoux, extrémité des cuisses postérieures brunâtres; ailes hyalines, à nervures brunes, souvent poudreuses.

Ce puceron paraît dès le mois de mai sur les pruniers; il se tient sous les feuilles qu'il déforme lorsqu'il est en grand nombre. Il est inutile de répéter à l'occasion de ces deux derniers insectes ce qui a été dit sur les expédients à essayer pour s'en débarrasser. Il faut être attentif et surveiller ses arbres, et lorsqu'on s'aperçoit que les pucerons commencent à les envahir, il faut essayer de porter remède au mal qui se déclare.

8. Le Puceron du groseiller, *Aphis ribis*, Lin. — Espèce *aptère*. Long. 2 mil. Vert noirâtre velouté ; antennes moins longues que le corps, sétacées, d'un vert pâle à la base de la tige, noirâtres à l'extrémité; yeux noirs; cornicules courtes, d'un vert pâle; queue courte, verte; pattes vertes, avec l'extrémité des tibias noirâtres; bec court et vert.

Espèce *ailée*. — Long. 2 mil. 2/3, ailes comprises; corps verdâtre ; autennes jaunâtres ou verdâtres ; pattes de la même couleur, avec l'extrémité des tibias et les tarses d'un brun noirâtre ; ailes hyalines.

On voit ce puceron sur les groseillers dans le courant de mai et plus tard. Il s'établit sur les jeunes pousses vers leur sommet et sous les feuilles. Il y produit par ses piqûres des bosses sur la surface supérieure et des cavités correspondantes en dessous dans lesquelles il se tient en familles nombreuses. La feuille se crispe et devient rougeâtre, plus épaisse dans les parties attaquées que dans les autres. Quelquefois la presque totalité des feuilles d'un groseiller est ainsi attaquée et ces feuilles forment des paquets chiffonnés à l'extrémité des branches.

Lorsque l'on étend les feuilles des arbres chiffonnées et crispées par les pucerons, on remarque qu'elles sont envahies par une multitude de ces insectes et qu'elles sont parcourues par de nombreuses fourmis qui, se voyant dérangées, se mettent à courir de tous côtés. Ces fourmis cherchent les Pucerons pour sucer la liqueur sucrée qu'ils rendent par les cornicules abdominales; elles s'en remplissent le corps et reviennent à la fourmilière pour distribuer cette nourriture aux larves qu'elles élèvent. Les fourmis ne font pas de tort aux arbres par elles-mêmes ; elles n'y montent que pour chercher les pucerons et les autres insectes qui sécrètent un liquide sucré ; elles sont l'indice de l'existence de ces insectes et en les suivant on parvient à leur demeure.

Les pucerons sont prodigieusement nombreux et se multiplient avec une rapidité extraordinaire; il auraient bientôt accablé les végétaux s'ils n'étaient pas soumis à de nombreuses causes de destruction qui limitent leur nombre à une quantité tolérable. On va faire connaître leurs ennemis naturels que nous devons respecter puisqu'ils nous rendent service.

On voit souvent sur les feuilles et sur les branches qui ont été chargées de ces insectes une poussière sale, des pellicules blanchâtres, des débris de corps desséchés de ces petits animaux ; tous ces débris sont les restes des pucerons qui ont été dévorés par des larves qui leur font la chasse pour s'en nourrir et qui en détruisent un nombre prodigieux. Elles nettoyent en peu de temps une branche chargée de cette vermine sans qu'il en reste un seul vivant. Elles les mangent ou plutôt elles les boivent plus rapidement qu'ils ne se reproduisent, malgré leur fécondité. Ces larves aphidiphages donnent naissance à des Diptères de la famille des Brachystomes, de la tribu des Syrphides et du genre *Syrphus*. Elles sont ové-coniques, extensibles, susceptibles de s'allonger et de se raccourcir notablement, molles et apodes. Leur tête est située au petit bout, charnue, pouvant rentrer dans le premier segment du corps. La bouche consiste dans un simple tube qui renferme deux soies écailleuses, de la grosseur d'un crin, avec lesquelles elles percent les pucerons. Leur corps est en général blanchâtre ou vert jaunâtre, avec une tache brune allongée en lozange sur le dos. On voit à l'extrémité du dernier segment deux petits tubercules qui sont les stigmates par lesquels elles respirent ; il y en a deux autres sur le premier segment du corps. Ces larves rampent sur les pucerons, les percent avec leur dard, les enlèvent en l'air comme une poule qui boit et les sucent ; comme elles ont la peau fine et transparente, on voit les liquides du puceron passer dans leur œsophage. Elles rejettent la peau vidée et percent un nouveau puceron qu'elles sucent de même et continuent ainsi presque sans interruption.

Lorsqu'elles ont pris toute leur croissance elles se fixent sur une feuille ou contre une branche pour se transformer en pupe, ce qu'elles exécutent graduellement sans changer de peau ; elles deviennent grosses et arrondies du côté de la tête et minces, pointues au bout opposé, le contraire de leur forme primitive. Après un certain nombre de jours, la mouche éclôt et s'envole pour s'accoupler et pondre au milieu d'une famille de pucerons.

Les Syrphes sont de jolies mouches, d'une forme élégante et de couleurs luisantes. On les reconnaît à leur face pourvue d'une proéminance, à leurs antennes posées sur une saillie du front, plus courtes que la tête, écartées à la base, à troisième article ovalaire, surmonté d'une soie un peu pubescente, à leurs ailes écartées, à leur abdomen ovoïde, déprimé ou presque cylindrique. Les ailes ont toujours une fausse nervure longitudinale au milieu. On trouve communément dans les jardins les espèces suivantes :

V. *Syrphus pyrastri*, Meig. — Long. 12 mil. ; d'un noir bleuâtre luisant ; face d'un blanc jaunâtre ; front brunâtre ; vertex noir ; antennes brunes ; yeux velus ; thorax noir bleuâtre ; écusson jaune ; abdomen ovalaire, de la longueur de la tête et du thorax, de la largeur de ce dernier, arrondi au bout, d'un noir brunâtre ; deuxième, troisième et quatrième segments à deux lunules blanches ; pattes fauves avec la base des cuisses noire ; ailes hyalines, à nervures brunes ; balanciers jaunâtres.

Cette espèce se montre depuis le mois de juin jusqu'au mois d'octobre.

VI. *Syrphus ribesii*, Meig. — Long. 10 mil. Face et front jaunes ; tache du front et vertex noirs (mâle) ; antennes d'un brun fauve, à style fauve ; thorax vert ; écusson jaune ; abdomen ovalaire, de la longueur de la tête et du thorax, de la largeur de ce dernier, noir avec quatre bandes jaunes transversales, la première interrompue au milieu ; les autres échancrées (mâles) ; pattes fauves avec la base des cuisses noire (mâle) ; ailes hyalines à bord extérieur jaunâtre (mâle).

Cette espèce est commune dans les jardins en été, particulièrement dans le mois de juillet.

VII. *Syrphus vitripennis*, Meigen. — Long. 8 mil. Semblable au *S. ribesii*, mais les deuxième et troisième bandes de l'abdomen sont échancrées sur les mâles et les femelles; les cuisses postérieures sont noirâtres avec l'extrémité jaune; le bord des ailes est hyalin chez la femelle.

Il est commun dans les jardins.

VIII. *Syrphus balteatus*, Macq. — Long. 10 mil.; face et front jaunes; vertex noir; antennes fauves; thorax vert; écusson jaune; abdomen plus long que la tête et le thorax, de la largeur de ce dernier, noir; premier segment à tache jaune de chaque côté; deuxième à bande transversale fauve; troisième et quatrième à deux bandes transversales fauves; cinquième fauve; pattes jaunes, ailles hyalines dépassant notablement l'abdomen.

Il est très abondant dans les jardins pendant les mois de juillet, août et septembre. En général toutes les espèces du genre Syrphe nous rendent service en détruisant les Pucerons et doivent être respectées.

On trouve encore sur les plantes chargées de cette vermine une autre larve qui en fait une grande destruction, mais qui y est moins commune que celle des Syrphes. Elle est petite, allongée, d'un gris jaunâtre; son abdomen est ovoïde, allongé, terminé en pointe, plus large à sa base que le corselet et la tête; cette dernière porte deux espèces de cornes horizontales un peu courbées en pince à leur extrémité, elle est pourvue de six pattes sous le corselet et d'un mamelon anal faisant l'office d'une septième patte. Les cornes sont écailleuses et creuses, et servent à l'animal de pince pour saisir les Pucerons et les sucer, ce sont de longues dents suçantes. Il y en a qui rejettent sur leur dos les peaux des insectes qu'elles viennent de vider et qui s'en font une couverture. Elles mangent presque continuellement et parviennent à leur grandeur dans une quinzaine de jours.

Elles s'enferment alors dans un petit cocon de soie blanche, de forme sphérique, d'un tissu très-serré, où elles subissent leur métamorphose en nymphes, puis en insectes parfaits après une nouvelle quinzaine. Celles qui construisent leur cocon en automne passent l'hiver dans cette habitation pour se transformer en insectes parfaits au printemps suivant.

Ce dernier fait partie de l'ordre des Névroptères, de la famille des Planipennes, de la tribu des Hémérobiens et du genre *Hemerobius*. Ces jolis insectes, que l'on appelle vulgairement *Demoiselles terrestres*, se voient fréquemment dans les jardins et assez souvent sur les vitres des appartements ; ils sont d'une couleur verte, ils portent de grandes ailes qui ont la finesse et la transparence de la gaze, les placent en toit sur leur corps qu'elles dépassent à l'extrémité et ne touchent pas en dessus ; leurs yeux ont une belle couleur d'or. Les espèces les plus communes sont les deux suivantes.

IX. *Hemerobius perla*, Lin. — Long. 12 mil. Enverg. 30 mil. Corps entièrement d'un vert jaunâtre, de consistance molle ; antennes allongées, sétacées, grêles, insérées entre les yeux, d'un vert jaunâtre pâle ; yeux saillants, globuleux, couleur d'or brillant ; corselet presque carré, de la largeur de la tête ; abdomen long, cylindrique ; pattes grêles d'un jaune verdâtre, à tarses un peu plus foncés ; ailes transparentes, blanches, très-finement réticulées, à nervures d'un vert tendre.

X. *Hemerobius chrysops*, Lin. — Long. 12 mil. Enverg. 30 mil. Corps varié de vert et de noir, de consistance molle ; antennes sétacées, d'un jaune brunâtre ; bouche et base des antennes entourées de noir ; vertex largement entouré de la même couleur qui laisse une tache médiane verte ; yeux couleur d'or brillant ; thorax et abdomen tachés de noir, ce dernier cylindrique ; ailes grandes, transparentes, blanches, à nervures d'un vert pomme et réticulées de petites lignes noires ; pattes verdâtres tachées de noir.

Aussitôt après leur naissance ces insectes s'accouplent et les femelles vont pondre sur les feuilles une douzaine d'œufs très-petits, ovales, blancs, portés sur un pédicule fin comme un cheveu et long de 25 mil. Elles les placent à une petite distance les uns des autres et dans le voisinage des Pucerons et sur une même feuille.

On doit ménager avec le plus grand soin les Hémérobes, leurs larves et leurs œufs, lorsqu'on les rencontre dans les jardins et dans la campagne.

On rencontre très fréquemment des petits coléoptères de forme hémisphérique, de couleur rouge ou jaune avec des points noirs, toujours propres et luisants, courant sur les feuilles, auxquels on donne les noms vulgaires de *Bête-à-Dieu*, *Vache-à-Dieu*, *Bête de la Vierge* et dont le nom véritable est Coccinelle. On doit les respecter et les conserver comme les insectes précédents parce que leurs larves et eux-mêmes vivent, en général, de Pucerons et nous débarrassent un peu de cette vermine. Ces larves ont six pattes; leur corps est allongé, plus large à sa partie antérieure qu'à sa partie postérieure qui se termine en pointe; la tête est plus petite que le corselet et armée de deux mâchoires; on compte douze segments pour le corps, et du dernier il sort un mamelon charnu qui sert de septième patte. Le dessus du corps de quelques espèces est couvert de plaques écailleuses; dans d'autres il est hérissé de poils ou d'épines, dans quelques autres il est garni de tubercules; quelques espèces n'ont ni poils, ni tubercules, mais toutes ont le corps velu en dessous.

Ces larves sont carnassières en général; elles se nourrissent de Pucerons qu'elles trouvent sur les plantes; elle les saisissent avec leurs pattes de devant et les portent à leur bouche. Comme elles sont très-voraces elles ne s'épargnent pas entre elles et s'entre-mangent lorsqu'elles peuvent s'attraper. Elles emploient quinze jours ou trois semaines à prendre toute leur croissance et se changent ensuite en chrysalide, en se suspendant la tête en bas retenue par leur mamelon anal d'où suinte une gomme qui les fixe solidement. L'insecte parfait éclôt quinze jours après. Il s'accouple bientôt et la femelle va pondre, sur les feuilles des plantes, des œufs très-petits, oblongs, d'un jaune foncé, qui sont plantés debout et réunis en tas au nombre de 50 environ.

On trouve ces insectes pendant toute la belle saison. Le nombre des espèces est très considérable ainsi que celui des variétés dans plusieurs espèces. Elles tirent, en général, leur nom particulier du nombre des taches, des points, des mouchetures qu'elles portent sur leurs élytres. Elles sont rangées dans la famille des Aphidiphages, dans la tribu des Coccinelliens et dans le genre *Coccinella*.

Les espèces que l'on rencontre le plus communément dans les jardins sont les suivantes :

XI. *Coccinella bipunctata*, Lin. — Long. 5 mil. Elle est convexe, presque hémisphérique, noire, excepté les élytres qui sont rouges avec un point noir au milieu de chacune; on voit une tache blanche contre chaque œil; les côtés du corselet sont blancs et il porte en outre une tache petite, bifide, de la même couleur en avant de l'écusson.

Cette espèce est si variable dans ses couleurs et les individus sont tellement dissemblables qu'elle a été appelée *Coccinella dispar* par plusieurs auteurs; quelques individus sont noirs, avec une grande tache rouge sur chaque épaule et un point rouge de la même couleur sur le milieu de chaque élytre; le bord des yeux et les côtés du corselet sont blanchâtres, et entre ces deux extrêmes variétés se trouvent toutes les gradations du noir au rouge pour passer de l'une à l'autre.

XII. *Coccinella septempunctata*, Lin. — Long. 7 mil. Larg. 6 mil. Elle est très-convexe, hémisphérique, noire, avec les élytres d'un rouge brique luisant; on voit un gros point noir à la base de la suture commune aux deux élytres, et trois points noirs plus petits formant un triangle sur chacune; la tête est marquée de deux taches blanches à la base et les angles antérieurs du corselet d'une tache blanche plus grande.

Outre ces insectes, grands destructeurs de Pucerons, il faut en faire connaître d'autres qui ne leur sont pas moins funestes quoiqu'ils ne les mangent pas eux-mêmes, mais ils les prennent dans leurs dents et les emportent dans leurs nids pour la nourriture de leurs larves. Tous ces insectes font partie de l'ordre des Hyménoptères, de la famille des Fouisseurs, de la tribu de Crabroniens et de différents genres de cette tribu. Les femelles établissent leurs nids dans une galerie creusée dans la terre, ou dans le bois mort, ou dans la moële de branches sèches, comme le sureau, la ronce, l'églantier, etc. Elles empilent des Pucerons aptères dans le fond de la galerie en nombre suffisant et pondent un œuf dessus, puis elles ferment la cellule avec une cloison de terre ou de moelle ; elles approvisionnent de même, une seconde, une troisième cellule et tant qu'elles ont d'œufs à pondre. Chaque œuf coûte la vie à 20 pucerons au moins et souvent beaucoup plus, selon la grosseur que doit acquérir la larve de la cellule. Les principales espèces à citer dans cette tribu sont les suivantes :

XIII. *Crabro (crossocerus) aphidum*, Saint-F. — Long. 3 mil. Noir, tête grosse, presque carrée, noire ; chaperon jaune garni de duvet blanc ; mandibules et palpes jaunes ; antennes noires, jaunes en dessous au moins vers la base ; corselet noir ; métathorax sillonné ; abdomen noir, assez court, ne grossissant guère au-delà du milieu ; les quatre pattes antérieures jaunes ; cuisses et jambes intermédiaires tachées de noir à leur partie intime ; les postérieures noires, avec les tibias jaunes à la partie interne ; tarses jaunes, ailes hyalines à nervures et stigma brun ; une seule cellule cubitale.

Il y a vraisemblablement beaucoup d'espèces de Crabrons qui approvisionnent leur nid avec des Pucerons, mais leurs mœurs ne sont pas encore connues.

XIV. *Pemphredon lugubris*, Fab. — Long. 7 à 10 mil. Entièrement noir, tête grosse, presque carrée ; face velue, striée longitudinalement ; antennes noires coudées, insérées au bas de la face ; thorax ovalaire, métathorax rugueux strié obliquement sur le bord ; abdomen à pédicule notablement long, noir velu ; pattes velues avec les tarses antérieurs ciliés ; les tibias intermédiaires et postérieurs épineux ; ailes transparentes à nervures brunes, enfumées vers l'extrémité ; trois cellules cubitales, la première recevant les deux nervures récurrentes.

Cette espèce fait son nid dans le vieux bois carié.

XV. *Pemphredon (Cemonus) unicolor*, Lat. — Long. 7 mil. Entièrement noir et lisse ; tête grosse, presque carrée, ponctuée, pubescente ; antennes courtes, insérées au bas de la face ; thorax ovalaire ; métathorax lisse ; abdomen à pédicule notablement long, lisse, luisant ; pattes noires ; ailes hyalines, à nervures noires, trois cellules cubitales, la première recevant la première nervure récurrente à son milieu et la deuxième près de son extrémité.

Ce Crabronien fait son nid dans les tiges sèches de la ronce, de l'églantier, etc. Il existe encore deux autres espèces le *Cemonus lethifer* et le *Cemonus rugifer* qui ressemblent prodigieusement à la précédente et qui approvisionnent leurs nids avec des Pucerons.

XVI. *Pemphredon* (*Diodontus*) *minutus*, Jur. — Long. 4 mil. Noir, antennes noires, filiformes, insérées au bas de la face ; tête large, ponctuée, presque carrée; mandibules jaunes à pointe noire; palpes jaunes ; thorax ovalaire, noir ; point calleux jaune ; abdomen à court pédicule, noir, ovalaire, de la longueur du thorax ; pattes jaunes, hanches et base des cuisses noires ; ailes hyalines, à nervures noires ; trois cellules cubitales, la première et la deuxième recevant une nervure récurrente; cette dernière rétrécie vers la radiale.

Cette espèce niche dans la terre. Il est vraisemblable que les autres espèces de *Diodontus* enfouissent aussi des Pucerons.

XVII. *Pemphredon* (*Passalaccus*) *gracilis*, Schuk. — Long. 5 mil. Noir, luisant ; antennes filiformes, insérées au bas de la face ; tête large, presque carrée ; palpes jaunâtres ; thorax ovalaire, noir ; abdomen à court pédicule, noir, un peu plus long que le thorax ; cuisses noires ; genoux et tibias antérieurs jaunâtres ; les tibias antérieurs tachés de noir à l'extérieur ; ailes hyalines, à nervures noires ; trois cellules cubitales, la première et la deuxième recevant une nervure récurrente ; cette dernière presque carrée.

Cette espèce niche dans les tiges sèches de l'églantier et d'autres bois renfermant une colonne médulaire. Il est vraisemblable que les autres espèces de *Passalaccus* approvisionnent aussi leurs nids de pucerons.

Il faut maintenant parler des insectes qui pondent leurs œufs dans le corps des Pucerons et qui sont leurs véritables parasites. La larve qui sort de l'œuf ainsi placé se nourrit de la substance du puceron et y prend toute sa croissance ; après quoi elle se change en chrysalide sous la peau et se transforme ensuite en insecte parfait qui perce son enveloppe et prend son essor pour s'accoupler et aller pondre dans d'autres Pucerons. Lorsqu'on examine les feuilles et les rameaux chargés de ces petits aphidiens, on ne tarde pas à en découvrir qui ont le corps luisant, rond, gonflé comme un petit ballon, de couleur noire ou feuille sèche; ce sont des Pucerons morts renfermant chacun une larve parasite.

Ces parasites sont des Hyménoptères, de la famille des Pupivores, de la tribu des Ichneumoniens ou de la tribu des Chalcidites; les premiers entrent dans la sous-tribu des Braconites et dans le genre *Aphidius*. Les espèces les plus communes de ce genre sont :

XVIII. *Aphidius protæus*, Wesm. — Long. 10 mil. Corps noir, tête noire, de la largeur du thorax ; antennes noires, amincies à l'extrémité, de 16 à 22 articles ; thorax ovalaire, court, noir ; métathorax lisse, luisant ; abdomen noir, de la longueur de la tête et du thorax, à premier segment rugueux, ayant une impression transversale au milieu, aminci en pédicule, les autres lisses ; pattes variant du testacé au brun plus ou moins foncé ; ailes hyalines, à stigma fauve ; tarière de la femelle très-courte, à peine apparente.

On y observe plusieurs variétés : l'une entièrement noire avec la base des tibias testacée ; une autre ayant le premier segment de l'abdomen testacé ; une troisième ayant le prothorax testacé ; une quatrième ayant la face, le prothorax et les hanches testacés.

XIX. *Aphidius aphidum*, Blanch. — Long. 2 mil. Tête jaune avec le sommet noir ; antennes d'un brun-noirâtre, ayant le premier article jaune en dessous; thorax noir ; prothorax jaunâtre et marqué de deux lignes brunâtres ; abdomen noir avec les deux premiers segments d'un brun jaunâtre ; pattes antérieures jaunes, les postérieures brunes, ayant les trochanters et la base des tibias jaunes ; ailes hyalines. Cette espèce est désignée sous le nom d'*Aphidius varius* par N. de E. et Wesm.

XX. *Aphidius (Ephedrus) parcicornis*, N. D. E. — Long. 2 mil. Corps noir ; antennes filiformes, de 11 articles, noires ; tête et thorax luisants; abdomen ayant son premier segment rugueux avec une impression transversale près de l'extrémité ; pattes d'un brun testacé, tarses noirâtres ; ailes hyalines à stigma testacé : trois cellules cubitales.

Tels sont les Ichneumoniens parasites des pucerons. Quant aux Chalcidites parasites des mêmes insectes, ce sont les suivants:

XXI. *Asaphes vulgaris*, Walk. — Long. 2 mil. enverg. 4 mil. Antennes noires, en massue, composées de 13 articles ; tête et thorax d'un vert luisant, chagrinés ; abdomen court, ovale, pointu, d'un vert bouteille luisant ; pattes couleur de poix ; ailes sans nervures, excepté une simple nervure près du bord antérieur des supérieures qui forme une petite branche en massue au-delà du milieu.

XXII. *Coruna clavata*, Curt. — Long. 3 mil. Enverg. 7 mil. Antennes d'un brun pâle, velues, de treize articles chez les mâles, de douze chez les femelles, à premier article jaunâtre et le dernier lancéolé ; tête et thorax brillants, d'un vert-bleuâtre ; abdomen quelquefois d'un vert plus jaune, très luisant, déprimé, en massue ; pattes jaunâtres avec les cuisses postérieures brunâtres ; ailes hyalines, semblables à celles du précédent.

Les pucerons blessés produisent encore plusieurs espèces de chalcidites du genre *Encyrtus*.

Dans la tribu des Oxyuriens on trouve comme parasite de ces homoptères l'espèce suivante :

XXIII. *Ceraphron carpenterii*, Curt. — Long. 2 2/3 mil., enverg. 7 mil. Noir ; tête et thorax pubescents, corps brillant ; antennes du mâle longues, de onze articles, les articles velus plus cou moinsdentés en scie, excepté les deux premiers et le dernier ; simplement en massue chez les femelles ; les ailes supérieures avec un grand stigma brun demi-circulaire duquel sort un rameau ourbe, seule nervure existante ; pattes couleur de poix : extrémité des cuisses, tibias et tarses jaunâtres.

On voit sortir fort souvent ce petit parasite des pucerons blessés.

M. Curtis, à qui j'emprunte les descriptions des trois espèces précédentes, incline à croire qu'elles sont parasites des *Aphidius*, ennemis des pucerons, et non parasites des pucerons mêmes.

Comme cette opinion n'est pas établie sur des faits positifs, qu'elle paraît conjecturale, on peut ne pas l'adopter et croire que les Chalcidites font la guerre aux pucerons en concurrence avec les Ichneumoniens et qu'ils concourent ensemble à la destruction de cette vermine.

J'ai obtenu moi-même de pucerons blessés, récoltés sur le rosier et sur diverses autres plantes, le *Coruna clavata* qui vient d'être décrit; un *Ceraphron* que j'ai rapporté au *C. clandestinus*, N. de E., et un troisième Chalcidite qui a beaucoup d'analogie avec le *Chrysolampus lagenarius*, N. de E., et qui est peut-être l'*Asaphes vulgaris* de M. Curtis.

Enfin, les pucerons blessés donnent naissance à deux espèces de la tribu des Gallicoles et du genre *Cynips*; ce sont, d'après M. Curtis, les suivants :

XXIV. *Cynips fulviceps*, Curt. — Long. 2 mil., enverg. 4 mil. Noir, luisant; antennes longues, filiformes, grêles, de treize articles, avec les premiers articles jaunâtres; tête et pattes d'un jaune luisant; thorax et abdomen noirs, luisants; ailes à nervures d'un brun léger; aréole nulle.

Ce petit Cynips est peut-être le même que celui qui a été décrit par Jurine sous le nom de *Cynips erythrocephala?*

XXV. *Cynips quercûs inferus*? Lin. — Long. 3 mil., enverg. 6 mil. Couleur de poix brillante; tête et thorax rugueux; antennes et bouche couleur de rouille luisante, les premières composées de quatorze articles; ailes à nervures d'un brun-rougeâtre pâle ayant une cellule trigone allongée, sur le bord, et une très petite aréole indistincte à son angle interne; pattes jaunâtres.

Ces deux descriptions sont prises dans le *Farm insects*.

XXVI. Les pucerons blessés m'ont donné, à plusieurs reprises, un petit Cynips que j'ai rapporté au *Cynips erythrocephala*, Jur. Mais cet insecte, qui ressemble, pour la description, au *C. fulviceps* de M. Curtis, n'a pas le même nombre d'articles aux antennes que ce dernier, car la femelle en a quatorze et le mâle quinze.

Je n'ai jamais vu sortir, de pucerons blessés, l'espèce que M. Curtis rapporte, avec doute, au *Cynips quercûs inferus*, Lin. Mais j'ai vu sortir plusieurs fois ce dernier des grosses baies fongueuses qui viennent sur le revers des feuilles du chêne, lesquelles sont produites par le *Cynips quercûs folii,* Lin (1).

Tous les ennemis des pucerons que l'on vient de signaler en font une prodigieuses destruction, mais la fécondité de ces petits animaux est si grande qu'il ne semble pas que leur nombre en soit diminué.

—

27 et 28. — LES GALLINSECTES DU PÊCHER.

(*Lecanium persicæ* et *amygdali*, Blanch.)

Le pêcher que l'on cultive dans les jardins est un arbre fort délicat et sujet à plusieurs maladies. On en voit assez souvent qui ont leur feuilles jaunies et sans vigueur, soit sur quelques unes de leurs branches, soit sur l'arbre entier. Si l'on examine ces branches malades on voit qu'elles sont plus ou moins couvertes de tubérosités brunes, ayant la couleur du café ou de la feuille morte, ou bien encore de l'épiderme lisse de certains arbres. Ces espèces de galles sont ovales et ressemblent à un petit bateau renversé dont la longueur serait de 6 à 7 mil. sur 3 à 4 mil. de large. On remarque une petite échancrure à leur extrémité postérieure. Elles sont solidement fixées aux branches, et comme elles ressemblent à des galles et qu'elles sont réellement des insectes, on leur a donné le nom de Gallinsectes. Les entomologistes ne sont pas d'accord sur cette question, savoir : si ces galles sont la cause de la maladie de l'arbre, ou si ces galles n'existent en abondance que parce que l'arbre est malade. Cette dernière opinion est celle qui réunit le plus de partisans, par la raison qu'à côté d'un pêcher malade on en voit d'autres parfaitement sains, et que sur le même arbre on remarque des branches vigoureuses à côté de branches languis-

(1) Le *Cynips quercûs inferus*, L. me paraît être un parasite qui pond ses œufs dans les galles produites par d'autres Cynips.

santes et chargées de ces insectes. Il paraît qu'une sève altérée ou circulant lentement dans un membre de l'arbre est une circonstance favorable au développement et à la multiplication des Gallinsectes.

A la fin du mois de mai ou dans les premiers jours de juin, ces galles ont pris leur plus grand volume et ont acquis les dimensions que l'on vient d'indiquer. Dans ce temps leur ventre et le contour de leur corps sécrètent une sorte de coton blanc qui forme un lit mollet à l'insecte. Il se met alors à pondre des œufs rougeâtres excessivement petits et en nombre prodigieux qu'il fait passer sous son ventre ; l'œuf qui sort pousse celui qui l'a précédé immédiatement et qui pousse également celui qui est devant lui, en sorte que tous les œufs passent du corps de l'insecte sous son ventre et se trouvent placés en tas sur le lit de coton. L'insecte meurt aussitôt sa ponte faite et la peau de son ventre, collée contre celle de son dos, forme un couvercle qui protége les œufs.

Au bout d'une dizaine de jours, ces derniers éclosent et donnent naissance à un excessivement petit animal qui sort de dessous sa mère par l'échancrure dont on a parlé et s'éloigne de son nid de quelques pas pour y rentrer promptement. Bientôt toutes ces petites larves quittent définitivement le nid et s'éparpillent sur les feuilles voisines et sur les bourgeons les plus tendres pour y chercher leur vie. Elles sont rougeâtres, en forme d'ovale-allongé ; elles sont pourvues de six pattes ; leur tête porte deux antennes ornées de quelques poils et leur extrémité postérieure deux soies horizontales. Elles prennent leur nourriture par le moyen d'un petit bec qui naît de l'entre-deux des jambes de devant ; elles l'enfoncent dans l'écorce et sucent la sève qui est leur unique aliment. Tous ces détails ne peuvent être vus sur des animaux aussi petits qu'au moyen d'un microscope ou d'une très-forte loupe. Les petites larves marchent avec agilité dans leur premier âge et changent volontiers de place, mais elles deviennent de plus en plus sédentaires en grandissant. Elles croissent pendant l'été et une partie de l'automne, et lorsque les feuilles tombent, toutes celles qui étaient dessus les abandonnent et se réfugient sur les branches où elles se fixent définitivement. Celles qui n'ont pas quitté les branches y restent et ne changent plus de place. Ce sont les blessures qu'elles font à l'arbre et la sève qu'elles absorbent qui occasionnent la maladie de langueur qui l'atteint ou qui accélèrent son dépérissement et précipitent sa mort, si la maladie vient d'ailleurs.

La Gallinsecte passe l'hiver dans cette position, ayant déjà acquis presque toute sa croissance ; le froid l'engourdit sans la faire périr ; elle se ranime au retour du printemps et, dès que la sève monte, elle prend de la nourriture et atteint l'âge adulte. On remarque dès le commencement d'avril qu'il y en a de beaucoup plus petites les unes que les autres et que ces dernières sont nombreuses. Si l'on surveille ces petites galles, vers la fin du mois, on en voit sortir, le derrière le premier, un très-petit insecte de couleur rougeâtre, ayant deux fines antennes, l'abdomen terminé par quatre soies et deux ailes d'un blanc sale bordées antérieurement d'une ligne rouge ; il est pourvu de six pattes et porte au derrière, outre les quatre soies, une petite queue inclinée en bas. Ce petit insecte est le mâle qui se porte aussitôt sur les grosses galles qui sont les femelles, se promène sur leur dos, s'accouple avec elles et les féconde, après quoi il meurt. Dès qu'elles sont fécondées, les femelles grossissent rapidement et se disposent à pondre pour achever leur destinée.

Cet insecte fait partie de l'ordre des Hémiptères, de la section des Homoptères, de la famille des Gallinsectes ou Coccinieus et du genre *Lecanium*. Son nom entomologique est *Lecanium persicæ*, et son nom vulgaire Gallinsecte du pêcher ou Cochenille du pêcher.

1. *Lecanium persicæ*, Blanch. — *Femelle*. Long. 7 mil. larg. 4 mil. ovale, brune, bombée, avec une petite échancrure au bout postérieur qui est un peu plus gros que l'antérieur.

Mâle. Brunâtre, pourvu de deux ailes blanches, ayant leur bord antérieur épaissi et de couleur rouge.

Le moyen de détruire ces insectes est de les écraser sur les branches avec un couteau de bois ou avec la main garnie d'un gant, sans en laisser un seul s'il est possible. On peut essayer de les poudrer avec du tabac ou de la pyrèthre, ou de les laver avec des infusions de tabac, de cendre, ou de les soumettre à des fumigations insecticides. En même temps on ne doit pas omettre de donner à l'arbre tous les soins propres à augmenter la vigueur de la végétation par les amendements, les arrosages, la taille, etc.

2. Le pêcher nourrit une seconde espèce de Gallinsecte beaucoup plus petite que la précédente, entièrement ronde, presque globuleuse, de couleur brune, dont l'histoire est semblable à celle que l'on vient d'exposer. Son nom entomologique est : *Lecanium amygdali* et son nom vulgaire Gallinsecte ronde du pêcher. On doit la traiter comme l'espèce précédente.

—

29. — LA GALLINSECTE DE LA VIGNE.

(*Lecanium vitis*, Lin.)

La vigne nourrit une espèce particulière de Gallinsecte que l'on rencontre, le plus ordinairement, sur les vieux ceps, sur ceux qui sont mal soignés et dont la végétation est languissante. On l'y voit quelquefois en nombre très considérable. Elle empêche alors la production du raisin et occasionne la mort du cep. L'histoire de cette Gallinsecte est la même que celle de la Gallinsecte du pêcher, mais les époques de ses évolutions sont un peu différentes ; je les ai observées moi-même et me détermine à les décrire.

La femelle, examinée vers le dix mai, a 4 mil. de long ; elle est bombée, un peu oblongue et plus étroite au bout antérieur qu'à l'extrémité opposée qui est légérement échancrée au milieu ; sa couleur est fauve, parsemée de beaucoup de taches et de points noirâtres.

A l'époque que l'on vient d'indiquer elle est entourée d'un bourrelet de coton blanc plus épais et plus saillant au bout postérieur, lequel soulève le derrière de l'insecte et le détache du cep auquel il n'est plus adhérent que par son extrémité antérieure. Une très-mince couche de la même matière se trouve interposée entre le ventre et le bois. Ce coton a été sécrété par l'abdomen et les bords de l'insecte qui touchent le cep ; il est destiné à protéger les œufs qu'il pond et qu'il fait passer successivement sous son ventre. Lorsque la ponte est finie, les œufs sont rassemblés en un petit tas entouré d'un bourrelet de coton et recouverts par le corps desséché de la mère. Les fourmis en sont très friandes et les dévoreraient s'il n'étaient pas cachés et soustraits à leurs recherches. Ils sont très-petits, ronds, d'une couleur vineuse et extrêmement nombreux. Ils sont éclos vers le 20 juin, car on voit alors les petits sortir de dessous leur mère par l'échancrure de son derrière et se promener lentement dans les environs ; déjà même quelques-uns sont fixés sur le cep. Ils ont environ 1/3 mil. de long; ils sont rougeâtres, pourvus de deux petites antennes, de six pattes, de deux soies à l'extrémité de l'abdomen et d'un petit bec situé entre les deux jambes de devant. Ils se répandent sur les feuilles et les branches où ils pompent leur nourriture. Ils grandissent peu à peu et vers le commencement de septembre ils ont pris un accroissement notable. On en distingue alors de deux dimensions différentes. Les fourmis les recherchent pour sucer une gouttelette de liquide sucré qui sort de leur derrière et qui se renouvelle presque continuellement. A la fin du même mois on remarque que les Gallinsectes de la petite taille, qui sont les mâles, sont rangées les unes à côté des autres en petits bataillons carrés et que plusieurs se sont changées en chrysalides, tandis que les plus grosses sont irrégulièrement répandues sur le cep et n'ont éprouvé aucune transformation. On voit encore que ces chrysalides commencent à laisser sortir leurs insectes qui se montrent le derrière le premier. Il leur faut un ou deux jours pour se dégager et pouvoir prendre leur essor. Les mâles se montrent dans les premiers jours d'octobre et il est vraisemblable que l'accouplement a lieu à cette époque. On voit cependant des mâles qui sont éclos les 8 et 10 octobre et des femelles qui abandonnent les feuilles prêtes à tomber pour venir se réfugier et se fixer sur le tronc. Toutes ces femelles passent l'hiver qui sûrement en fait périr un grand nombre, car au printemps suivant on en trouve beaucoup moins qu'il n'y en avait en automne. Peut-être que quelques mâles ne sortent qu'au printemps pour féconder les femelles qui ne l'ont pas été avant les froids.

Le nom entomologique de cet insecte est *Lecanium vitis*, et son nom vulgaire Gallinsecte de la vigne ou Cochenille de la vigne.

1. *Lecanium vitis*, Lin. — *Mâle*. Long. 2 mil. Il est rougeâtre ; les antennes et le corselet sont noirs, et ses deux ailes blanches sont ornées d'une ligne rouge le long du bord extérieur ; l'abdomen est terminé par deux longues soies entre lesquelles se voit un filet courbé en bas moins long qu'elles.

La femelle est décrite plus haut.

Pour détruire cet insecte on doit employer les moyens indiqués contre la Gallinsecte du pêcher et redonner au cep attaqué la vigueur de végétation qui lui manque.

La Gallinsecte de la vigne a des ennemis naturels qui en font disparaître un grand nombre. Le plus redoutable est un petit hyménoptère de la famille des Fouisseurs, de la tribu des Crabronites et du genre *Celia* dont le nom est *Celia troglodytes*.

XXVII. *Celia troglodytes*, Schuck. — *Femelle*. Long. 3 mil. Antennes noires à premier article brunâtre en-dessous ; tête, thorax et abdomen d'un noir uniforme, le dernier, lisse, luisant, ovalaire, atténué en pointe aux deux extrémités, très courtement pédiculé ; cuisses postérieures et intermédiaires noires ; cuisses antérieures et tibias bruns ; tarses d'un testacé brun ; ailes hyalines à stigma grand et noir ; deux cellules cubitales, la première plus longue que large, la deuxième presque carrée.

Mâle. Semblable, mais premier et deuxième articles des antennes jaunes en dessous ; chaperon et mandibules jaunes ; cuisses et tibias antérieurs d'un fauve testacé, les autres tibias un peu plus clairs.

La femelle établit son nid dans un petit trou qu'elle perce dans le bois mort, comme le saule, le peuplier ; ce trou ressemble à celui que ferait une grosse épingle ou une très petite vrille. Elle y entasse des petites Gallinsectes qu'elle saisit après leur naissance, c'est-à-dire dans les premiers jours d'août, et lorsqu'elle en a déposé une quantité suffisante pour la nourriture de sa larve, elle y pond un œuf et ferme le trou avec de la sciure de bois. La larve sortie de l'œuf mange sa provision, se change ensuite en chrysalide d'où l'insecte sort l'été suivant dans les premiers jours de juillet.

Un autre ennemi de cette Gallinsecte est un parasite dont la larve vit dans son corps : elle en dévore la substance, s'y change en chrysalide et ensuite en insecte parfait qui perce la peau pour se mettre en liberté, ce qui a lieu vers le 20 juin. Il sort ordinairement deux ou trois de ces parasites du corps d'une femelle Gallinsecte. Aussitôt après sa naissance il s'accouple et la femelle fécondée va pondre deux ou trois œufs dans le corps des Gallinsectes de la vigne qu'elle trouve à sa portée sur la tige ou sur les branches.

Ce parasite est un Chalcidite du genre *Encyrtus* :

XXVIII. *Encyrtus swederi*, N. de E. — Long. 3 mil. La femelle est fauve ; les yeux et les antennes sont noirs ; elle porte un pinceau de poils noirs au bout de l'écusson ; les ailes sont enfumées, marquées d'une tache hyaline au milieu. Le mâle est noir, ses antennes sont velues, et ses ailes hyalines ; dans les deux sexes les tibias intermédiaires sont plus longs que les autres et armés d'une longue épine.

---

30. — LA GALLINSECTE DE L'OLIVIER.

(*Coccus oleæ*, Lat.) (1)

On donne, en Provence, le nom de *Pou de l'olivier* au kermès ou Cochenille de cet arbre. Cette Gallinsecte est un fléau sur les côtes méridionales, surtout dans le département du Var, mais elle est peu commune dans les Bouches-du-Rhône et inconnue dans les environs d'Aix. Ses habitudes sont analogues à celles des coche-

(1) Fomscolombe. Ann. S. Ent. 1840.

nilles du pêcher et de la vigne décrites précédemment. Elle s'établit sur les branches languissantes de l'olivier; elle les épuise promptement et les fait bientôt mourir. Lorsque la femelle est parvenue à toute sa grosseur, elle a 4 mil. de long. et sa forme est à peu près hémisphérique; elle est un peu raboteuse avec deux plis ou lignes élevées transverses, et une petite échancrure à peine visible à l'une des extrémités qui est la postérieure, et quelquefois aux deux extrémités; sa couleur est d'un gris un peu canelle, et parfois noirâtre.

Ces insectes se trouvent quelquefois en grand nombre sur chaque arbre et serrés les uns contre les autres; leur trompe, enfoncée dans l'écorce tendre, en suce la sève. Leurs excrétions et les sucs extravasés se manifestent par une poussière noire qui salit les branches; ils épuisent l'arbre, nuisent à sa croissance ainsi qu'à la maturité de son fruit. Ils ne se contentent pas d'attaquer l'olivier, ils se jettent aussi sur le laurier-rose et même l'oranger. Ils se propagent avec une prodigieuse rapidité.

Le mâle de cette espèce n'a pas encore été décrit. Il est probable qu'il ressemble aux mâles des espèces connues et qu'il est un très-petit insecte svelte, à deux ailes, ayant l'abdomen terminé par une petite queue.

On recommande, pour délivrer les oliviers de cette vermine, de racler les branches pour enlever les galles; et comme chaque cochenille devient un nid sous lequel sont abrités les œufs et les petits après l'éclosion, il est nécessaire, après les avoir raclées, de passer un pinceau imprégné de vinaigre sur la place qu'elles ont occupée pour détruire tous les germes d'un mal qui pourrait se renouveler; toute autre liquide insecticide peut remplacer le vinaigre. Mais en même temps que l'on fait cette opération il faut soigner l'arbre languissant, redonner de la vigueur à la végétation par les labours, les amendements et l'arrosage; autrement les premiers soins sont inutiles, et les Gallinsectes reparaîtront bientôt.

—

31. — LA GALLINSECTE EN COQUILLE.

(*Aspidiotus conchyformis*, Bou.)

Cette Gallinsecte diffère de celles précédemment décrites par sa forme qui est allongée, ordinairement courbée, pointue à un bout et arrondie à l'autre qui est le plus gros : elle ressemble à une petite coquille de moule appliquée contre l'écorce d'un arbre. On la voit quelquefois en nombre prodigieux répandue sur la tige des pommiers ; elle envahit aussi les branches, les feuilles, les fruits, ainsi que leurs pétioles et pédoncules, et cause un tort notable à l'arbre si elle s'y propage pendant plusieurs années consécutives.

Je n'ai pas eu l'occasion de suivre ses développements successifs ; mais j'ai remarqué sur le tronc d'un pommier languissant, une multitude incroyable de cadavres de cette Gallinsecte ; ils étaient disposés par plaques plus ou moins étendues, rangés les uns à côté des autres, se touchant la plupart, dirigés dans toutes les directions. On en remarquait qui étaient plus petits que les autres, d'une couleur différente et qui étaient dispersés. Je suppose que ces derniers étaient les mâles et les premiers les femelles ; on en voyait aussi, en petit nombre, qui étaient percés d'un petit trou rond par lequel était sorti l'insecte parasite qui avait vécu dans la Gallinsecte. Les grosses Gallinsectes ou les femelles présentaient seules cet accident.

M. Aza Fitch, célèbre entomologiste de l'état de New-York, donne sur la Gallinsecte en coquille les détails suivants (1).

Pendant l'hiver la Gallinsecte conchyforme meurt, et sa peau desséchée couvre les œufs qu'elle a pondus. Si on la soulève à cette époque ou au commencement du printemps, on voit ses œufs dont le nombre varie de vingt à cent environ. Ils sont extrêmement petits, d'une forme ovale, régulière, à peu près deux fois aussi longs que larges; ils sont mous et peu luisants, blancs pour la

(1) Fitchs noxions insects of N. Y.

plupart et jaune-pâle pour les autres. Dès le 12 mai, on trouve les larves écloses courant avec activité parmi les œufs. Ce n'est guère que quinze jours après leur sortie de l'œuf que les jeunes larves se montrent au-dehors et qu'elles quittent l'écaille pour se répandre sur l'écorce. A l'œil nu elles apparaissent comme des petits points blancs uniformément répandus sur l'écorce, ayant l'air d'y former une granulation appartenant à l'épiderme. Au moment de la sortie de l'œuf les larves sont à peu près de la moitié de la grandeur de cet œuf, d'une forme ovale, d'une couleur jaune foncée ; on voit trois paires de pattes, deux placées antérieurement, la troisième postérieurement, très distinctes ; elles marchent avec beaucoup d'animation et d'agilité. M. Aza Fitch ne les a pas suivies dans la suite de leur existence. Il reste beaucoup de choses à découvrir pour compléter l'histoire de cette Gallinsecte qui est l'un des plus dangereux ennemis des pommiers.

Elle est comprise dans l'ordre des Hémiptères, la section des Homoptères, la famille des Cocciniens, et le genre *Aspidiotus*. Son nom entomologique est *Aspidiotus conchyformis* et son nom vulgaire Gallinsecte en coquille.

1. *Aspidiotus conchyformis*, Bouch. — Long. 2 à 3 mil. Corps ordinairement arqué, aminci en devant, ayant la forme d'une petite coquille, de couleur brun-jaunâtre plus ou moins foncé ; partie antérieure correspondant à la tête de couleur plus claire, ordinairement jaune ferrugineux.

Le mâle est inconnu. Dans ce genre les mâles ont deux ailes parcourues par deux nervures, deux balanciers horizontaux sous les ailes et l'abdomen terminé par un appendice de sa longueur.

On a proposé en Amérique, contre cet insecte, le remède suivant ; faire bouillir des feuilles de tabac dans une forte lessive jusqu'à ce que le tout soit réduit en une pulpe impalpable ; y mêler du savon fondu de manière à former une pâte de la consistance de la bouillie. Pour appliquer ce remède on commence par nettoyer les arbres de la mousse et des lichens qui les couvrent, et on enduit le tronc et les branches avec la bouillie en se servant d'un pinceau pour l'appliquer. On fait cette opération avant que les boutons ne se gonflent, c'est-à-dire, dès le commencement du printemps.

Quel que soit le procédé mécanique employé pour la destruction de cet insecte, on ne doit pas manquer de soigner les arbres atteints, et de leur donner de la force par les amendements, la taille et les arrosages.

M. Aza Fitch a remarqué une larve parasite qui dévorait les œufs placés sous la femelle, mais il n'a pas obtenu l'insecte dans lequel elle aurait dû se transformer. Il conjecture qu'elle aurait donné un Chalcidite.

La Gallinsecte en coquille est originaire d'Europe et a été transportée en Amérique avec les pommiers qu'on y a envoyés.

---

32. — LE PIQUE-BOURGEON.

(*Cephus compressus*, Fab.)

Pendant la deuxième quinzaine de mai et tout le mois de juin on remarque des bourgeons de poirier qui s'inclinent, se courbent et se flétrissent ; ils font de plus en plus la crosse et bientôt ils noircissent et meurent. Si on les examine avec attention on y aperçoit des petits points noirs également espacés qui tournent en spirale autour du bourgeon dont ils font une ou deux fois la circonvolution. Ces points sont des piqûres qui pénètrent jusqu'au bois tendre, et qui interrompant la libre ascension de la sève, produisent la flétrissure des feuilles. La sève, arrêtée en ce point, s'accumule et produit un léger gonflement du bois qui se trouvant très affaibli par les blessures qu'il a reçues, se casse facilement ; mais il est en état de résister aux agitations du vent et le bourgeon se soutient pendant tout l'été. Si pour connaître la cause de cette altération on fend la branche malade au premier moment de la flétrissure on n'y remarque absolument rien, si ce n'est des blessures qui pénètrent un peu dans le tissu ligneux ; mais si l'on attend le mois d'août pour faire cette opération on voit alors que l'intérieur du bourgeon est miné, qu'il s'y trouve une petite larve blanche, qui, partie de l'une des blessures, s'est avancée dans le tuyau médulaire, et a creusé une galerie devant elle en marchant du côté de la branche d'où sort le bourgeon; elle a mangé la moelle et une partie de la substance ligneuse environnante pour se nourrir et a laissé derrière elle ses excréments sous la forme d'une poussière brune qui remplit sa galerie. Cette larve marche lentement et ce n'est que vers le mois de septembre ou d'octobre qu'elle arrive à la base du bourgeon et qu'elle acquiert toute sa taille. Elle s'enveloppe alors dans un léger cocon de soie qui remplit sa cellule et elle passe l'hiver dans le repos et l'engourdissement pour se changer en chrysalide au printemps suivant.

Cette larve a 6 mil. de long. Sa tête est ronde, blanche, luisante; elle est armée de deux fortes maudibules brunes, d'un labre de la même couleur et d'une lèvre inférieure terminée par deux pointes; on y distingue deux très petites antennes et deux points oculaires bruns. Tout le corps est blanc, arrondi et courbée en S; les trois premiers segments sont plus gros que les autres et s'élèvent au-dessus de la tête, ce qui donne à la larve une apparence bossue; il porte en dessous trois paires de très petites pattes; les autres segments sont à peu près de même grosseur et sont privés de pattes; le dernier un peu plus grand que les précédents, relevé en dessus, est terminé par un petit appendice caudal brun, corné, granuleux, couvert de poils sortant des granules. On distingue une ligne dorsale qui aboutit près de l'appendice. Cette larve se change en chrysalide dans les premiers jours du mois de mai, et en insecte parfait vers le 15 du même mois. Ce dernier perce un trou rond, à l'aide de ses mâchoires, dans la paroi de sa cellule et se met en liberté pour accomplir sa destinée.

Il fait partie de l'ordre des Hyménoptères, de la famille des Porte-Scie, de la tribu des Tenthrédines et du genre *Cephus*. Son nom entomologique est *Cephus compressus* et son nom vulgaire Pique-bourgeon.

1. *Cephus compressus*, Fab. — *Femelle*. Long. 9 1/2 mil. Antennes noires, longues, filiformes; tête, corselet, base et extré-

mité de l'abdomen noirs, milieu de l'abdomen sur les 2/3 de sa longueur rougeâtre ; trois taches jaunes sur l'extrémité du corselet; base des mâchoires blanche; palpes jaunes; cuisses noires; tibias antérieurs blancs : tibias moyens blancs tachés de noir ; les postérieurs noirs tachés de blanc; ailes transparentes un peu enfumées.

Mâle. Long. 7 mil. Semblable à la femelle, mais une ligne jaune transversale en avant des ailes; abdomen jaune ainsi que les pattes.

La femelle porte à l'extrémité de l'abdomen une petite queue noire, longue de 1 mil., formée de deux valves qui renferment entre elles une tarière dentée en scie dont elle se sert pour piquer les bourgeons. Dès qu'elle a été fécondée par le mâle et qu'elle éprouve le besoin de pondre, elle se porte sur un bourgeon de poirier dans lequel elle enfonce sa tarière, puis elle fait un pas en avant et de côté et enfonce de nouveau sa tarière; elle continue ainsi jusqu'à ce qu'elle ait laissé un œuf dans la blessure, ce qui n'arrive qu'après qu'elle a fait une ou deux fois le tour du bourgeon.

Cet insecte n'est pas moins nuisible que le Coupe-bourgeon, en blessant les pousses que le jardinier voudrait conserver pour donner aux arbres qu'il élève la forme convenable, mais il n'attaque que les poiriers. On lui fait la chasse en coupant toutes les pousses flétries qui s'inclinent en crosse, en ayant soin de faire l'amputation au-dessous des piqûres et de brûler toutes ses pousses. Lorsqu'on taille les arbres en février ou en mars il faut faire attention aux branches minées, remplies de poussière noirâtre et les enlever jusqu'au bout des galeries et se bien garder de les laisser sur la terre; on doit les brûler scrupuleusement. Si on en laisse quelques-unes renfermant un mâle et une femelle seulement l'insecte se propagera et continuera ses dégâts.

Le *Cephus compressus* a un ennemi naturel qui est un parasite d'une taille à peu près égale à la sienne. La femelle est armée d'une longue tarrière avec laquelle elle perce le bourgeon qui sert d'habitation à la larve mineuse et parvient à introduire un œuf dans son corps. Il sort de cet œuf un ver qui ronge intérieurement la larve mineuse et semble se substituer à elle; après quoi il se change en chrysalide, et ensuite en insecte parfait qui sort de sa prison en perçant un trou rond dans la cellule qu'il occupe et se met en liberté, ce qui a lieu vers la fin du mois d'août. Ce parasite est un Ichneumonien du genre *Pimpla* qui me paraît se rapporter au *Pimpla stercorator*.

XXIX. *Pimpla stercorator*, Grav. — *Femelle.* Longueur 8 mil., 12 mil. si l'on compte la tarière. Elle est noire; les palpes sont blancs ainsi qu'un petit point à l'origine des ailes; le thorax est ovalaire; l'abdomen est long, cylindrique, séparé du corselet par un étranglement profond; les segments sont ponctués avec les bords lisses et une impression transversale au milieu; les pattes sont fauves et les tibias postérieurs sont annelés de blanc et de noir.

—

33. — LA MOUCHE A SCIE DU GROSEILLER.

(*Nematus ribis*, Le Duc).

Les groseillers rouges et blancs et le groseiller épineux que l'on nomme groseiller à maquereau ne sont pas plus exempts de la dent vorace des insectes que les arbres fruitiers de nos jardins. Dans certaines années on s'aperçoit que toutes leurs feuilles sont dévorées pendant l'été et que leurs fruits se dessèchent avant d'avoir atteint leur maturité. Ce dégât est causé par une larve qui se trouve en très grand nombre sur ces arbustes et qui ressemble beaucoup à une chenille. La ressemblance est tellement grande qu'il faut avoir quelques notions d'entomologie pour savoir l'en distinguer et c'est pour cela qu'on lui a donné le nom de fausse chenille. Mais si la chenille et la fausse chenille se ressemblent, il n'en est pas de même des insectes dans lesquels elles se transforment, car la première donne toujours naissance à un papillon et la seconde se change toujours en une mouche à quatre ailes. Le caractère le plus facile à saisir pour les distinguer réside dans le nombre de leurs pattes: les chenilles n'ont jamais plus de seize pattes et moins de dix; les fausses chenilles ont toujours plus de seize pattes ou n'en possèdent que six.

Dès le commencement du mois de mai de certaines années on s'aperçoit que les feuilles des groseillers sont rongées; le mal commence à l'extrémité des branches et s'avance vers la tige; on voit d'abord quelques rameaux dépouillés de leurs feuilles, puis ensuite l'arbuste tout entier en est privé. Ce dégât est causé par une fausse chenille vorace qui ne laisse que la nervure médiane des feuilles qu'elle entame. Elle mange continuellement et grandit assez rapidement. On en voit de différentes tailles sur le même groseiller. Elles ne l'abandonnent qu'après l'avoir dépouillé. Lorsque cette larve a atteint toute sa croissance, vers la fin de mai, elle a 16 à 18 mil. de longueur. Elle est cylindrique, verte; sa tête est noire; son corps est couvert de points noirs rangés en lignes longitudinales et transversales de chacun desquels il sort un poil; elle est pourvue de vingt pattes dont les six antérieures sont noires. Elle conserve cette livrée jusqu'à sa dernière mue après laquelle elle devient d'un vert-jaunâtre pâle. Quand elle est en liberté sur les groseillers elle prend diverses attitudes contournées plus ou moins bizarres.

Parvenues à toute leur croissance ces larves quittent les feuilles, descendent de l'arbuste et s'enfoncent dans la terre. Elles se renferment dans un cocon de soie d'un tissu serré et gommé, de forme ovalaire, de 8 à 9 mil. de longueur, composé de deux cocons renfermés l'un dans l'autre, et à travers lequel l'humidité ne peut pas pénétrer. Les plus paresseuses ont terminé cette opération vers le 10 juin. Elles se changent en chrysalides dans cet abri et ne tardent pas à en sortir sous la forme d'insectes parfaits. Ces derniers viennent pondre sur les feuilles restantes des groseillers qui, dès le 1er juillet, sont envahies par les fausses chenilles qui grandissent rapidement, s'enfoncent dans la terre, y construisent leurs cocons dans lesquels elles se transforment en chrysalides et en insectes parfaits, qui commencent à s'envoler vers le 18 août. Ces derniers donnent naissance à une nouvelle génération de larves qui passent l'hiver dans la terre et se transforment au printemps suivant.

Cet insecte entre dans l'ordre des Hyménoptères, dans la famille des Porte-scie, dans la tribu des Tenthrédines et dans le genre *Nematus;* son nom entomologique est *Nematus ribis*, que l'on rend en français par *Némate du groseiller* et vulgairement par *Mouche à Scie du groseiller*.

1. *Nematus ribis*, Le Duc. — Longueur, 7 mil. Mélangé de noir et de jaune. Antennes noires en dessus, jaunâtres en dessous; tête noire avec la bouche et l'orbite postérieur des yeux jaunâtres; corselet noir en dessus, fauve en dessous et sur les côtés; une tache noire sur la poitrine; écusson jaunâtre; abdomen fauve ainsi que les pattes, excepté l'extrémité des tibias et des tarses postérieurs qui sont noirs; ailes hyalines; tarière noire.

On combat cet insecte en étendant une serviette sous les groseillers infestés par les fausses chenilles et en secouant ces arbustes. En faisant cette opération dès le matin on les voit tomber en grand nombre et on peut alors les écraser. Il faut répéter cette opération plusieurs fois pendant tout le temps de leur apparition.

La mouche à scie du groseiller a plusieurs ennemis naturels qui en font une grande destruction et qui l'anéantissent dans la localité où ils se trouvent réunis avec elle en nombre suffisant. Le premier est un Ichneumonien du genre Tryphon :

XXX. *Tryphon armillatorius*, Grav. — *Mâle*. Longueur, 5 mil. 1/2. Il est de couleur noire; la base des antennes, la face et les palpes sont blanchâtres; le corselet est taché de blanc jaunâtre, ainsi que la pointe de l'écusson; l'abdomen porte une tache triangulaire à la base et à l'extrémité du troisième segment et un liseré blanc sur chacun des trois derniers; les pattes sont fauves, les hanches antérieures et moyennes blanches; la base et l'extrémité des tibias postérieurs ainsi que les tarses postérieurs sont noirs; les ailes sont hyalines à nervures et stigma noirâtres, la racine et la tégule sont blanches; l'aréole est nulle.

Cet Ichneumonien se montre à la fin de juillet et dans le mois d'août. La femelle perce la peau de la larve rongeuse du groseiller et pond un œuf dans son corps; cet œuf produit un ver qui se nourrit de la substance de la fausse chenille et finit par la tuer.

Un second parasite de la même mouche à scie est encore un Ichneumonien, mais de la sous-tribu des Braconites et du genre *Blacus* dont le nom est *Blacus gigas*.

XXXI. *Blacus gigas*, Wesm. — *Femelle.* Il est fauve; les antennes sont noires avec le premier article et la base du troisième fauves; la tête est fauve; les yeux et les stemmates sont noirs; les palpes d'un fauve pâle; le prothorax et le mésothorax sont fauves; ce dernier est marqué d'une tache dorsale noire en devant; le métathorax est noir; la base du premier segment de l'abdomen est noire avec une tache de la même couleur à son extrémité; les autres segments sont fauves; la tarière est aussi longue que le 1/3 de l'abdomen qui est lui-même de la même longueur que le thorax; les pattes sont fauves; les ailes sont grandes, transparentes, lavées de jaune, à nervures brunes; il y a deux cellules cubitales.

Ce parasite se montre dans le mois de juin et sa femelle pond ses œufs dans le corps des fausses chenilles du groseiller de la même manière que le fait le précédent.

Enfin un troisième parasite de la fausse chenille du groseiller est une mouche de la tribu des Tachinaires et du genre *Degeeria*, de Meigen, à laquelle j'ai donné le nom de :

XXXII. *Degeeria flavicans*, G. — Elle a 4 mil. de longueur. Elle est noire; la face est blanche, le vertex cendré, la bande frontale noire; le thorax noir avec quatre raies cendrées, ainsi que les bords de l'écusson; l'abdomen est noir avec des bandes de reflets cendrés sur chaque segment; les pattes sont noires; toutes les taches cendrées ont un reflet jaunâtre; les cuillerons sont d'un blanc sale.

La tête, le thorax, l'écusson et l'abdomen ainsi que les pattes sont garnis de gros poils noirs; des soies noires inclinées en arrière se voient sur le bord des segments et sur leur milieu, et des soies droites à l'anus.

Elle se montre dans le mois de juillet et la femelle dépose ses œufs sur le dos des fausses chenilles du groseiller.

Lorsque tous ces parasites donnent ensemble, ils ont bientôt détruit ces fausses chenilles et quelquefois l'insecte disparaît du canton infesté pendant une longue suite d'années.

—

34. — L'HYLOTOME SANS NOEUD OU LA MOUCHE A SCIE BLEUE.

(*Hylotoma enodis*, Fab.)

Le Berberis ou Vinetier porte des grappes de petits fruits rouges et acides appelés épine-vinettes qui font des confitures exquises. On lui donne quelquefois une place dans un coin du jardin ou dans une haie qui en dépend. Ses feuilles son exposées à la dent d'une fausse chenille qui en est très friande. Une fois qu'elle s'est établie sur les berberis d'un jardin il est extrêmement difficile de s'en débarrasser, et elle prive le propriétaire des fruits de l'arbuste. Elle n'y laisse pas une feuille, soit de la pousse de mai, soit de celle d'août, ce qui empêche les fruits de se former. Elle a deux générations qui correspondent à ces époques et se multiplie en nombre prodigieux. L'insecte qui la produit pond ses œufs vers le 20 mai et les place sur le revers des feuilles entre leurs deux membranes ; il les dispose en arc de cercle au nombre de quatre, cinq ou six ; le centre de cet arc est le point par lequel la femelle a introduit sa tarière dont le bout est denté comme une scie. Elle fait deux, trois ou quatre dépôts semblables sur la même feuille. Les œufs grossissent dans leur nid et les petites larves en sortent vers la fin du même mois. Ces larves, qui sont des fausses chenilles, se répandent sur les feuilles qu'elles dévorent avidement, mangeant presque sans relâche. On entend la chute de leurs excréments sur les feuilles, qui imite le bruit d'une fine pluie. Elles croissent rapidement et dès le 15 juin elles sont parvenues à toute leur taille. Elles ont alors 14 mil. de longueur ; elles sont cylindriques, vertes, couvertes de points noirs rangés en lignes longitudinales et transversales, de chacun desquels il sort un poil ; on voit sur chaque segment une tache jaune peu marquée de part et d'autre de la ligne dorsale ; leur tête est noire ainsi que le dernier segment ; elles sont pourvues de vingt-deux pattes. Elles ressemblent beaucoup à la fausse chenille du groseiller.

Lorsqu'elles ont cessé de croître elles descendent de l'arbuste, entrent dans la terre et se construisent un cocon solide dans lequel elles se changent en chrysalides et ensuite en insectes parfaits. Ces derniers prennent leur essor pour s'accoupler et pondre sur les berberis vers le 15 août. Il sort de ces œufs une nouvelle génération qui dévore les feuilles de la seconde sève sans en laisser une seule. Elle s'enterre dans les premiers jours de septembre. Chaque fausse chenille s'enferme dans un cocon solide, parcheminé, qui la préserve de l'humidité de l'automne et de l'hiver et la met en état de subir sa dernière métamorphose dans les premiers jours du mois de mai suivant.

L'insecte parfait se rapporte à l'ordre des Hyménoptères, à la famille des Porte-scie, à la tribu des Tenthrédines et au genre *Hylotoma*. Son nom entomologique est *Hylotoma enodis* que l'on rend en français par *Hylotome sans nœud*.

1. *Hylotoma enodis*, Fab. — Il a 7 mil. de longueur ; il est entièment d'un bleu-noirâtre ; ses yeux et ses antennes sont noirs ; ses ailes sont aussi d'un bleu-noirâtre, transparentes à l'extrémité ; son nom vient de ce que la tige de son antenne est inarticulée.

On lui fait la guerre en saisissant la femelle sur les berberis lorsqu'elle y vient faire sa ponte ; elle se laisse prendre très-facilement ; en secouant les arbustes sur des nappes étendues sur la terre ; les fausses chenilles de toute taille tombent comme la grêle, n'importe à quelle heure de la journée on fasse cette opération. Il faut ensuite écraser toutes ces larves et recommencer jusqu'à ce qu'on ait détruit toutes les fausses chenilles.

35 et 36. — LA LARVE LIMACE.

(*Selandria atra*, Steph. et *Selandria æthiops*, Fab.)

Pendant les mois de septembre et d'octobre on voit assez souvent sur les poiriers une larve noirâtre enduite d'une humeur visqueuse et luisante dont la partie antérieure est renflée et l'extrémité opposée, amincie et un peu relevée; sa tête est baissée et cachée sous le premier segment du corps: elle est pourvue de vingt pattes peu apparentes et elle semble collée à la feuille sur laquelle elle se tient; sa longueur est de 12 à 15 mil., lorsqu'elle a pris toute sa taille. Sa forme rappelle un peu celle des têtards que l'on voit dans les mares et qui produisent les crapauds. L'humeur visqueuse qui l'enveloppe est analogue à celle que secrètent les limaces et lui a valu le nom qu'elle porte. Elle est très paresseuse et paraît immobile. Elle broute la feuille en dessus et mange toute la substance tendre comprise entre les nervures et les fibres qui en forment comme la charpente; elle la réduit à une fine dentelle. Lorsque cette larve est nombreuse elle dépouille les poiriers de toute leur verdure et rend les feuilles entièrement sèches; elle arrête ainsi la végétation et empêche les fruits de prendre leur volume et d'acquérir leur maturité. Arrivée à toute sa croissance, vers le milieu d'octobre, elle cesse de manger et l'humeur qui l'enduisait disparaît pour laisser voir sa couleur qui est un vert très foncé. Elle change de peau pour la dernière fois et devient jaunâtre, couleur d'ambre. Elle quitte alors l'arbre et descend à terre; elle se cache dans le sol où elle se forme avec des parcelles de terre une coque d'une forme arrondie, grossière à l'extérieur, mais unie à l'intérieur, dans laquelle elle se tient couchée en rond. Elle passe dans ce gîte l'hiver, le printemps et l'été et se change en chrysalide au mois de juillet, à ce que je suppose, et en insecte parfait au mois d'août. Je n'ai pu parvenir à élever cette larve en captivité. Elle reste environ dix mois dans la terre et pendant ce long espace de temps l'humidité qui lui est nécessaire, dans une certaine mesure, venant à lui manquer dans les boîtes où on la tient captive, elle périt et se dessèche avant sa métamorphose. Mais des entomologistes étrangers ont été plus heureux que moi ; M. Stéphens, en Angleterre, et M. Gorsky, à Wilna, sont parvenus à obtenir l'insecte qu'elle produit. C'est l'ouvrage de M. Géhin, sur les *Insectes qui attaquent les poiriers*, qui me donne ce renseignement et qui me fournira la description de l'espèce, qui est un Hyménoptère de la famille des Tenthrédines ou Mouches à scie et du genre *Selandria*, dont le nom est *Selandria atra*, Steph. et *Selandria adumbrata*, Gorsk.

1. *Selandria atra*, Steph. — Longueur, 4 mil. 1/2. Envergure, 12 mil. Elle est noire, luisante ; les ailes supérieures sont claires, ayant au milieu une bande brunâtre, et les nervures et le stigma presque noirs ; elles ont deux cellules radiales et quatre cellules cubitales ; l'écusson est lisse et l'abdomen est de la longueur de la tête et du thorax ; les tibias antérieurs sont d'un brun pâle.

On a cru jusqu'à ces derniers temps que la larve limace produisait le *Tenthredo cerasi*, Lin., mais cette opinion est aujourd'hui abandonnée. Ratzburg et M. Nordlinger, célèbres entomologistes allemands, admettent qu'elle produit le *Tenthredo æthiops*, Fab., et leur opinion doit être prise en considération. Il y a peut-être deux espèces de larves limaces qui ont été confondues à cause de leur grande ressemblance, dont l'une produit la *Selandria atra* et l'autre la *Selandria æthiops* ; c'est un fait à vérifier. Quant à cette seconde espèce, en voici la description d'après l'ouvrage cité plus haut :

2. *Tenthredo* (*Selandria*) *æthiops*, Fab. — Longueur 4 mil. Envergure, 13 mil. Elle est noire et luisante ; l'abdomen est épais, presque ovale, un peu comprimé ; les antennes sont un peu plus courtes que le corselet ; les jambes antérieures avec les genoux sont d'un brun-rougeâtre ; les tibias et les côtés internes sont de la même couleur ; les ailes sont obscures, presque de la longueur de l'abdomen.

Selon Bouché, entomologiste de Berlin, qui a fait de nombreuses observations sur les insectes, la femelle du *Tenthredo æthiops* pond ses œufs à la partie inférieure des feuilles; ces œufs sont petits, ovales, un peu aplatis en dessus et d'un jaune pâle; pondus en août ils éclosent en septembre.

On peut faire la chasse à la larve limace, très apparente sur les feuilles des poiriers, et l'écraser avec une petite pince. On en trouve plusieurs sur une même feuille lorsqu'elles sont jeunes, mais devenues grandes, elles sont ordinairement isolées. En renouvelant cette chasse pendant plusieurs jours pendant le mois de septembre on parviendra à s'en débarrasser ou au moins à diminuer les dégâts qu'elle produit.

—

37 à 39. — LES GUÊPES.

(*Vespa vulgaris*, Lin., *crabro*, Lin.; *Polistes gallica*, Lin.)

Lorsque les Guêpes sont en grand nombre, elles sont très nuisibles dans les jardins dont elles rongent les fruits à mesure qu'ils mûrissent; elles choisissent de préférence les plus sucrés et les meilleurs; elles attaquent les abricots, les pêches, les prunes, les poires, les pommes et les raisins. Elles commencent par percer la pelure, puis elles s'enfoncent dans la pulpe; elles y creusent un trou qu'elles agrandissent en tous sens et en peu de temps elles vident le fruit n'y laissant que la peau qui ne paraît pas déformée. La nourriture dont elles se gorgent n'est pas seulement prise pour leur besoin et pour satisfaire leur appétit, elle l'est principalement pour la nourriture des femelles et des larves qui s'élèvent dans le nid ou guêpier qu'elles habitent.

Les Guêpes forment des sociétés annuelles composées de femelles, de mâles et d'ouvrières qui sont des femelles dont les ovaires sont avortés. Ces sociétés varient beaucoup pour le nombre des individus, selon les différentes espèces; tandis que la Guêpe française (*Polistes gallica*) n'en compte guère qu'une cinquantaine dans son nid, la Guêpe commune (*Vespa vulgaris*) en possède quelquefois plusieurs milliers dans le sien.

Dans chaque société il y a plusieurs mâles et plusieurs femelles; ces dernières ne se contentent pas de pondre pour multiplier l'espèce, elles participent encore aux travaux du nid et aux soins des larves, surtout au commencement de la saison. Les mâles fécondent les femelles et nettoyent l'habitation. Les ouvrières ramassent dans la campagne les matériaux pour la construction du nid et les mettent en œuvre; elles récoltent aussi la nourriture destinée aux femelles, aux mâles, ainsi qu'aux larves. Les ouvrières et les femelles sont armées d'un aiguillon dont la piqûre est très douloureuse et serait dangereuse si elle était multipliée; les mâles sont privés de cette arme. Ces insectes sont irascibles : ils se jettent impétueusement sur ceux qui les dérangent et les poursuivent avec fureur; on doit s'en défier et éviter de les irriter. L'espèce qui est la plus nuisible dans nos contrées est la Guêpe commune (*Vespa vulgaris*, Lin.).

La Guêpe commune construit son nid dans l'intérieur de la terre, à la profondeur de 15 centimètres. On la rencontre dans les champs, les prairies, les jardins, le bord des bois; elle le place dans une excavation naturelle ou artificielle qu'elle creuse et agrandit à mesure du besoin. Un conduit d'environ 25 mil. de diamètre lui sert d'entrée; il est rarement en ligne droite et ses bords extérieurs sont labourés. Ce guêpier est de la forme d'une boule de 30 à 35 centimètres de diamètre. L'enveloppe qui le recouvre est une espèce de carton qui a quelquefois plus de 27 mil. d'épaisseur; elle est raboteuse et semble faite de coquilles bivalves posées les unes sur les autres de manière qu'on ne voit que leur partie convexe; mais elle est imperméable à l'eau; sa couleur est un gris mélangé disposé par bandes. Quand cette enveloppe est achevée, elle a deux ouvertures rondes pour l'entrée et pour la sortie des guêpes. L'intérieur est occupé par des gâteaux parallèles, à peu près horizontaux, également espacés, remplis de cellules hexagonales placées sur la face inférieure et ayant leur ouverture en bas. Les gâteaux sont soutenus par des espèces de colonnes verticales qui les attachent les uns aux autres; ils sont percés de trous pour le passage des guêpes et assez distants pour leur permettre de marcher sur ces planchers sans se gêner. Les gâteaux sont quelquefois au nombre de 15 ou 16 dans les plus grands nids et contiennent jusqu'à 15,000 cellules dont chacune est habitée par une larve ou une chrysalide, mais les nids sont souvent plus petits et n'ont que 16 à 18 centimètres de diamètre. Le guêpier se construit successivement à mesure que la famille augmente et ce n'est qu'en été qu'il a acquis sa perfection. Il est commencé par une seule femelle qui en jette les fondements au printemps en commençant par la partie supérieure; elle construit l'amorce de l'enveloppe et les cellules du premier gâteau dont elle va chercher les matériaux; elle pond et nourrit ses larves et travaille seule jusqu'à ce que ses enfants puissent l'aider. Les premiers qui naissent sont des ouvrières.

La matière employée pour la confection du nid est du bois carié, particulièrement celui du saule et du peuplier. La Guêpe râpe le bois mort avec ses mandibules, elle en détache des fibres qu'elle pétrit avec de la salive, qu'elle roule en boule et qu'elle transporte entre ses dents; arrivée à son guêpier, elle étend sa boule en ruban au lieu convenable et lisse l'ouvrage avec sa languette. Lorsqu'un guêpier est en pleine activité, en été, les femelles ne quittent pas le nid; elles pondent et donnent à manger aux larves, les ouvrières vont aux champs chercher des matériaux et des vivres. Les vivres consistent en miel récolté sur les fleurs, en jus de fruits sucrés, en fragments de fruits, de viandes, d'insectes mâchés, roulés en boule, qu'elles transportent entre leurs mandibules; elles distribuent cette nourriture aux femelles, aux mâles et aux larves.

Les larves se changent en chrysalides 20 jours après être sorties de l'œuf; pour se métamorphoser elles se renferment dans leurs cellules dont elles bouchent l'entrée avec un couvercle de soie et en sortent 8 ou 10 jours après sous la forme d'insectes parfaits. Dès qu'une cellule est vide, une vieille guêpe la nettoie pour la mettre en état de recevoir un œuf. Les cellules destinées à recevoir les œufs d'où naîtront des ouvrières sont plus petites que celles destinées aux mâles et aux femelles et ne sont jamais placées parmi ces dernières. Les ouvrières naissent d'abord au printemps ; les mâles et les femelles ne paraissent qu'à la fin de l'été ou au commencement de l'automne.

A l'approche des froids de l'automne, lorsque la nourriture manque, les guêpes arrachent des cellules les larves et les chrysalides et les tuent ; elles chassent du nid les mâles qui meurent bientôt de faim ; elles-mêmes périssent successivement de froid et de besoin et le nid se dépeuple presqu'entièrement ; à peine reste-t-il quelques jeunes femelles fécondées qui s'engourdissent pendant l'hiver pour reparaître au printemps et renouveler l'espèce.

Cet insecte fait partie de l'ordre des Hyménoptères, de la famille des Diploptères, de la tribu des Guêpiaires et du genre *Vespa*. Son nom entologique est *Vespa vulgaris* et son nom vulgaire *Guêpe commune*.

1. *Vespa vulgaris*. Lin.— *Femelle*. Longueur, 18 mil. Les antennes sont noires et vont un peu en grossissant de la base à l'extrémité. La tête est noire avec le tour des yeux et la lèvre supérieure d'un jaune obscur. Les mandibules sont jaunes avec l'extrémité noire ; le corselet est noir, légèrement pubescent, avec une tache oblongue irrégulière de chaque côté en avant des ailes ; un point calleux à l'origine des ailes, une tache au-dessous, et quatre sur l'écusson, jaunes ; l'abdomen est jaune avec la base des anneaux noire, et un point noir distinct de chaque côté ; le premier a une tache noire en losange au milieu et les autres ont une tache presque triangulaire, contiguë au noir de la base ; les pattes sont d'un jaune fauve, avec la base des cuisses noire. Les ailes sont hyalines avec la côte, le stigma et les nervures d'un fauve brun ; les supérieures sont pourvues d'une cellule radicale et de quatre cellules cubitales dont la deuxième reçoit les deux nervures récurrentes.

Le mâle est plus petit et a une forme plus allongée. Ses antennes sont plus longues que le corselet, leur premier article est jaune en dessous ; le point latéral de chaque anneau est souvent réuni au noir de la base.

L'Ouvrière a 15 mil. de longueur ; sa face est jaune avec un petit point noir au milieu ; elle ressemble du reste à la femelle.

On détruit les Guêpes en allumant un grand feu sur leur nid; celles qui, suffoquées par la chaleur, se hasardent à sortir, sont brûlées par la flamme, mais beaucoup se refusent à sortir. Lorsque le nid est dans le voisinage de la maison on peut l'inonder d'eau bouillante, ou l'inonder fréquemment d'eau froide, de manière à le noyer; on peut introduire une mèche soufrée dans la galerie qui conduit au nid, fermer l'ouverture avec des petits cailloux qui laissent des vides entr'eux pour l'introduction d'un peu d'air et mettre le feu; la vapeur du soufre les asphyxiera. On doit faire ces opérations le soir, lorsque toute la famille est rentrée au gîte. Si l'on ne craint pas la dépense on versera dans la galerie d'entrée du chloroforme ou de l'éther qui les fera périr promptement.

Si l'on ne connait pas l'emplacement du nid on pourra encore détruire beaucoup de Guêpes, en déposant dans une chambre au pied d'une croisée ouverte des fruits confits, des matières sucrées et autres substances qu'elles recherchent; lorsqu'on les verra en grand nombre occupées à ronger et à sucer ces matières, on fermera la croisée. Les insectes s'envoleront et viendront se poser sur les vitres, espérant sortir, et on les tuera facilement. En renouvelant cette manœuvre cinq ou six fois par jour on en détruira plusieurs centaines dans la journée. On peut encore empoisonner des matières sucrées avec de l'arsenic et les leur abandonner, mais ce procédé présente des dangers et doit être employé avec beaucoup de circonspection.

La Guêpe commune a des ennemis naturels que je ne connais pas assez bien pour en parler. Elle nourrit dans son nid la larve d'un coléoptère de la section des Hétéromères, et la larve d'un Diptère, qui m'a semblé appartenir à la famille des Muscides; cette dernière s'y trouve quelquefois en si grand nombre que les trois quarts des larves de la Guêpe sont dévorés.

La Guêpe frelon (*Vespa crabo*, Lin.) — Cette Guêpe est la plus grande de celles qui habitent nos contrées; elle est très féroce surtout lorsque le soleil est ardent, et ses piqûres sont redoutables. Elle fait son nid à l'abri des vents et des grandes pluies, soit dans les greniers, soit dans les trous des vieux murs, mais le plus ordinairement dans le tronc d'un gros arbre dont l'intérieur est pourri. Ces insectes parviennent à y faire une grande cavité en détachant les fragments du bois qui est prêt à tomber en poussière.

Les femelles se montrent au commencement du printemps ; la chaleur de l'atmosphère les invite à sortir de la retraite où elles sont restées engourdies pendant l'hiver, et alors elle s'occupent de la construction de leur nid, afin de faire leur ponte. Dès qu'une femelle a trouvé un endroit convenable pour établir le sien, elle se met à l'ouvrage avec la plus grande activité. Elle commence à poser le premier fondement de l'édifice, qui consiste en un pilier gros et solide, fait de la même matière que le reste du nid. Cette matière est l'écorce de petites branches de frêne qu'elle enlève par filaments ; elle la broie avec ses mandibules et en forme une pâte qui se durcit après qu'elle a été mise en œuvre ; en même temps elle récolte une liqueur sucrée qui s'écoule des endroits de la branche qu'elle a dépouillée. Le pilier est toujours placé dans la partie les plus élevée du nid. La Guêpe y attache une espèce de calotte qui servira de toit à l'édifice ; ensuite elle place au-dessous de cette calotte un second pilier qui est la continuation du premier et qui doit servir de base au premier gâteau des cellules. Ces cellules, qui sont de figure hexagone, ont leur ouverture tournée en bas. La femelle, après en avoir construit quelques unes, se met aussitôt à pondre. Il est probable qu'elle a été fécondée avant l'hiver; car au printemps on ne voit aucun mâle. Les larves éclosent peu de temps après que les œufs ont été pondus ; la femelle, étant seule, est obligé de les pourvoir de nourriture; quand elles ont pris leur accroissement, elles tapissent l'intérieur de leurs cellules avec de la soie, y font un couvercle de la même matière et se changent en chrysalides. Les premières Guêpes qui paraissent sont toutes des ouvrières; elles s'occupent de la construction du nid et de la nourriture des larves. La femelle continuant de pondre, le nid devient trop petit ; les ouvrières agrandissent l'enveloppe et le gâteau, et quand celui-ci est poussé jusqu'au bout de l'enveloppe, elles en recommencent un autre ; ce dernier est attaché au premier par un ou plusieurs piliers; bientôt l'enveloppe est achevée, de nouveaux gâteaux la remplissent, et alors il ne reste plus qu'une ouverture au nid ; cette ouverture correspond à celle du tronc où il est logé; c'est la porte par où les guêpes arrivent à leur nid, et elle n'a souvent que 25 mil. de diamètre.

Les jeunes femelles et les jeunes mâles ne paraissent qu'au commencement de l'automne. Toutes les chrysalides qui ne deviendraient insectes parfaits qu'au mois d'octobre, sont mises à mort avant cette époque. Les ouvrières, au lieu de nourrir les larves, les arrachent alors des cellules et n'épargnent pas davantage les chrysalides ; elles jettent les unes et les autres hors du nid. Chaque jour les mâles et les ouvrières périssent ; à la fin de l'automne on rencontre encore des mâles et des femelles sur les arbres d'où découlent des liqueurs sucrées ou acides, mais ils ne retournent plus au nid et meurent au premier froid. Ainsi finissent ces sociétés dont le nombre des individus qui les composent est de 100 à 150.

Le nom entomologique de cette espèce est *Vespa crabro*, et son nom vulgaire *Guêpe Frelon* ou simplement *Frelon*.

2. *Vespa crabro*, Lin. — Elle a depuis 32 jusqu'à 35 mil. de longueur. Les antennes sont obscures, avec la base ferrugineuse ; la tête est ferrugineuse, pubescente, avec la lèvre supérieure jaune ; les mandibules sont jaunes, avec l'extrémité noire ; le corselet est pubescent, noir, avec la partie antérieure et quelquefois l'écusson d'un brun ferrugineux ; le premier segment de l'abdomen est très noir avec la base ferrugineuse et le bord légèrement jaune ; les autres anneaux sont noirs à la base, jaunes à l'extrémité, avec un petit point noir latéral sur chaque segment, contigu au noir de la base; les pattes sont d'un brun ferrugineux; les ailes ont une légère teinte roussâtre.

Le mâle est un peu plus grand que l'ouvrière, et la femelle un peu plus grande que celui-ci, mais la différence n'est pas aussi sensible qu'on l'observe entre les sexes de la Guêpe commune.

Outre les dégâts que la Guêpe frélon occasionne aux fruits et aux raisins, on doit mentionner le tort qu'elle fait aux rûchers en prenant dans la campagne les abeilles pour les dévorer; elle est pour elles ce qu'un épervier est pour les petits oiseaux.

On peut essayer différents moyens de destruction contre cette grande et redoutable Guêpe. Si le nid est à l'air libre, comme dans un grenier ou sous une corniche, on tâchera de l'enfermer, et si l'on parvient à étourdir les insectes on détruira leur demeure, ce qui les obligera à s'éloigner s'ils reviennent à la vie; ou bien on cherchera à les asphyxier avec de la vapeur de soufre. Lorsque le nid est renfermé dans le creux d'un arbre ou d'un mur, on pourra essayer d'y brûler une mèche soufrée en ayant soin de fermer les issues par lesquelles la vapeur pourrait s'échapper, en ménageant quelques petits intervalles pour le passage de l'air. On peut encore essayer l'effet d'une cartouche de poudre de chasse que l'on introduira dans le trou d'entrée de l'habitation; ce pétard démolira vraisemblablement le nid et asphyxiera les Guêpes. Ces opérations doivent se faire à l'entrée de la nuit.

La Guêpe frelon a un ennemi naturel dans l'ordre des Diptères; c'est une grosse et belle mouche dont les couleurs ont un peu d'analogie avec les siennes. Cette mouche s'introduit sans obstacle dans le guêpier et pond ses œufs dans les cellules occupées par les larves de la Guêpe. Les larves sorties de ces œufs dévorent ces dernières et se changent en pupes dans les cellules mêmes et ensuite en insectes parfaits qui s'envolent dans la campagne, s'accouplent et cherchent des nids de frelons pour y pondre leurs œufs. Cette mouche fait partie de la famille des Brachystomes, de la tribu des Syrphides et du genre *Volucella*. Son nom entomologique est *Volucella zonaria*, et son nom ordinaire *Volucelle à zônes*.

XXXIII. *Volucella zonaria*, Meig. — Longueur, 18 mil. La face est jaune, obtusément prolongée, avec une proéminence au milieu; le front est jaune; les antennes, insérées sur une saillie du front, sont fauves, avec le troisième article oblong et le style cilié en-dessus; les yeux sont bruns et velus chez le mâle; le corselet est lisse, luisant, d'un jaune fauve; l'abdomen est gros, d'un jaune assez clair, avec deux bandes noires et larges qui terminent le premier et le second segment ; les pattes sont d'un brun rougeâtre avec les cuisses noires ; les ailes sont jaunâtres ; leurs nervures sont d'un jaune un peu plus brun, surtout vers le bout.

Cette espèce a une variété un peu plus petite, désignée sous le nom de *Volucella inanis*, qui sort aussi des nids de la *Vespa crabro*.

XXXIV. *Volucella inanis*, Meig. — Longueur, 15 mil. Elle a le corselet jaune avec trois bandes longitudinales noires, et l'abdomen transparent avec trois bandes transversales noires.

La Guêpe française (*Polites gallica*, Lat.). — Cette espèce est un peu plus petite que la Guêpe commune et présente quelques caractères de conformation particulière, qui l'ont fait placer par les entomologistes dans un autre genre. Les sociétés qu'elle forme sont peu nombreuses et ne dépassent pas cinquante individus en comptant les mâles, les femelles et les ouvrières. Ses mœurs sont analogues à celles des guêpes dont on vient de parler, mais son nid est fort différent du leur. Il est formé d'un papier gris semblable à celui que fabrique la Guêpe commune, et attaché à une menue branche d'arbre ou d'arbuste par un pédicule horizontal de même matière ; on en trouve qui sont fixés contre un mur ou contre une pierre dans les champs. Ce nid n'a pas d'enveloppe qui le préserve de la pluie. Pour obvier à l'inconvénient de l'humidité, la femelle construit le gâteau unique dont il est ordinairement composé dans un plan vertical tourné du côté du nord ou de l'est d'où les pluies viennent rarement et a soin de vernir avec sa salive le papier dont il est formé, de manière que les cellules sont à l'abri de l'humidité. Quelquefois le nid présente deux gâteaux dont le second s'élève au centre du premier et est plus petit que lui. On peut détacher ce nid et l'emporter chez soi sans que la femelle l'abandonne, ce qui permet d'observer les manœuvres de cet insecte et de voir ses larves qui sont vermiformes, ovalaires, blanchâtres, glabres, apodes, formées de douze segments avec une tête pourvue de deux petites mâchoires. Les larves sont nourries par la femelle et les ouvrières qui leur donnent les morceaux de fruits ou de matières sucrées qu'elles ont récoltés dans leur course. Parvenues à toute leur taille, elles tapissent de soie leurs cellules et les ferment avec un couvercle bombé de même matière. L'insecte étant passé à l'état parfait, perce le couvercle avec ses mâchoires et se met en liberté. Les cellules sont hexagonales et un peu plus étroites à la base qu'à l'entrée.

Cet insecte est rangé dans la même famille et la même tribu que les précédents, mais dans un autre genre désigné par le nom de *Polistes* et caractérisé de la manière suivante : chaperon à bord antérieur s'avançant en pointe ; thorax ovalaire ; abdomen ovoïde à premier segment élargi en forme de cloche ou de toupie. Son nom entomologique est *Polistes gallica*, vulgairement *Guêpe française*, *Guêpe, gauloise*.

3. *Polistes gallica*, Lat. — Long. 15 mil. Les antennes sont fauves, avec la base noire en dessus, jaune en dessous ; la tête est noire avec la lèvre supérieure, une tache au devant des yeux, une autre au-dessous, une ligne en arrière et une autre transversale interrompue au-dessous de l'insertion des antennes, jaunes ; le corselet est noir, avec une ligne antérieure, deux points sur le dos, six sur l'écusson, un callux à l'origine des ailes et une petite tache au-dessous, jaunes ; on remarque encore deux taches jaunes postérieures à l'insertion de l'abdomen ; l'abdomen est noir, avec le bord des anneaux jaune ; le second anneau a en outre deux taches distinctes jaunes ; les pattes sont jaunes avec une partie des cuisses noire.

Cette espèce n'est pas aussi nuisible que les précédentes et n'est pas aussi à craindre. On lui fait la guerre en recherchant son nid qui est très visible, et le détruisant.

La piqûre des Guêpes est fort douloureuse et occasionne une enflure et une enflammation de la partie blessée qui durent plusieurs jours. Lorsque l'on a été atteint par l'un de ces insectes, il faut sur le champ enlever le dard s'il est resté dans la blessure, puis laver la plaie avec de l'ammoniaque ou alcali volatil. Si on n'a pas d'alcali, on peut se servir de chaux, de plâtre, de cendres que l'on humecte et dont on frotte la partie atteinte ; à défaut de ces substances on peut encore prendre de la terre calcaire douce, l'humecter avec de l'eau ou de la salive et frotter la blessure. Par ces moyens on calme la douleur et quelquefois on la fait disparaître.

—

40. — LE GRAND PAON DE NUIT.

(*Saturnia pyri*, Dup.)

On a dit précédemment que les chenilles qui vivent isolément sur les arbres fruitiers et qui, dans le cours de leur vie, mangent quelques feuilles éparses, ne causent pas en général un notable dommage ; cependant lorsqu'elles sont d'une grande taille, comme celle du grand Paon de nuit, elles portent un certain préjudice qu'il est bon d'éviter. Une seule paire de ce papillon suffit pour déshonorer un jardin, car la nichée de chenilles qui en provient ronge à demi ou aux trois quarts presque toutes les feuilles des arbres sur lesquels elle se répand. Cette chenille vit sur tous les arbres fruitiers indistinctement ; elle commence à se montrer dès le commencement du mois de juillet. Elle croît assez lentement et ne parvient à toute sa taille qu'en automne. Elle est alors de la longueur et de la grosseur du doigt index, d'une belle couleur verte, tendre et lisse ; chaque anneau de son corps porte huit tubercules élevés, d'un bleu de ciel, entourés de sept ou huit poils noirs du milieu desquels s'élèvent un ou deux poils noirs très longs, terminés en massue. La tête est verte avec les impressions crâniennes noires ; les six pattes antérieures et la plaque anale sont fauves.

Parvenue à toute sa croissance dans le mois de septembre, elle cherche un emplacement pour filer son cocon et le place soit contre le tronc d'un arbre, soit sous une branche, soit sous un chaperon de mur. Ce cocon est gros, arrondi à un bout, aminci et un peu allongé à l'autre, en forme de nasse, tissu d'une soie grossière, brune et gommée. Il tient fortement au corps auquel il est appliqué. La chenille s'y change en chrysalide et passe l'hiver sous cette forme. Le papillon s'échappe du cocon dans les premiers jours du mois de mai. Il est classé dans la famille des Nocturnes, dans la tribu des Bombycites et dans le genre *Saturnia*. Son nom entomologique est *Saturnia pyri*, en français Saturnie du poirier, et son nom vulgaire *Grand Paon de nuit* ou *Bombyx Grand Paon*.

1. *Saturnia pyri*. Dup. — Il porte ses ailes étendues horizontalement; elles ont jusqu'à douze centimètres de largeur; les antennes sont jaunes et très pectinées chez le mâle; la tête est brune; le corselet est brun avec une bande blanchâtre à la partie antérieure; l'abdomen est d'un brun grisâtre; les ailes supérieures sont brunes, couvertes d'une espèce de poussière grise; on remarque une tache brune à la base et une raie transversale qui n'atteint pas le bord extérieur. Vers le milieu on voit une grande tache oculaire noire, bleue et rose, dans laquelle on distingue un trait transparent; une grande raie oblique en zigzag les traverse et un bord blanchâtre les termine; les inférieures sont à peu près semblables aux supérieures, mais elles sont moins couvertes de poussière grise.

Après son éclosion ce papillon s'accouple et la femelle va pondre ses œufs sur les arbres fruitiers, les dispersant sur les feuilles. C'est pendant la nuit qu'il vole, prend ses ébats et accomplit ses fonctions.

On reconnaît facilement la présence de la chenille sur un arbre à l'aspect des feuilles à demi-rongées qu'on y remarque, dont la quantité s'augmente chaque jour. On doit alors la rechercher et l'écraser, sans quoi il restera très peu de feuilles intactes à la fin de l'été, surtout s'il y a deux ou trois chenilles sur le même arbre.

Cette grosse chenille est exposée aux atteintes d'une forte mouche de la Tribu des Tachinaires, qui pond ses œufs sur son dos. Les petites larves qui sortent de ces œufs entrent dans le corps de la chenille et se nourrissent des sucs qu'il renferme; elles grandissent sans l'empêcher de parvenir au terme de sa croissance, de filer son cocon et de se changer en chrysalide. La larve parasite continue à ronger la chrysalide et lorsqu'elle est parvenue à toute sa taille, du 14 au 20 mai, elle perce la peau de celle-ci, sort de son corps et se change en pupe, d'où l'insecte parfait se dégage vers le 29 juin. Une seule chenille a donné dix-sept de ces mouches et aurait pu en nourrir un plus grand nombre, car il restait encore de la substance dans la chrysalide.

Cette mouche fait partie de la Tribu des Tachinaires, comme on l'a dit, et se range dans le genre *Senometopia*, Macq. ou *Sturmia*. R. D. Elle paraît se rapporter à l'espèce appelée *Atropivora*.

XXXV. *Sturmia atropivora*, Rob. Desv. — Longueur, 11 mil. Noire; front notablement avancé; face d'un blanc argenté; joues de la même couleur; front gris; bande frontale noire; yeux rouges bordés d'une ligne blanche argentée; antennes noires descendant presque jusqu'à l'épistôme, à troisième article triple du deuxième et style simple; palpes fauves; thorax noir, à bandes longitudinales de reflets blanchâtres, garnis de soies inclinées en arrière; écusson noir à la base, fauve à l'extrémité, à reflet blanchâtre bordé de longues soies; abdomen noir, avec de grandes taches de reflets blanchâtres séparés par une ligne dorsale noire; poitrine et ventre à reflets blancs, ce dernier avec une ligne médiane noire; pattes noires à reflets blanchâtres; ailes hyalines à nervures noires; cuillerons blancs. Vertex, thorax, abdomen et pattes garnis de gros poils ou soies courtes. La deuxième nervure transversale est arquée et tombe dans la première cellule postérieure aux 2/3 à partir de la base (1).

(1) En consultant les *Diptères des Environs de Paris*, ouvrage posthume du Dr Rob. Desvoidy publié en ce moment sous les auspices de la Société des Sciences de l'Yonne, nous trouvons que la chenille du *Saturnia Pyri* est encore attaquée par d'autres Diptères, tels que l'*Hubneria affinis*, Fall ; le *Salia echinura*, Rob. Desv. ; le *Baumhaueria Saturniæ*, Rob. Desv. ; les *Tachina festinata* et *marginalis*, Rob. Desv. Nous renvoyons pour la description de ces insectes à l'ouvrage important que nous venons de citer.

41. — LE PETIT PAON DE NUIT.

(*Saturnia carpini*, Dup.)

La chenille du Petit Paon vit comme celle du Grand Paon, sur le poirier et le pommier; elle se nourrit aussi des feuilles de divers autres arbres. Elle ressemble beaucoup à cette dernière, mais elle est plus petite; sa couleur est un vert plus foncé; les tubercules de ses anneaux sont roses ou d'un beau jaune orange et au nombre de six sur chaque segment; ils sont entourés d'un cercle noir à leur base et quelquefois réunis par une bande noire veloutée; ils sont surmontés de plusieurs poils noirs, raides et courts en forme de piquants. Les six pattes, écailleuses, sont d'un jaune brun. Cette chenille se montre dès la fin de mai ou le commencement de juin, et elle a acquis toute sa taille vers le 20 août; elle a alors 5 centim. de long sur 1 centim. de diamètre. Dès qu'elle a cessé de manger elle va chercher un emplacement favorable pour la construction de son cocon qu'elle place contre une branche dans un lieu qui lui paraît abrité. Ce cocon est en forme de nasse, tissu d'une soie grise un peu plus fine que celle qui entre dans le cocon du Grand Paon, gommée pour empêcher l'humidité d'y pénétrer. Elle s'y change en chrysalide et passe l'hiver dans cet état. Le papillon éclot dans le mois d'avril ou au commencement de mai; il prend son essor pendant le crépuscule, s'accouple et la femelle disperse ses œufs sur les feuilles des arbres qui lui conviennent et qu'elle trouve à sa portée. Il entre comme le précédent dans le genre *Saturnia* de la Tribu des Bombycites. Son nom entomologique est *Saturnia carpini* et son nom vulgaire *Petit Paon de nuit*.

1. *Saturnia carpini*, Dup. — Il a 5 centimètres d'envergure; ses antennes sont jaunâtres, très pectinées; la tête est brune; le corselet est brun, avec une bande blanchâtre à sa partie antérieure; l'abdomen est brun; les ailes supérieures sont d'un fauve ferrugineux; au milieu, sur une tache d'un blanc rosé, on voit un grand

œil à iris noir entouré d'un cercle jaune et d'un autre cercle noir; cet œil se trouve entre deux raies transversales anguleuses plus claires que le fond; la bordure est brune et blanchâtre ; le sommet de l'aile porte une tache rouge; les ailes inférieures sont d'un jaune fauve ; à leur centre se trouve un œil semblable à celui des supérieures; elles sont traversées près de leur bord postérieur par une raie brune.

La femelle est plus grande que le mâle; elle a ses antennes à peine pectinées; sa couleur est gris blanchâtre; elle est marquée des mêmes yeux, raies et taches que le mâle.

La chenille du Petit Paon est moins commune dans les jardins que celle du Grand Paon; on la trouve plus fréquemment sur l'épine noire et sur le charme.

On ne connaît aucun moyen de la détruire, si ce n'est de la chercher sur les arbres et de la tuer. Plusieurs Insectes de l'ordre des Diptères attaquent la chenille pour y déposer leurs larves; le Dr Rob. Desvoidy (ouvrage cité) mentionne notamment le *Winthemya quadripustulata*, Fabr. ; le *Scotia Saturniœ*, R. D., le *Phorocera assimilis*, Fall.

---

42. — LE BOMBYX NEUSTRIEN OU LA LIVRÉE.

(*Lasiocampa neustria*, Dup.)

Lorsque l'on taille les arbres fruitiers, poiriers, pommiers, etc. dans le mois de février ou celui de mars, il n'est pas rare de rencontrer des branches sur lesquelles se trouvent des petits œufs bruns rangés les uns à côtés des autres en ligne spirale formant une bague ou un bracelet d'une certaine largeur. Ils sont très-fortement adhérents à la branche et on les écrase plutôt qu'on ne les détache. Sur la fin du mois d'avril ou au commencement du mois de mai il sort de chacun d'eux une chenillette. Ces petites chenilles se tiennent réunies en famille et vivent en commun en rongeant les feuilles de l'arbre sur lequel elles se trouvent. Elles se filent une toile très fine sous laquelle elle se retirent pendant la nuit et le mauvais temps et dans laquelle elles renferment les feuilles qu'elles veulent ronger. Elles transportent leur domicile sur un autre point lorsqu'elles ont consommé leur provision et dépouillent ainsi les branches de toutes leurs feuilles. Elles croissent assez rapidement et vers la fin du mois de juin elles ont acquis toute leur grandeur. Elles se dispersent alors et vont chacune à part se filer un cocon d'un blanc sale, assez ferme et poudreux à l'extérieur; elles le placent entre des feuilles ou dans un creux d'arbre ou sous une branche. Cette chenille est de moyenne grandeur; elle est un peu velue; son corps est marqué de raies longitudinales bleuâtres et rougeâtres et par une ligne longitudinale blanche au milieu du dos. La disposition des couleurs de sa robe lui a fait donner le nom de chenille à livrée. Renfermée dans son cocon elle s'y change en chrysalide et le papillon en sort vers le soir dans le mois de juillet.

Cet insecte fait partie de l'ordre des Lépidoptères, de la famille des Nocturnes, de la tribu des Bombycites et du genre *Lasiocampa*. Son nom entomologique est *Lasiocampa neustria*, et son nom vulgaire *Bombyx neustrien* ou simplement *la Livrée*.

1. *Lasiocampa neustria*, Dup. — Il a de 27 à 28 mil. d'envergure; son corps est d'un gris jaunâtre ou roussâtre ainsi que ses ailes supérieures; ces dernières sont coupées par deux lignes transversales brunes ou par une large bande un peu obscure; les ailes inférieures sont de la couleur du corps, plus foncées à leur base. Les antennes du mâle sont barbues comme une plume.

L'insecte ne sort de sa retraite qu'au crépuscule pour prendre ses ébats et s'accoupler. La femelle pond ses œufs sur les petites branches et les enduit d'une sorte de gomme qui les colle solidement et les préserve de l'humidité de l'hiver; ils n'éprouvent aucune altération des hivers les plus rigoureux. La chenille de ce

Bombyx se nourrit des feuilles de tous les arbres fruitiers et aussi de celles du chêne, de l'orme, du saule, etc.

On combat cet insecte en enlevant soigneusement toutes les bagues d'œufs que l'on trouve sur les rameaux au moment de la taille des arbres et en les brûlant, ou bien en écrasant les bandes de chenilles à livrées que l'on rencontre sur les feuilles où elles sont très visibles. On peut encore essayer de les poudrer de tabac ou de pyrèthre (1).

—

43. — LE BOMBYX DISPARATE OU LA SPONGIEUSE.

(*Liparis dispar*, Dup.)

On voit quelquefois sur le tronc des arbres fruitiers, poiriers, pommiers, cerisiers, etc., et sur celui des chênes, des ormes, des tilleuls, des peupliers, etc., des paquets ronds ou ovales de 2 centimètres environ de long, un peu surbaissés, qui paraissent formés d'une bourre grise ou roussâtre ressemblant à un morceau d'éponge ou d'amadou collé contre l'arbre. Si on écarte cette bourre on voit qu'elle recouvre un tas d'œufs fixés sur l'écorce. Ces œufs éclosent à la fin d'avril ou au commencement de mai. Les chenillettes qui en sortent restent réunies en groupes pendant quelques jours et se mettent à ronger les feuilles. Pendant qu'elles grandissent les groupes se divisent et s'écartent les uns des autres et finalement les chenilles se dispersent. Elles parviennent à toute leur croissance à la fin de juin ou au commencement de juillet. Elles sont alors d'une assez forte taille ; elles sont velues, noirâtres, avec quatre lignes longitudinales jaunâtres ou grisâtres et quatre tubercules peu élevés sur chaque segment, bleus sur les cinq premiers,

(1) Diptères cités dans l'ouvrage du docteur Rob. Desvoidy comme parasites du *Lasiocampa* (*Bombyx*) *neustria* : le *Carcelia bombylans*, R. D.; le *Zenillia aurea*, R. D.; le *Tachina larvarum*, Lin.

rouges sur les sept derniers. La tête est grosse, d'un brun verdâtre, piquetée de noir. Lorsqu'elles n'ont plus à croître, elles se retirent sous les feuilles ou sous une écorce soulevée ou dans un creux où elles se filent une sorte de cocon d'un tissu très lâche ou plutôt elles tirent de leur filière quelques fils de soie qui servent plutôt à les soutenir qu'à les envelopper et se changent en chrysalides noirâtres, un peu velues, très vives. On en trouve ordinairement plusieurs dans le voisinage les unes des autres. Le papillon s'envole dans le mois d'août, trente jours environ après que la chenille s'est changée en chrysalide.

Il fait partie de l'ordre des Lépidoptères, de la famille des Nocturnes, de la tribu des Bombycites et du genre *Liparis*. Son nom entomologique est *Liparis dispar* et son nom ordinaire *Bombyx disparaté*. On l'appelle aussi quelquefois *la Spongieuse*.

1. *Liparis dispar*, Dup. (1). Le mâle est plus petit que la femelle et en diffère par la couleur. Il a 2 centimètres 1/2 d'envergure ; son corps et ses ailes supérieures sont d'un gris obscur ; celles-ci sont traversées par des raies ondées noirâtres ; les inférieures sont un peu moins obscures ; ses antennes sont pectinées ou en forme de barbes de plume. La femelle a 5 centimètres d'envergure ; son corselet est blanchâtre et laineux ; l'abdomen est d'un gris pâle terminé par des poils épais, bruns ; ses ailes supérieures sont blanchâtres, traversées par des raies ondées en zigzag ; les inférieures sont blanchâtres.

La femelle se tient ordinairement immobile sur le tronc des arbres et les mâles volent à sa recherche. Si on en tient une à la main ils arrivent de toutes parts voltigeant autour d'elle et cherchant à s'accoupler. Après l'accouplement elle pond ses œufs en un seul tas qu'elle recouvre avec les longs poils de son abdomen qu'elle arrache et interpose entre eux. Sous cette couverture ils sont à l'abri de la pluie et de toutes les intempéries de l'automne et de l'hiver qu'ils doivent traverser.

(1) Suivant le docteur Rob. Desvoidy, le *Tachina Moreti*, R.-D., attaque la chenille du *Liparis dispar*, Dup.

On fait la chasse à ce Lépidoptère en écrasant avec une spatule de bois ou de fer les tas d'œufs que l'on rencontre sur les troncs ou les grosses branches des arbres et en écrasant la femelle elle-même lorsqu'on la trouve. Si on a oublié quelques-uns des nids on doit rechercher les chenilles au printemps dans le mois de mai et le commencement de juin, lorsqu'elles sont encore réunies en groupes, et les écraser; on peut essayer de les poudrer de tabac, de pyrèthre, de chaux vive pour les faire périr. Ces chenilles sont très voraces et causent beaucoup de dégâts dans les jardins et les vergers voisins de plantations d'ormes, de peupliers, etc., sur lesquelles elles se plaisent.

—

44. — LE BOMBYX CHRYSORRÉE OU LE CUL-DORÉ.

(*Liparis chrysorrœa*, Dup.)

Pendant l'hiver, lorsque les arbres sont dépouillés de leurs feuilles, on aperçoit fort souvent des toiles de soie grisâtre d'une étendue plus ou moins considérable qui entourent les sommités des rameaux des arbres. On en remarque non seulement sur les arbres fruitiers de toute espèce, mais encore sur les arbres forestiers sans distinction. Ces toiles sont des nids qui renferment chacun une famille nombreuse de petites chenilles nées pendant l'automne précédent, qui ont rongé quelques feuilles et qui se sont construit un asile pour l'hiver. Elles s'engourdissent par le froid et résistent aux gelées les plus fortes et les plus longues sans en éprouver d'inconvénient, protégées qu'elles sont contre la pluie, la neige et le vent. Elles se raniment aux premières chaleurs du mois d'avril et sortent de leur retraite pour aller ronger les feuilles nouvellement épanouies et les boutons à fruit. Elles grandissent assez vite et augmentent l'étendue de leur nid en y ajoutant de nouvelles toiles qui enveloppent les anciennes, en ayant soin de laisser des ouvertures pour les communications entre les différents appartements. C'est là qu'elles passent la nuit et où elles se réfugient pendant le mauvais temps. Elles vivent en commun jusqu'à leur dernière mue après laquelle elles se dispersent pour chercher un emplacement convenable à leur métamorphose en chrysalide. Parvenue à toute sa grosseur vers le commencement de juillet, cette chenille est d'une taille moyenne. Elle est velue, noirâtre, avec une double raie longitudinale rouge sur le dos et une autre blanche de chaque côté, interrompue à chaque segment. Elle se place entre des feuilles et se renferme dans un cocon d'un tissu mince, d'un gris brunâtre, dans lequel elle se transforme en chrysalide d'un brun foncé, garnie de touffes de poils plus clairs. Le papillon éclot le soir pendant le mois de juillet.

Cet insecte se range dans l'ordre des Lépidoptères, dans la famille des Nocturnes, dans la tribu des Bombycites et dans le genre *Liparis*. Son nom entomologique est *Liparis chrysorrhœa*. On l'appelle en français *Bombyx chrysorrhée* ou *Bombyx cul-doré* Aussitôt après sa naissance il sort au crépuscule et cherche à s'accoupler. La femelle reste immobile contre une branche ou sur une feuille et le mâle s'approche d'elle en voltigeant. Après l'accouplement elle pond ses œufs en tas et les recouvre avec les poils longs et roux qui garnissent l'extrémité de son abdomen, lesquels lui ont valu le nom qu'elle porte.

1. *Liparis chrysorrhœa,* Dup. Il a 3 centimètres de largeur lorsque ses ailes sont étendues. Ses antennes sont pectinées ou garnies de barbes roussâtres; la tête, le corselet et le dessous du corps sont couverts d'un duvet blanc cotonneux; le dessus de l'abdomen est brun; les ailes sont blanches et marquées quelquefois de deux ou trois points noirs. La femelle porte à l'extrémité de son abdomen une quantité considérable de longs poils roux. Les œufs pondus par cette dernière éclosent au bout de deux ou trois semaines, c'est-à-dire, vers la fin du mois d'août.

On fait utilement la chasse à cet insecte en coupant toutes les branches entourées de toiles de soie et les jetant au feu. La recherche en doit être faite pendant tout l'hiver. Si quelques-uns de ces nids ont échappé à l'attention on écrasera les chenilles au printemps avant qu'elles ne soient dispersées ou on les poudrera de tabac pour les faire périr.

Le Bombyx chrysorrhée a un ennemi naturel qui mérite d'être signalé : c'est un Ichneumonien du genre *Pimpla* qui sort quelquefois de sa chrysalide ; ce qui indique que la larve parasite a vécu dans le corps de la chenille sans l'empêcher de croitre et de subir sa première métamorphose. Cet ichneumonien est le Pimpla instigator.

XXXVI. *Pimpla instigator*, Grav. — Longueur, 7 à 14 mil. Noir. Antennes noires plus courtes que le corps ; thorax noir ; abdomen plus long que la tête et le corselet, cylindrique, noir ; pattes roussâtres ; hanches et trochanters noirs, ainsi que les tarses postérieurs ; ailes hyalines plus ou moins enfumées ; aréole irrégulière subsessile ; tarière de la moitié de la longueur de l'abdomen.

—

45 à 47. — LES BOMBYX FEUILLE-DE-CHÊNE, PATTE-ÉTENDUE ET TÊTE-BLEUE.

(*Lasiocampa quercifolia*, Dup. ; *Orgya pudibunda*, Dup. ; *Diloba cœruleocephala*, Dup.)

L'ordre des Lépidoptères a déjà fourni beaucoup d'espèces nuisibles aux arbres fruitiers, comme on vient de le voir par ce qui précède ; il en renferme cependant encore d'autres dont nous citerons les trois principales du genre Bombyx, qui sont les Bombyx Feuille-de-Chêne, Patte-Étendue et Tête-Bleue. Les chenilles de ces papillons vivent isolément sur les arbres fruitiers dont elles rongent les feuilles, et lorsqu'elles sont nombreuses elles y produisent de notables dégâts.

Bombyx Feuille-de-Chêne. La chenille est de la grosseur du petit doigt lorsqu'elle a pris toute sa croissance ; elle est d'un brun clair, quelquefois cendrée ; on y remarque deux taches bleues en dessus près de la tête et deux tubercules rougeâtres sur chaque anneau; elle a une élévation sur le dernier segment et près des stigmates on voit de chaque côté des appendices charnus dirigés horizontalement, bordés de poils roux assez longs ; la partie supérieure du corps est un peu velue. Cette chenille se nourrit de feuilles de poirier et de pommier et ne mange que pendant la nuit; pendant le jour elle se tient appliquée contre une branche. On est averti de sa présence par les feuilles rongées qu'on aperçoit sans voir de chenilles dessus ni dans les environs et l'on doit la chercher sur les branches. Parvenue à toute sa croissance elle choisit sur l'arbre qui l'a nourrie un emplacement convenable pour sa transformation ; elle y file un cocon presque ovale, de soie grise, d'un tissu peu serré, dans lequel elle se change en chrysalide et d'où le papillon sort environ vingt jours après.

Il appartient au genre *Lasiocampa* de la Tribu des Bombycites; son nom entomologique est *Lasiocampa quercifolia*, et son nom vulgaire *Bombyx Feuille-de-Chêne.*

1. *Lasiocampa quercifolia*, Dup. — Il a 5 à 6 centimètres d'envergure; les ailes sont d'un brun rougeâtre, dentées sur les bords et traversées, les supérieures par trois raies ondées brunes, les inférieures par deux raies semblables ; les antennes sont courtes, arquées, noirâtres et pectinées ; les palpes sont avancés et pointus en forme de bec d'une couleur noir-bleu foncée ; le corps est couvert de poils ferrugineux.

Il porte ses ailes d'une façon remarquable qui le fait reconnaître au premier coup d'œil ; les supérieures forment un toit aigu sur le corps et les inférieures les débordent de chaque côté comme si elles étaient horizontales. Aussitôt après sa naissance il s'accouple à la tombée de la nuit et la femelle va pondre sur les arbres des œufs qui passent l'hiver et éclosent au printemps suivant, lorsque les feuilles sont épanouies. Ces œufs sont fort jolis ; ils sont d'un bleu d'émail, entourés de cercles et de bandes brunes, ressemblant à des petits barils.

Bombyx Patte-Étendue. La chenille de ce Bombyx se trouve sur le poirier, le pommier, le noisetier, dans les mois d'août, de septembre et d'octobre. Elle est velue et porte quatre faisceaux de poils jaunes sur le dos et un cinquième plus long, plus mince et rougeâtre, en forme de queue, sur la partie supérieure du dernier segment. Tout le corps est d'une couleur jaune plus ou moins claire. Parvenue à toute sa grandeur, au commencement d'octobre, elle se file, sur l'arbre qui l'a nourrie, un cocon ovale, jaunâtre, d'un tissu peu serré dans lequel elle se change en chrysalide. Elle passe l'hiver dans cet état et le papillon s'envole dans le mois de juin suivant. Il fait partie du genre *Orgya*, de la Tribu des Bombycites. Son nom entomologique est *Orgya pudibunda* et son nom vulgaire *Bombyx Patte-Étendue* ou simplement la *Patte-Étendue*.

2. *Orgya pudibunda*, Dup. — Il a 36 à 40 mil. d'envergure; les antennes sont brunes et pectinées; le corps est gris cendré; les ailes sont blanchâtres, plus obscures au milieu, avec des raies transversales, ondées, grises ou brunes, plus ou moins marquées. La femelle a ses antennes peu pectinées; elle est plus grande et plus pâle que le mâle.

Dès qu'il est né il s'accouple le soir et la femelle va poudre sur les feuilles des poiriers, des pommiers et disperse ses œufs sur différents arbres. Son nom vulgaire lui vient de la manière dont il porte ses pattes antérieures lorsqu'il est au repos; elles sont étendues, allongées en avant de telle sorte que sa tête est placée entre ses cuisses.

Bombyx Tête-Bleue. La chenille de ce Bombyx se trouve sur tous les arbres fruitiers, mais plus particulièrement sur le cerisier, le prunier et l'amandier; elle est lisse, d'un gris bleuâtre, avec des petits tubercules noirs, élevés et trois raies longitudinales jaunes dont une assez large au milieu du dos, et l'autre, étroite de chaque côté, au-dessous des stigmates. Elle vit solitaire, et, parvenue à toute sa grosseur dans les mois de juin et de juillet, elle file une coque blanchâtre, ovale, d'un tissu assez serré, qu'elle place sur l'arbre où elle a vécu; elle s'y change en chrysalide et en sort sous la forme d'insecte parfait dans les mois de septembre et d'octobre; mais quelquefois elle passe l'hiver dans l'état de chrysalide et le papillon ne se montre qu'au commencement du printemps.

Il se range dans la famille des Nocturnes, dans la Tribu des Pseudo-Bombycites et dans le genre *Diloba*. Son nom entomologique est *Diloba cœruleo-cephala* et son nom vulgaire *Bombyx Tête-Bleue*. Duponchel le place dans la Tribu des Notodontides qui fait partie des Pseudo-Bombyx de Latreille.

3. *Diloba cœruleo-cephala*, Dup. — Envergure, 32 mil. Les antennes du mâle sont un peu pectinées; celles de la femelle sont sétacées; la tête et le milieu du corselet sont d'une couleur cendré foncé, quelquefois un peu bleuâtre; la partie antérieure du corselet et de l'abdomen sont d'un brun roussâtre; les ailes supérieures sont d'une couleur cendré foncé, quelquefois un peu bleuâtre, avec deux bandes brunes peu marquées, l'une à la base, l'autre vers le bord postérieur; on aperçoit au milieu une double tache en forme de deux O réunis; les inférieures sont cendrées sans tache.

Aussitôt après qu'il est né, le papillon s'accouple au crépuscule et la femelle va pondre sur les branches des arbres des œufs qui passent l'hiver si elle-même est née en automne, et sur les feuilles si elle a vu le jour au printemps.

On ne connaît aucun autre moyen de détruire les chenilles de ces Lépidoptères, que de les chercher sur les arbres pour les écraser. Elles ne sont dangereuses que dans les années où elles sont nombreuses et alors elles sont faciles à découvrir.

On n'avait pas signalé, à ma connaissance, les insectes parasites qui leur font la guerre, mais le Dr Rob. Desvoidy désigne plusieurs diptères comme attaquant les chenilles de ces Lépidoptères. C'est ainsi qu'il indique le *Masicera lasiocampæ*, R. D., éclos de la chenille du *Lasiocampa quercifolia*, Dup. Les *Carcelia amphion*, R. D., *lucorum*, Meig., *cantans*, R. D., *susurrans*, R. D., *Orgyæ*, R. D., *Doria concinnata*, Meig., *Zenillia aurea*, R. D., sont sortis plusieurs fois des chenilles de l'*Orgya pudibunda*, Dup.; enfin suivant le même auteur, la *Diloba cœruleo-cephala* est attaquée par le *Doria concinnata*, Meig.

---

48. — LA NOCTUELLE PSI.

(*Acronycta Psi,* Dup.)

Les chenilles de la Noctuelle Psi vivent isolées et se nourrissent des feuilles d'abricotier, de prunier et de la plupart des arbres fruitiers; elles mangent aussi les feuilles d'orme. Elles ne font pas ordinairement un grand dégât dans les jardins, mais lorsqu'elles s'y trouvent en grand nombre elles y deviennent nuisibles et l'on doit autant que possible s'en débarrasser. On trouve cette chenille parvenue à toute sa taille à la fin de l'été ou au commencement de l'automne. Elle est de grandeur moyenne, demi-velue, noire, marquée dans toute sa longueur, sur le milieu du dos, d'une large raie jaune interrompue sur le quatrième anneau par une pyramide charnue, noire, garnie de poils; cette raie jaune est placée entre deux bandes noires qui s'étendent de chaque côté du corps et qui sont marquées de plusieurs taches rouges dont deux sur chaque anneau à partir du quatrième; chacune de ces deux bandes noires est bordée par une raie blanche sur laquelle sont placés les stigmates; l'avant-dernier anneau est relevé en pointe bossue; elle est pourvue de seize pattes. Après avoir acquis tout son accroissement elle descend de l'arbre sur lequel elle a vécu et s'enfonce dans la terre pour se changer en chrysalide; elle passe dans cet état l'hiver et l'insecte parfait éclot au mois de mai ou juin suivant; on le trouve pendant le jour collé contre le tronc des arbres sur lequel la chenille a vécu.

Ce papillon fait partie de la famille des Nocturnes, de la Tribu des Noctuélites et du genre *Acronycta*. Son nom entomologique est *Acronycta Psi* et son nom vulgaire *Noctuelle Psi* ou simplement *le Psi*.

1. *Acronycta Psi*, Dup. — Elle a 25 mil. de largeur, les ailes étendues ; les supérieures sont d'un gris plus ou moins blanchâtre avec plusieurs lignes noires dont trois principales, savoir : une rameuse qui part du corselet et qui, s'avançant jusqu'au tiers de l'aile, forme une espèce de trident à son extrémité ; deux autres, également horizontales situées près du bord terminal, qui, étant croisées par la ligne sinueuse qui longe ce bord, représentent assez régulièrement la lettre grecque ψ (psi) d'où cette espèce a tiré son nom ; les ailes inférieures sont d'un gris plus blanc que celui des supérieures, surtout à leur base ; la tête et le corselet sont du même gris que les supérieures ; ce dernier porte un trait noir de chaque côté ; l'abdomen participe du gris des ailes inférieures.

On ne connaît pas d'autre moyen de combattre ce Lépidoptère que de le chercher sur les troncs des arbres fruitiers dans les jardins ou sur celui des ormes du voisinage et de l'écraser. Il ne vole pas pendant le jour et se laisse prendre sans chercher à s'échapper. On doit aussi chercher la chenille pendant les mois d'août et de septembre sur les arbres fruitiers, et la détruire.

—

49. — LA PHALÈNE HIÉMALE.

(*Cheimatobia brumata*, Dup.)

Pendant le mois de mai il n'est pas rare de voir des feuilles de poirier tordues, chiffonnées et liées en paquet par des fils de soie qui déparent les arbres des jardins. Si on ouvre ces paquets de feuilles on trouve au centre une petite chenille qui s'est créé cette habitation pour y vivre à couvert en rongeant l'intérieur de sa maison. Les chenilles qui emploient cette industrie sont nombreuses et d'espèces différentes et produisent des petits papillons qu'il est utile de connaître. Il y en a de beaucoup plus dangereuses les unes que les autres : celles, par exemple, qui se contentent de manger les feuilles sont beaucoup moins nuisibles que celles qui rongent les fleurs et les jeunes fruits ; c'est de ces dernières dont il va être question dans cet article ; dans le suivant on parlera des autres.

Cette espèce de chenille est facile à reconnaître, car elle est entièrement d'un vert pâle ou vert blanchâtre et porte sur son dos des raies longitudinales blanches, trois de chaque côté de la ligne dorsale qui est d'un vert un peu plus foncé que le reste ; elle n'a que dix pattes, six en devant sous les trois premiers segments, deux sur le dixième segment et deux à l'extrémité de son corps. Lorsqu'elle est parvenue à toute sa taille elle a 12 à 15 mil. de longueur. Cette chenille est du nombre de celles que l'on désigne sous le nom de Géomètres, ou d'Arpenteuses, parce qu'en marchant elles semblent mesurer l'espace qu'elles parcourent en y appliquant la longueur de leur corps.

Elle commence à se montrer dès l'épanouissement des feuilles, mais c'est à la fin de mai et au commencement de juin qu'elle exerce son plus grand ravage. Les unes se contentent de rouler en tuyau une feuille de poirier et en rongent l'intérieur ; d'autres collent ensemble deux feuilles voisines pour se créer un abri ; on en trouve qui se sont établies dans une fleur et qui ont clos leur demeure avec une feuille qui couvre l'ouverture de la corolle à laquelle elle est fixée par des fils de soie ; d'autres réunissent ensemble une feuille et de jeunes poires venant de nouer et s'établissent au milieu du paquet mangeant ce qui leur convient le mieux. Lorsqu'en rongeant elles mettent leur habitation à jour elles appliquent une feuille sur le trou pour le boucher et se mettre dans l'obscurité nécessaire à leur développement naturel. Après avoir consommé la nourriture que leur offre leur premier gîte, elles vont un peu plus loin en construire un autre et continuent ainsi jusqu'à ce qu'elles soient rassasiées. Cette chenille vorace mange avec avidité les feuilles, les fleurs avec leurs étamines et leur pistils ainsi que les jeunes fruits. Parvenue à toute sa croissance, vers le 15 juin, elle descend de l'arbre et se cache au pied, dans la terre, où elle se change en chrysalide peu de temps après, sans se renfermer dans un cocon de soie comme le font beaucoup d'autres chenilles.

Elle reste dans cet état pendant tout l'été et la plus grande partie de l'automne et se tranforme en papillon vers le 10 novembre. On peut voir le mâle voltiger au crépuscule au-dessus des arbres dans les jardins jusqu'à la fin de décembre et observer la femelle sur le tronc ou les branches pendant le même espace de temps. Cette dernière est très différente du mâle, car elle ne vole pas et manque d'ailes ou n'en a que des moignons qu'on n'aperçoit qu'en y regardant avec attention ; il faut avoir quelques connaissances en entomologie pour reconnaître en elle un papillon. Cet insecte fait partie de l'ordre des Lépidoptères, de la familles des Nocturnes, de la tribu des Phalénites; il a passé dans divers genres et s'est appelé *Geometra brumata*, Lin., *Phalena brumata*, Lat. Aujourd'hui son nom entomologique est *Cheimatobia brumata* et son nom vulgaire *Phalène hiémale.*

1. *Cheimatobia brumata*, Dup. — *Mâle.* Long. 12 mil. Enverg. 22 à 25 mil. Il est entièrement gris ; les antennes sont un peu moins longues que le corps et ciliées, c'est-à-dire, garnies tout le long de poils ou cils ; la tête et le corselet sont d'un gris brun ; l'abdomen est d'un gris jaunâtre ; les ailes supérieures sont d'un gris brun plus foncé à la base, plus clair à l'extrémité et traversées au milieu par une bande d'un gris noirâtre peu tranchée; les ailes inférieures sont d'un gris jaunâtre.

Femelle. Long. 12 mil. Elle est épaisse, d'une couleur cendrée tachée de noir ; les moignons d'ailes sont traversés par une bande noire ; les pattes notablement longues sont annelées de blanc et de noir.

Ce papillon est très nuisible aux arbres fruitiers tels que le poirier et le pommier. Il se jette aussi sur le chêne, le hêtre, le charme. On rencontre fréquemment la chenille dans les bois où croissent ces essences et on y voit voltiger le mâle jusqu'à la fin de décembre. La femelle pond ses œufs à la cime des arbres.

On fait utilement la chasse à cet insecte sous sa forme de chenille en enlevant tous les paquets de feuilles que l'on trouve sur les poiriers et les pommiers ou en écrasant dans les doigts les chenilles qu'ils renferment. Cette opération doit être renouvelée tous les deux ou trois jours pendant les mois de mai et juin. On ne doit pas manquer de tuer la femelle lorsqu'on la rencontre pendant les mois de novembre et de décembre grimpant le long des arbres. En enlevant tous les paquets de feuilles tordues on détruit aussi les autres chenilles qui vivent dans leur intérieur, et quoiqu'elles ne soient pas aussi nuisibles que celle de la Phalène hiémale on en débarrasse les arbres fruitiers, ce qui leur fait du bien et leur rend leur parure.

La chenille de la Phalène hiémale est atteinte par un petit parasite dont les larves vivent dans son corps et la font périr. Lorsque la larve parasite a pris tout son accroisssement elle perce la peau de la chenille pour en sortir et s'occupe aussitôt à se filer un petit cocon de soie blanche où elle se change en chrysalide et d'où l'insecte parfait s'échappe au commencement du mois de juin. Ce petit parasite est un Ichneumonien de la sous-tribu des Braconites et du genre *Microgaster* appelé *Microgaster sessilis.*

XXXVII. *Microgaster sessilis*, N. D. E. — Long. 3 mil. Il est noir assez luisant; les antennes sont épaisses, sétacées, plus longues que le corps, noires; la tête et le thorax sont noirs, très légèrement ponctués ; l'abdomen est lisse, noir, de la longueur et de la largeur du thorax ; les pattes sont noires avec l'articulation des cuisses et des tibias blanchâtre, ainsi que le côté extérieur des tibias de la première paire et les épines des tibias postérieurs ; les ailes sont hyalines avec la côte et le contour du stigma épais, très noirs.

Cette même chenille est aussi exposée à nourrir dans son corps un ver d'une autre espèce qui se change en pupe dans la chrysalide même et qui en sort sous la forme de mouche dès le mois d'avril. Ce Diptère entre dans la tribu des Tachinaires et dans le genre *Masicera*, à ce que je suppose, car je n'en suis pas sûr. Je lui ai donné le nom de *Masicera flavicans :*

XXXVIII. *Masicera flavicans*, G. — Long. 4 mil. Noire. Antennes noires, descendant jusqu'à l'épistome, ayant le troisième article quadruple du deuxième ; front un peu saillant, yeux écartés ; face d'un gris jaunâtre; joues jaunâtres; bande frontale noire ; bord interne des yeux, et derrière de la tête gris ; thorax noir à raies grises; écusson noir; abdomen noir, presque cylindrique, de la longueur et de la largeur du thorax, avec de larges bandes de reflets gris jaunissant sur les deuxième, troisième et quatrième segments; pattes noires; ailes hyalines, jaunâtres à la base, à nervures noires; cuillerons grands, jaunâtres. Des poils noirs assez longs, dressés sur la tête, le thorax et l'abdomen; des soies longues et raides aux bords des deuxième, troisième et quatrième segments de ce dernier et au milieu des troisième et quatrième; la deuxième nervure transversale tombe aux deux tiers de la première cellule postérieure, à partir de la base.

Les chenilles de la Phalène hiémale sont sujettes à une maladie qui paraît fort grave, mais je ne sais pas si elle leur donne la mort.

Elles nourrissent dans leur corps un ver de la grosseur d'un fil, long de 4 à 5 centimètres, ressemblant exactement à un morceau de chanterelle de violon pour la grosseur, la couleur et la consistance. Ces vers, parvenus à toute leur croissance vers le 10 juillet, sortent du corps des chenilles par l'anus, ce qui indique qu'ils se tiennent dans le tube intestinal et se roulent aussitôt sur eux mêmes en forme de ressort à boudin; puis ils se dessèchent et meurent. Ils appartiennent à un genre de vers intestinaux appelé Filaire (*Filaria*).

Lorsque ces divers parasites agissent en même temps, ils font périr un grand nombre de Chenilles de la Phalène hiémale et en débarrassent le jardin pour quelques années.

---

50 à 56. — LES TORDEUSES DES ARBRES FRUITIERS.

(*Tortrix lævigana*, Dup., *heparana*, Dup.; *xylostrana*, Dup.; *Teras contaminana*, Dup.; *nyctemerana*, Dup.; *Penthina pruniana*, Dup.; *Aspidia uddmanniana*, Dup.)

On a déjà fait observer que les insectes qui mangent les feuilles des arbres sont moins nuisibles que ceux qui en rongent les fruits; cependant s'ils étaient assez nombreux pour les dépouiller entièrement de leurs feuilles, ils feraient avorter tous les fruits et causeraient en outre un préjudice notable à l'arbre ; mais si ces insectes sont peu nombreux, s'ils ne consomment que quelques feuilles, ils ne sont pas beaucoup à craindre. Ces réflexions sont applicables aux chenilles qui lient en paquets les feuilles des poiriers, pommiers, pruniers, cerisiers, abricotiers, etc., ainsi qu'à d'autres chenilles qui vivent à découvert sur les arbres.

Pendant le mois de mai et celui de juin on remarque sur les arbres fruitiers des feuilles déformées, tordues et liées ensemble en paquets par des fils de soie. Ces paquets sont fort irréguliers et se montrent quelquefois en assez grand nombre pour déparer l'arbre et donner de l'inquiétude au jardinier. Si on les développe on trouve au centre de chacun d'eux une petite chenille verte ou d'un vert brun ayant la tête noire, une grande tache de la même couleur sur le premier segment du corps et des points noirs verruqueux sur tous les autres de chacun desquels sort un poil; elle est pourvue de seize pattes. Toutes ces chenilles ne sont pas identiquement les mêmes, quoiqu'elles se ressemblent beaucoup : on en trouve d'un vert plus ou moins foncé, qui ont la tache scutellaire du premier segment plus ou moins noire, qui ont une tache semblable sur le dernier segment ou qui en sont privées, dont les pattes sont vertes ou qui ont les six pattes pectorales noires et les autres vertes. Toutes ces chenilles ne donnent pas le même papillon; elles en produisent de différentes espèces et de différents genres, mais toutes, y compris l'Arpenteuse qui se métamorphose en Phalène hiémale, sont désignées par les jardiniers sous le nom de *Verdet* et écrasées comme insectes dangereux.

Dès que ces chenilles sont écloses, au commencement de mai, chacune d'elles s'occupe à se construire une habitation particulière. A cet effet elle lie avec des fils de soie deux feuilles voisines entre lesquelles elle se cache, puis elle y joint une troisième et une quatrième feuille qu'elle entoure de fils de soie ; elle les plie, les tord fort irrégulièrement et en forme un paquet bien lié au centre duquel elle s'établit à demeure fixe, à couvert du soleil et de la pluie. Elle ronge l'intérieur de son habitation pour se nourrir et prend assez rapidement son accroissement. Parvenue à toute sa grandeur elle tapisse d'une fine toile de soie blanche l'intérieur de sa demeure et se change en chrysalide sur ce lit mollet. Cette chrysalide a le dos de son abdomen hérissé de spinules qui jouent un rôle important dans la vie de l'insecte. Lorsqu'elle veut se métamorphoser en papillon elle se pousse en avant en imprimant à son ventre un mouvement vermiculaire et sort aux deux tiers de son habitation, ce qui permet au papillon de se dégager de son enveloppe et de prendre son essor sans froisser ses ailes. Les spinules lui permettent d'exécuter ce mouvement.

Tous ces insectes appartiennent à l'ordre des Lépidoptères, à la famille des Nocturnes, à la tribu des Tordeuses et à différents genres de cette tribu. Ils ont tous un port d'ailes particulier qui les disgue. Leurs ailes couchées sur le dos sont larges aux épaules et leur donnent l'air d'un homme couvert d'une chape; c'est pour cela qu'autrefois on leur donnait le nom générique de *Chape*. Ils sont nocturnes et se tiennent cachés sous les feuilles pendant le jour; ils ne sortent de leur retraite qu'au crépuscule pour se livrer à leurs ébats, s'accoupler et pondre leurs œufs. On va faire connaître les principaux d'entre eux.

1. *Tortrix lœvigana*, Dup. — Elle a 9 à 12 mil. de longueur, les ailes fermées; les supérieures sont d'un brun jaunâtre, couleur feuille sèche; on y remarque une tache en forme de X grossier à leur base commune et une large bande oblique plus ou moins échancrée au bord extérieur sur leur milieu, d'un brun noirâtre, et des linéoles transversales ondulées de la même couleur surtout vers l'extrémité; les inférieures sont noirâtres.

On l'a désignée sous le nom de *Pyrale brunie*. Sa chenille lie en paquets les feuilles des poiriers, pruniers, cerisiers, etc. Le papillon se montre vers le 15 juin; il est commun dans les jardins.

2. *Tortrix heparana*, Dup. — Elle a 12 mil. de longueur, ailes fermées; les supérieures sont d'un brun jaunâtre couleur de feuille sèche plus ou moins foncée; elles sont traversées par une raie d'un

brun jaunâtre en arrière du corselet et par une large bande oblique de la même couleur vers le milieu et marquées d'une tache de la même nuance à la côte en arrière de la bande; elles sont en outre ornées de linéoles transversales formant avec les nervures une espèce de treillis ; les ailes inférieures sont brunes.

On lui a donné le nom de *Pyrale hépatique*. Sa chenille lie en paquets les feuilles de poirier, de pommier, de cerisier, de rosier, etc. Le papillon s'envole depuis le 15 juin jusqu'au 21 juillet.

3. *Tortrix xylostrana*, Dup. — Long. 11 mil., ailes fermées; les supérieures sont d'un brun marron, traversées un peu avant le milieu par une bande grise, arquée, dilatée au bord interne, marquées d'une tache de la même couleur à la côte un peu en arrière et par une large tache grise à l'extrémité, divisée en deux par une petite raie marron; les inférieures sont noirâtres.

On lui a donné le nom de *Pyrale du chèvrefeuille*. Sa chenille lie en paquets les feuilles de prunier, de chêne, de chèvrefeuille des bois, etc. Le papillon prend son essor vers le 10 juillet.

4. *Teras contaminana*, Dup. — Elle a 11 mil. de longueur, les ailes pliées. Les supérieures sont d'un gris-jaunâtre avec une large bande noirâtre échancrée à la côte, anguleuse en devant, commençant vers le milieu, et des linéoles brunâtres formant un treillis irrégulier sur la partie claire; les inférieures sont d'un blanc jaunâtre.

On l'a désignée sous le nom de *Pyrale tachée*. Sa chenille lie en paquets les feuilles des poiriers, des pommiers, etc. Le papillon se montre dans les mois d'août et de septembre. Il existe une variété qui vit dans les feuilles d'abricotier et que l'on a désignée sous le nom de *Teras ciliana*, Dup.

5. *Teras nyctemerana*, Dup. — Long. 10 à 11 mil., les ailes pliées; la moitié antérieure des supérieures d'un blanc jaunâtre avec une petite crête d'écailles redressées de la même couleur près du bord interne, et la moitié postérieure noire ondée de brun avec deux lignes crêtées transverses; les inférieures d'un gris blanchâtre.

La chenille se tient dans les feuilles de pommier pliées en deux. Le papillon se montre vers le 15 juin.

6. *Penthina pruniana*, Dup. — Long. 8 mil., les ailes pliées; la tête et le corselet sont noirâtres, ce dernier est crêté; les deux tiers des ailes supérieures sont noirâtres, le tiers postérieur est blanchâtre avec des nuances d'un gris bleuâtre; les inférieures sont grises.

La chenille lie en paquets les feuilles des pommiers et le papillon se montre pendant le mois de juin et le commencement de juillet. On le voit voltiger le soir en grand nombre autour des pommiers et des poiriers.

7. *Aspidia uddmanniana*, Dup. — Elle a 11 mil. de longueur, les ailes pliées; la tête et le corselet sont gris; elle porte une bande d'un gris plus foncé à la base des ailes supérieures, bordée d'une ligne blanche et une grande tache commune presque ronde en arrière du milieu d'un brun marron bordée d'une ligne blanche; les inférieures sont noirâtres.

La chenille lie en paquets les feuilles de pommier, de poirier, de framboisier, etc. Le papillon éclot pendant les mois de juin et de juillet.

Il existe probablement d'autres espèces qui tordent et lient les feuilles des arbres fruitiers ou qui se contentent de les plier en deux ou de les rouler, dont les habitudes sont les mêmes que celles que l'on vient de décrire; ne les ayant pas observées, je ne puis en parler.

On fait la chasse à toutes les Tordeuses en visitant les arbres pendant les mois de mai et de juin et en enlevant tous les paquets de feuilles que l'on aperçoit, toutes les feuilles roulées ou pliées et en écrasant les chenilles qui y sont contenues; on doit renouveler plusieurs fois cette visite pendant chacun de ces mois. Les fauvettes et tous les oiseaux à bec fin ont l'adresse d'extraire ces chenilles de leurs cachettes et de les enlever pour se nourrir et pour donner la becquée à leurs petits; ils nous sont d'un grand secours pour nettoyer nos jardins des insectes qui les dévastent et nous devons les protéger de tout notre pouvoir.

Les chenilles tordeuses ont en outre un grand nombre d'ennemis dans la classe des insectes qui leur font une guerre meurtrière et qui parviennent, dans certaines années, conjointement avec les hirondelles et les fauvettes, à les faire momentanément disparaître. Ces ennemis redoutables se trouvent dans la tribu des Ichneumoniens et dans différents genres de cette tribu dont toutes les espèces sont parasites. Leurs larves vivent dans le corps des chenilles tordeuses, leur rongent les entrailles et les font périr. Je citerai un certain nombre de ces parasites.

XXXIX. *Pimpla scanica*, Grav. — *Femelle.* Long. 9 mil., noire; antennes filiformes, de la longueur du corps, noires en dessus, jaunâtres à la base en dessous, brunissant à l'extrémité; tête et thorax noirs; abdomen noir, ponctué; tous les segments bordés d'un liseré fauve s'étendant sur les côtés, avec une légère dépression transversale, fauves en dessous; hanches noires; pattes fauves; les antérieures un peu jaunâtres avec les tibias un peu obscurs à l'extérieur et un anneau blanc peu marqué à la base; les intermédiaires avec les tibias bruns à l'extérieur et un anneau blanc à la base; les tarses annelés de blanc et de noirâtre; les postérieures avec les tibias noirs annelés de blanc à la base; les tarses annelés de blanc et de noir; ailes hyalines, à nervures noires; stigma noirâtre à extrémité blanche; aréole quadrangulaire; tarière du tiers de la longueur de l'abdomen.

Mâle. Semblable, mais plus svelte; antennes plus longues, testacées en dessous, brunes en dessus, avec les incisions noires; abdomen non bordé de fauve, noir en dessous; pattes antérieures et intermédiaires d'un fauve jaunâtre.

Il se développe dans la chenille de la *Tortrix lævigana.*

XL. *Pimpla turionellæ*, Grav. — Long. 7 mil. 1/2. Antennes filiformes, moins longues que le corps, noires; tête et corselet noirs, luisants; abdomen noir, ponctué, avec le bord postérieur des segments un peu resserré, noir, lisse; hanches et pattes fauves; tibias postérieurs blanchâtres avec la base et l'extrémité noirâtres; tarses postérieurs blanchâtres ayant leurs articles tachés de brun; ailes hyalines à nervures noires; stigma noir à base blanche; tarière de la longueur de l'abdomen. Les hanches antérieures sont noires à la base.

Ce parasite est sorti d'une chrysalide de l'*Aspidia cynosbana* qui lie en paquets les feuilles des rosiers.

XLI. *Cryptus assertorius*, Grav. — Long. 9 mil. Noir et fauve. Tête noire; antennes filiformes, de la longueur du corps avec les huitième, neuvième et dixième articles blancs rayés de noir en dessous: orbite interne des yeux blanc; thorax noir marqué d'une linéole blanche au prothorax; une tache blanche à l'écusson et un point de la même couleur en arrière; abdomen ferrugineux à extrémité noire; pattes fauves avec les hanches et les trochanters noirs; tarses fauves, les deuxième et troisième articles des postérieurs blanchâtres; ailes hyalines à nervures noires; stigma noir; aréole pentagonale; tarière plus courte que l'abdomen.

Cet insecte vit aux dépens de la chrysalide venant d'une chenille qui tord les feuilles de noisetier, laquelle produit la *Tortrix lævigana*. La larve de ce parasite, sortie d'un œuf pondu à côté de la chrysalide, perce cette dernière et entre à moitié dans son corps pour en manger la substance.

XLII. *Campoplex rufipes*, Grav. — Long. 7 mil. Noir. Antennes noires, filiformes, moins longues que le corps, courbées à l'extrémité; palpes jaunâtres; tête, thorax, abdomen noirs; celui-ci un peu comprimé à l'extrémité; pattes fauves; trochanters des quatre pattes antérieures fauves; hanches postérieures noires; base des cuisses et quelquefois celle des tibias postérieurs lavée de brun; tarses postérieurs noirs ou fauves; ailes hyalines à nervures et stigma noirs; aréole petite, triangulaire, pétiolée; tarière moins longue que l'abdomen.

Ce parasite vit aux dépens des chenilles de l'*Aspidia uddmanniana* et de l'*Aspidia cynosbana*.

XLIII. *Campoplex fulvipes*, G. — Long. 5 mil. Noir. Antennes noires, moins longues que le corps, courbées à l'extrémité, à premier article jaune en dessous; palpes blanchâtres; tête, thorax et abdomen noirs, celui-ci un peu comprimé à l'extrémité; pattes fauves; hanches antérieures et intermédiaires blanchâtres; les postérieures à trochanter blanchâtre; tarses postérieurs brunâtres; ailes hyalines à nervures noires; stigma gris; aréole nulle.

Ce *Campoplex* qui est un mâle et qui ressemble complétement au précédent, sauf qu'il n'a pas d'aréole, s'adresse à une tordeuse du framboisier que je suppose la *Tortrix lævigana* ou *l'Aspidia uddmanniana*.

XLIV. *Meteorus pallidus*, Halid. — Long. 5 mil. 1/2. Très pâle. Antennes filiformes, de la longueur du corps, brunes en dessus, pâles en dessous; yeux verdâtres; une tache au vertex et occiput noir; corselet noir; partie antérieure de la poitrine pâle; abdomen d'un fauve pâle à premier segment noir, strié en long; pattes d'un fauve pâle avec l'extrémité des tibias et des tarses postérieurs brune; ailes hyalines; tarière un peu moins longue que l'abdomen.

Ce parasite s'adresse à une tordeuse du framboisier.

XLV. *Meteorus cinctellus*, Halid. — Long. 4 mil. Tête d'un fauve pâle avec les yeux, les stemmates et l'occiput noirs; antennes noires en dessus, brunâtres en dessous; prothorax d'un fauve pâle en dessous et sur les côtés; méso et métathorax noirs; abdomen noir en dessus excepté le deuxième segment qui est fauve pâle; premier segment strié; dessous pâle à partir du deuxième segment; pattes pâles avec l'extrémité des tibias postérieurs et des tarses de la même paire noirâtres; ailes hyalines à nervures et stigma pâles; tarière un peu moins longue que l'abdomen.

Cette espèce vit et se développe dans une chenille qui tord les feuilles des cassis.

XLVI. *Chelonus rugosulus*, G. — Long. 3 mil. Noir mat, rugueux; antennes filiformes, noires en dessus, testacées en dessous, de la longueur du corps; tête et thorax noirs, rugueux; métathorax bi-épineux; abdomen noir, rugueux, en carapace d'une seule pièce; pattes noires avec l'extrémité des cuisses antérieures et l'extrémité des tibias de la même paire testacées; ailes hyalines à stigma noir, avec une tache nébuleuse touchant le stigma.

Ce Braconite est sorti d'un paquet de feuilles de ronce liées par la chenille de l'*Aspidia uddmanniana.*

XLVII. *Microgaster perspicuus*, Wesm. — Long. 3 mil., noir; antennes sétacées, de la longueur du corps, noires; tête et thorax noirs, ponctués; métathorax et abdomen noirs, chagrinés, excepté les derniers segments de l'abdomen qui sont lisses; pattes fauves avec la base des cuisses et l'extrémité des tibias postérieurs noire; tarses postérieurs et l'extrémité des autres noirâtres; ailes hyalines à nervures et stigma noirs. La femelle a les pattes d'un fauve pâle avec les hanches seules noires; la tarière est courte, à peine saillante.

Il sort des paquets de feuilles de poirier liées par la chenille de la *Tortrix lævigana.*

XLVIII. *Microgaster gagates*, N. de E. — Long. 3 mil. Noir mat; antennes noires, de la longueur du corps; tête et thorax noirs; abdomen noir; pattes noires; tibias antérieurs et moyens d'un fauve pâle à extrémité noire; les postérieurs noirs à base fauve; tarses fauves; les postérieurs tachés de brun; ailes hyalines à nervures noires et stigma grisâtre; tarière de la 1/2 longueur de l'abdomen.

Il est sorti d'un paquet de feuilles de pommier liées par la chenille de la *Tortrix heparana.*

XLIX. *Elachestus fenestratus*, N. de E. — Long. 1 mil. 1/2. Vert sombre. Antennes filiformes, coudées, de sept articles, noires, à premier article fauve; tête et thorax d'un vert sombre; abdomen lisse, ovoïde, terminé en pointe, à pédicule épais d'un vert noirâtre avec une grande tache jaune à la base; pattes d'un fauve jaunâtre; ailes hyalines.

Ce petit Chalcidite est sorti d'un paquet de feuilles de poirier liées par la chenille de la *Tortrix lævigana.*

Il reste encore deux parasites à signaler appartenant à l'ordre des Diptères et à la tribu des Tachinaires :

L. *Metopia bisignata*, R. D. — Long. 6 mil., noire; face d'un blanc argenté; frontaux d'un blanc jaunâtre piquetés de points noirs; bande frontale noire; thorax noir à bandes grises; premier segment de l'abdomen noir; deuxième noir, à bande cendrée à la base interrompue au milieu, et une tache fauve de chaque côté; troisième et quatrième noirs, à bande cendrée à la base; le dernier, noir; pattes et antennes noires; yeux rougeâtres; ailes hyalines un peu grises, à nervures noires; cuillerons blancs. Des poils sur la tête, le thorax, l'abdomen et les pattes; des soies sur le bord des deuxième, troisième et quatrième segments.

Cette mouche vit aux dépens de la chenille de la *Tortrix lævigana* et sort des paquets de feuilles qu'elle a liés pour se faire un logement.

LI. *Senometopia Gouraldi*, R. D. — Long. 4 mil., noire; face blanche; front d'un gris jaunâtre, à bande frontale noire; thorax noir à bandes grises; écusson noir; abdomen noir à bandes grises sur les deuxième, troisième et quatrième segments; une tache d'un fauve obscur sur les côtés du deuxième; pattes et antennes noires; ailes hyalines; des poils sur la tête, le thorax, l'abdomen et les pattes; des soies au bord postérieur des deuxième, troisième et quatrième segments de l'abdomen.

Elle est sortie d'un paquet de feuilles de noisetier liées par la chenille de la *Tortrix lævigana*.

On voit parfaitement que, lorsque toute cette armée meurtrière donne ensemble, elle a bientôt délivré un jardin de toutes les petites chenilles tordeuses qui infectent les arbres fruitiers.

—

57. — LA PYRALE DE LA VIGNE.

(*OEnophthira pilleriana*, Dup.)

Les vignes sont quelquefois ravagées par une petite chenille des plus dangereuses qui ronge au printemps les bourgeons, les jeunes feuilles et les grappes naissantes. Lorsqu'elle est nombreuse, la récolte est gravement compromise, ainsi qu'on l'a éprouvé de 1836 à 1840 dans diverses contrées de la France, particulièrement dans le Mâconnais. Ces chenilles sortent d'œufs pondus sur les feuilles de vigne et distribués par plaques. La ponte a lieu dans le mois d'août et les chenilles éclosent vingt jours après. Elles se répandent sur les feuilles auxquelles elles ne font pas grand mal parce qu'elles sont très petites et que les feuilles sont fortes. Elles se réfugient pendant l'hiver dans les fissures des échalas, sous les écorces soulevées des ceps et supportent dans ces abris les rigueurs du froid et du mauvais temps qui n'ont aucune prise sur elles, car elles sont dans une léthargie complète. Au retour du printemps elles se raniment et c'est alors qu'elles sont dangereuses. Elles lient en paquets les jeunes feuilles très tendres et les grappes naissantes, se tiennent au centre du paquet et rongent tout ce qui leur convient. Chaque chenille détruit tout le raisin qui croît à l'extrémité d'un bourgeon. Elle parvient à toute sa grandeur au commencement de juin.

Elle est d'une petite taille comme toutes les Tordeuses ; sa couleur est un vert plus ou moins jaunâtre ; la tête et le dessus du premier segment sont d'un vert luisant ; elle porte sur ses anneaux des points verruqueux desquels sort un poil ; ses pattes sont au nombre de seize. Elle se transforme en chrysalide dans l'intérieur du paquet qui lui a servi de logement et le papillon s'envole dans le mois de juillet. Il s'accouple au crépuscule et la femelle fécondée va déposer ses œufs sur les feuilles de vigne, les distribuant par plaques composées d'un assez grand nombre.

Le petit papillon est de la famille des Nocturnes, de la tribu des Tordeuses et du genre *Œnophthira*. Son nom entomologique est *Œnophthira pilleriana*. On l'a aussi appelée *Tortrix pilleriana*, *Pyralis vitana*, *Pyralis vitis*. Son nom vulgaire est *Pyrale de la vigne*.

1. *Œnophthira pilleriana*, Dup. — Elle a 20 mil. d'envergure.

Les ailes supérieures sont d'un jaune pâle doré, avec une tache à la base et trois raies transverses brunes; la première oblique située vers le milieu de l'aile, la deuxième plus droite entre celle-ci et le bord antérieur, et la dernière terminale; les inférieures sont d'un gris brunâtre; les antennes sont simples; les palpes sont trois fois aussi longs que la tête, presque droits, à troisième article nu, très court; la trompe manque.

Dans le plus grand nombre des femelles les bandes s'effacent ou se divisent par taches peu arrêtées.

On ne connaît aucun moyen efficace de combattre ce petit insecte. On a proposé de récolter les œufs sur les feuilles où ils sont en plaques assez visibles et de les brûler. On a encore proposé d'allumer des feux pendant la nuit au milieu des vignes attaquées pour l'attirer et le brûler, de passer au four les échalas avant de les replanter au printemps, de verser de l'eau très chaude sur les ceps pendant l'hiver pour brûler les chenilles. Tous ces procédés sont dispendieux et peu profitables. Ce dangereux Lépidoptère a disparu par l'action des parasites, au bout de quatre ou cinq ans, à tel point qu'on serait bien embarrassé d'en trouver maintenant un seul dans la France entière. Ces parasites sont fort nombreux et ils ont été signalés par Audouin qui a observé la Pyrale de la vigne en 1836 et les années suivantes dans les différents départements où elle s'est montrée. Parmi les Ichneumoniens, il faut signaler les suivants :

LII. *Ichneumon melanogonus*, Grav. — Longueur, 4 à 6 mil. Mandibules fauves à pointe noire; antennes de la longueur de la moitié du corps ayant les neuf premiers articles ferrugineux, les dixième, onzième, douzième blancs, quelquefois bruns en dessous; les autres noirâtres; tête et corselet noirs; abdomen de la longueur de la tête et du thorax, et de la même largeur, ayant le premier segment fauve à pétiole noir; les deuxième, troisième et quatrième segments fauves, les autres noirs; pattes fauves; les hanches postérieures armées d'une petite dent en dessous; extrémité des cuisses et des tibias noire.

LIII. *Pimpla instigator*, Grav. — Cet insecte a été décrit précédemment, à l'article du Bombyx chrysorrhoé.

LIV. *Pimpla alternans*, Grav. — Longueur, 4 à 8 mil. Noir; tête noire; palpes jaunes; antennes plus courtes que le corps, brunes en dessus, testacées en dessous avec les deux premiers articles jaunes; thorax noir; souvent un point jaunâtre à la racine des ailes; abdomen deux fois au moins aussi long que le thorax, linéaire, cylindrique, noir, avec le bord des segments élevé, plus brillant, d'un fauve pâle chez le mâle, ferrugineux chez la femelle; pattes fauves; hanches tachées de noir; tibias postérieurs tricolores; tarses noirs, avec la base des articles blanche; tarière du quart de la longueur de l'abdomen; ailes hyalines à stigma brunâtre; aréole irrégulière sessile; écaille alaire blanchâtre.

LV. *Anomalon flaveolatum*, Grav. — Longueur, 7 à 12 mil. Face jaune, ainsi que l'orbite ou une partie de l'orbite des yeux; antennes ordinairement noires en dessus, brunes en dessous, à premier article jaune; thorax noir; ordinairement, chez la femelle surtout, l'extrémité du métathorax est ferrugineuse, ainsi qu'une tache latérale au prothorax et les sutures latérales de la poitrine; on voit rarement une tache de la même couleur devant les ailes; et plus rarement la moitié postérieure du métathorax est d'un jaune ferrugineux; abdomen roux, avec l'extrémité et le dos du deuxième segment noirs; pattes antérieures d'un jaune fauve; les postérieures fauves; les hanches et l'extrémité des tibias tachés de noir; ailes assez courtes, hyalines, lavées de jaune, à stigma fauve; tarière longue du tiers du thorax.

LVI. *Campoplex maïalis*, Grav. — Longneur, 4 1/2 à 6 mil. Noir; mandibules jaunâtres au milieu; antennes noires, de la moitié de la longueur du corps; thorax noir; abdomen de la longueur de la tête et du thorax, noir, comprimé à l'extrémité chez les femelles, quelquefois rond chez les mâles, à premier segment renflé à l'extrémité; pattes fauves, avec les hanches noires, ainsi que la base et l'extrémité des postérieures qui sont noires ou noirâtres ; ailes médiocres, hyalines, à stigma brun, et aréole irrégulière pétiolée; tarière de la moitié de la longueur de l'abdomen.

Parmi les Chalcidites on compte les espèces suivantes au nombre des parasites de la Pyrale de la vigne :

LVII. *Chalcis minuta*, N. de E. — Longueur, 3 à 4 mil. Noire ; tête et corselet noirs, très fortement ponctués ; antennes noires ; abdomen d'un noir brillant, à pédicule assez court ; pattes antérieures et intermédiaires noires, avec l'extrémité des cuisses, la base des jambes, leur extrémité et les tarses jaunâtres ; cuisses postérieures renflées, noires, crénelées en-dessous, avec l'extrémité jaune ; les tibias noirs, à base et extrémité testacées ; tarses d'un testacé pâle.

LVIII. *Diplolepis* (*Torymus*) *cuprea*, Spin. (1) — Longueur, 4 mil. Bronzé ; tête bronzée ou d'un rouge cuivreux ; antennes noires, à premier article vert ; thorax bronzé ou cuivreux, pubescent ; abdomen de la même couleur, lisse, luisant, un peu comprimé ; pattes de la couleur du corps ; cuisses postérieures renflées, armées d'une dent à l'extrémité en dessous ; hanches postérieures dentées ; ailes hyalines avec une ombre légère autour du rameau stigmatique ; tarière de la longueur de l'abdomen.

Ce Chalcidite qui est un *Torymus* pour N. de E. fait maintenant partie du genre *Monodontomerus*, Walk.

LIX. *Diplolepis* (*Torymus*) *obsoleta*, Spin. — Longueur, 4 mil. D'un noir violacé métallique, pubescent ; antennes noires, à premier article verdâtre ; tête verdâtre ; corselet de la même couleur ; abdomen noir verdâtre, avec les segments ciliés de blanc ; pattes d'un noir violacé ; tibias bruns avec la base et l'extrémité, ainsi que les tarses, plus pâles ; les cuisses postérieures et les hanches armées d'une épine aiguë près de l'extrémité ; ailes hyalines avec un point stigmatique épais aux premières.

(1) Les *Diplolepis* d'Audouin sont des *Torymus* pour Nées d'Esembeck et des *Callimome* pour les auteurs modernes.

Ce Chalcidite appartient, comme le précédent, au genre *Monodontomerus*, Walk.

LX. *Pteromalus communis*, N. de E. — Longueur, 3 mil. Tête, corselet, abdomen bronzés, plus ou moins verdâtres ; antennes grêles, d'un brun noir, à premier article testacé ; abdomen un peu plus long que le thorax, ovalaire, finissant en pointe, très lisse ; hanches de la couleur du corps ; pattes d'un fauve testacé à ongles noirs ; ailes hyalines.

LXI. *Pteromalus cupreus*, N. de E. — Longueur, 4 mil. Cuivreux ; tête de la largeur du thorax, ponctuée ; antennes noires, à premier article testacé ; abdomen de la longueur de la tête et du thorax, conique, d'un cuivreux violacé ; extrémité et base des tibias testacées ainsi que les tarses ; ailes hyalines.

LXII. *Pteromalus ovatus*, N. de E. — Longueur, 2 mil. 1/2. Bronzé ; antennes noires, à premier article testacé ; tête et thorax très finement ponctués ; abdomen ovalaire, court, cuivreux, à base d'un vert brillant ; pattes testacées, à cuisses rousses avec le milieu brun ; ailes hyalines.

LXIII. *Pteromalus larvarum*, N. de E. — *Femelle.* Longueur, 2 à 3 mil. Vert brillant ; antennes de la femelle brunes, à premier article jaune ; tête verte ; bouche jaune ; thorax, écusson, métathorax très finement ponctués, glabres, brillants, verts ; abdomen de la longueur de la tête et du thorax, oblong, lancéolé, plan, aigu, très lisse, d'un bronzé brun avec une tache d'un bronzé noir au milieu ; pattes jaunes ; ailes hyalines ; tarière tachée.

Mâle. Antennes plus longues, testacées ou brunes en dessus, testacées en dessous, à premier article jaune ; tête plus épaisse ; abdomen de la longueur du thorax, obtus, rougissant en dessus ; le milieu des deuxième et troisième segments testacé et translucide ; base des cuisses, surtout des dernières, d'un bronzé noir en dessus.

LXIV. *Pteromalus deplanatus*, N. de E. — Longueur, 2 mil. 1/2.

Tête transverse de la largeur du thorax, finement ponctuée, d'un bronzé noir; antennes noirâtres, à premier article fauve; mandibules fauves; thorax déprimé, finement ponctué, à pubescence très légère, d'un bronzé-noir; métathorax court, étroit, subconique, rugosule; abdomen subpédiculé, de la longueur du thorax, un peu plus large, presque rond, déprimé, d'un brun doré, à premier segment d'un bronzé brillant; anus en pointe courte chez la femelle, arrondi chez le mâle; abdomen à carène obtuse en dessous; hanches d'un noir bronzé; pattes d'un fauve testacé; ailes hyalines.

LXV. *Eulophus pyralidium.* — Ce petit Chalcidite m'est inconnu.

LXVI. *Bethylus formicarius*, Lat. — Longueur 3 mil. Noir; antennes plus longues que la tête, à premier article recourbé, noir, les suivants jaunes, les derniers noirs et obconiques; tête de la largeur du thorax, horizontale, convexe, en carré arrondi, lisse, noire, opaque; mandibules pâles; thorax noir, lisse; prothorax ové, plus étroit en devant; métathorax en carré ovalaire, large, tronqué, un peu trié; écusson ovale, obtus, lisse; abdomen de la longueur et de la largeur du thorax, ovalaire, noir, brillant; premier segment aminci en pétiole; anus aigu, armé d'un aiguillon piquant; hanches et cuisses noires, ces dernières en massue lancéolée; tibias dilatés à l'extrémité, jaunes, ainsi que les tarses; ailes hyalines, dures, irisées, à nervures fines, mais distinctes; deux cellules brachiales allongées, de longueur inégale, une cellule radiale ovale, incomplète, et à peine des vestiges de stigma.

Tels sont les insectes parasites de la Pyrale de la vigne signalés par Audouin, et observés par lui dans les différents départements où il a été envoyé en mission; les uns vivent dans les chenilles, les autres dans les chrysalides et, par leur action simultanée, ils ont anéanti pour un certain temps ce petit lépidoptère qui a causé tant de dommages. Je n'ai pas eu l'occasion d'observer moi-même cet insecte et je ne puis rien ajouter pour confirmer les assertions de ce savant entomologiste. Je ferai seulement remarquer que l'on commence à douter que les *Bethylus*, appartenant à la tribu des Oxyuriens, soient des parasites se développant dans le corps des larves ou des chrysalides des autres insectes; ils pourraient bien être des Fouisseurs vivant à la manière des *Sphex*, des *Pompiles*, etc., et enterrant des chenilles de Pyrale pour la nourriture de leurs larves.

---

58. — LA PYRALE DES POMMES.

(*Carpocapsa pomonana*, Dup.)

On a beaucoup trop souvent l'occasion de trouver des pommes verreuses et de voir une bonne partie de la récolte des pommiers perdue pour le propriétaire. Dans certaines années le sol, sous les arbres, est jonché de fruits gâtés ayant une trompeuse apparence de maturité, mais n'offrant rien de bon à manger; leur intérieur est en partie rongé, et la pulpe enlevée est remplacée par des petits grains bruns accumulés les uns contre les autres. Ces grains sont les excréments de la chenille qui a vécu dans le fruit. Cette dernière se nourrit d'abord de la substance centrale qui enveloppe les pépins, laquelle est plus tendre et plus savoureuse que le reste; puis elle pousse une excavation autour d'elle, marchant quelque fois en galerie assez loin pour revenir ensuite par un nouveau chemin dans la grande habitation; mais elle finit toujours par pousser une mine jusqu'à la surface et par percer la peau d'un petit trou rond qui sert à introduire de l'air dans sa demeure et à évacuer l'excédant de ses excréments qui, se trouvant trop pressés, sont poussés au-dehors et tombent à terre. Ce trou reste toujours bouché par un petit tas de crottes tant que l'insecte reste dans le fruit. L'action de la chenille sur la pomme est de l'empêcher de prendre tout son développement, de lui donner une sorte de maladie, de lui procurer une apparence de maturité précoce et de la faire tomber de l'arbre. Lorsqu'elle est arrivée à terre, la chenille a acquis toute sa croissance et sort du fruit par le petit trou dont on a parlé qui alors reste ouvert. Elle se cache dans le sol ou cherche une écorce soulevée pour se mettre à l'abri et s'enferme dans un cocon solide tissu avec de la soie et des parcelles de terre ou de menus débris de végétaux qu'elle trouve à sa portée. Il est assez rare de voir des chenilles dans les pommes que l'on ramasse sous les arbres si elles y ont séjourné pendant quelque temps, car elles en sont sorties bientôt après la chute du fruit ; mais les pommes verreuses qui tiennent aux branches et dont le trou est fermé renferment toutes une chenille.

Lorsque cette dernière a pris son accroissement, elle a 12 mil. de longueur. Elle est cylindrique, rougeâtre, tirant sur la couleur de chair ; son corps porte un grand nombre de points verruqueux noirs de chacun desquels sort un poil ; sa tête est brune, ainsi que le dessus du premier segment de son corps ; on lui compte seize pattes dont les six premières sont noires.

Elle sort des pommes en différents temps ; les plus hâtives se mettent en liberté dès le 15 juillet ; les plus tardives ne font leur sortie que le 15 septembre. Cette chenille a ainsi trois à quatre mois pour ravager nos vergers. Elle passe l'automne et l'hiver dans la terre ou sous un fragment de vieille écorce renfermée dans son cocon qui la protège contre l'humidité et les vicissitudes du temps ; elle se métamorphose en chrysalide au printemps suivant ou en été, environ quinze jours avant le moment de paraître sous la forme de papillon. Celui-ci commence à s'envoler dès le 1er juin et continue à sortir pendant les mois de juillet et d'août.

Dès qu'il a pris son essor il s'accouple et la femelle va pondre sur les pommes jeunes ou déjà grosses qu'elle rencontre. On ne sait pas encore sur quelle partie elle dépose ses œufs ; on suppose que c'est dans l'œil ; ce qui est certain c'est qu'elle les pond un à un dans des fruits différents et qu'elle n'en confie pas deux au même, car on ne trouve jamais deux chenilles dans la même pomme quelque grosse qu'elle soit. Après le temps nécessaire à l'incubation de l'œuf la petite chenille en sort et s'introduit dans le fruit ; elle s'établit au centre et y produit les dégâts dont on a parlé.

Cet insecte fait partie de l'ordre des Lepidoptères, de la famille des Nocturnes, de la tribu des Tordeuses et du genre *Carpocapsa*. Son nom entomologique est *Carpocapsa pomonana* et son nom vulgaire *Pyrale des Pommes*.

1. *Carpocapsa pomonana*, Dup. — Longueur, 6 à 10 mil., les ailes fermées; antennes sétacées, d'un gris foncé, longues comme la moitié du corps; tête et palpes gris foncé; yeux noirs; thorax et abdomen gris foncé; ailes supérieures gris plus ou moins foncé, rayées transversalement de lignes cendrées et marquées d'une grande tache noire à l'extrémité, dans laquelle on voit des petites taches d'un rouge doré et qui est bordée d'une ligne dorée; les inférieures noirâtres; pattes grises; tarses annelés de gris cendré.

La même chenille attaque les poires, mais elle y est un peu moins commune que dans les pommes. Elle s'y comporte de la même manière que l'on vient d'indiquer. Elle ronge aussi les noix à coque tendre.

On ne connaît pas d'autre moyen de combattre ses ravages que de cueillir sur les arbres les pommes et les poires portant un petit trou bouché par des grains noirâtres, et de tuer les chenilles qu'elles renferment. On pourrait faire manger ces fruits par les cochons en les leur donnant dans l'auge. On diminuerait par ce moyen le nombre des papillons de l'année suivante.

La Pyrale des pommes est exposée aux atteintes d'un petit parasite qui malheureusement n'en détruit pas assez; je ne l'ai obtenu qu'une seule fois d'une chenille trouvée dans une poire; c'est un chalcidite du genre *Perilampus* dont le nom est *Perilampus lævifrons*.

LXVII. *Perilampus lævifrons*, N. de E. — Longueur, 2 mil. 1/2. Antennes noires, insérées au milieu du front qui est lisse, courtes, en fuseau, composées de douze articles; tête épaisse, transverse, noire; mandibules bidentées; yeux noirs; thorax ovalaire, court, d'un bronzé obscur, fortement ponctué; écusson très grand, de la même couleur, ponctué; abdomen subsessile, lisse, luisant, en forme de cœur, plus court et moins large que le thorax, arrondi au bout; pattes noires; extrémité des tibias antérieurs et tous les tarses testacés; ailes hyalines, à nervure sous-costale se prolongeant au-delà du rameau stigmatique.

—

59 à 62. — LES PYRALES DES AUTRES FRUITS.

(*Carpocapsa funebrana*, *splendana*, *fagiglandana*, *amplana*, Dup.)

La Pyrale des prunes. — On rencontre des prunes verreuses comme on trouve des pommes verreuses et presque autant des unes que des autres. Dans certaines années les prunes ainsi gâtées sont si nombreuses que la majeure partie de la récolte est perdue. Si on les ouvre, on voit qu'elles sont plus dégoûtantes que les pommes et les poires attaquées; le jus de la prune, se trouvant mêlé aux excréments de la chenille, forme un magma repoussant. Cette altération est causée par une petite chenille rougeâtre qui ressemble d'une manière si parfaite à celle qui ronge les pommes et les poires, qu'on a cru pendant longtemps qu'elle produisait le même papillon; mais on sait maintenant qu'ils sont différents et qu'ils forment une espèce distincte.

La chenille qui vit dans les prunes se comporte de la même manière que celle qui ronge les pommes. Lorsqu'elle est parvenue à toute sa croissance, vers le 27 juillet, la prune tombe de l'arbre, la chenille en sort et se cache dans le sol où elle s'enferme dans un cocon solide, tissu de soie mêlée à des parcelles de terre. Elle passe dans cet abri l'automne et l'hiver et se change en chrysalide à la fin de juin ou au commencement de juillet de l'année suivante et le papillon s'envole vers le 16 juillet. Il s'accouple aussitôt après sa sortie et la femelle va pondre sur les prunes, ne confiant qu'un seul œuf à chaque fruit. Le papillon étant nocturne, ainsi que celui qui provient de la chenille des pommes, ne sort qu'au crépuscule pour s'accoupler et pondre, et c'est probablement pour cette raison qu'on ne l'a pas encore surpris dans l'opération de la ponte. Il se rapporte au genre *Carpocapsa* : son nom entomologique est *Carpocapsa funebrana* et son nom vulgaire *Pyrale des prunes*.

1. *Carpocapsa funebrana.* — Longueur, 7 mil. 1/2, les ailes pliées ; antennes, tête et palpes noirâtres ; yeux noirs ; corselet noirâtre ; ailes supérieures noirâtres, nuancées de gris cendré bleuâtre ; des taches noires et blanches le long de la côte ; de ces dernières partent des raies peu tranchées, obliques, d'un gris bleuâtre ; une tache grise au milieu du bord interne, noirâtre au milieu, formant plutôt deux demi-raies grises, transversales, parallèles ; un écusson gris au bord interne postérieur, entouré d'une nuance bleuâtre, marqué sur chaque aile de quatre points noirs allongés sur une même ligne ; frange testacée ; les inférieures noirâtres ; abdomen gris en dessus, gris-blanchâtre en dessous ; pattes cendrées à épines blanchâtres.

La Pyrale des châtaignes. — Les châtaignes ne sont pas moins maltraitées par une petite chenille que ne le sont les prunes et les pommes. En 1849 j'ai vu arriver à Cherbourg, venant de Nantes, un navire marchand chargé de marrons dont les trois quarts au moins étaient verreux. La chenille qui les ronge est blanchâtre ; sa tête est brune et le dessus du premier segment de son corps est d'un brun plus clair ; les autres portent des points verruqueux surmontés d'un poil ; elle est pourvue de seize pattes. Elle prend toute sa croissance dans la châtaigne et la perce d'un petit trou pour se donner de l'air et rejeter au dehors une partie de ses crottes, comme font les chenilles des prunes et des pommes. Lorsqu'elle a atteint toute sa taille, le fruit tombe de l'arbre et la chenille en sort pour se réfugier dans le sol et s'enfermer dans un cocon solide tissu de soie mêlée à des parcelles de terre, ce qui arrive dans le mois de septembre, un peu avant la maturité naturelle des châtaignes. La chenille reste dans son cocon pendant l'automne et l'hiver et se change en chrysalide au printemps suivant ou pendant l'été ; cet état dure environ quinze jours. Les papillons les plus hâtifs s'envolent à la fin du mois de mai, et les plus tardifs dans les premiers jours d'août. Après leur sortie ils s'accouplent et les femelles vont pondre sur les châtaignes, ayant soin de ne placer qu'un seul œuf sur chaque fruit.

Ce petit papillon entre, comme les précédents, dans le genre *Carpocapsa* et porte le nom entomologique de *Carpocapsa splendana*, Dup.; son nom vulgaire est *Pyrale des châtaignes*.

2. *Carpocapsa splendana*, Dup. — Elle est à peu près de la taille des précédentes et leur ressemble pour le port des ailes qui sont posées sur le corps en forme de toit arrrondi ; sa tête, son corps et ses ailes inférieures sont gris ; ses ailes supérieures sont brunes et comme piquetées de points gris.

La Pyrale des faînes. — Les faînes (*Glans fagea, nux fagina*) sont atteintes, comme les fruits dont on vient de parler, par une petite chenille qui ressemble beaucoup à celle des pommes et à celle des prunes. Sa longueur est de 8 mil. Elle est rougeâtre et son corps porte des points verruqueux surmontés d'un poil ; sa tête est rousse et elle est pourvue de seize pattes. Elle passe tout le temps de sa croissance dans la faîne où elle vit solitaire, et qu'elle perce d'un petit trou fermé par ses crottes. Lorsqu'elle est parvenue à toute sa grandeur, la faîne tombe de l'arbre avant sa maturité naturelle et la chenille en sort pour se cacher dans la terre, ce qui a lieu du 10 au 27 septembre. Elle se renferme dans un cocon solide, comme les chenilles précédentes, dans lequel elle passe l'automne, l'hiver et le printemps ; elle se transforme en chrysalide dans le mois de juin et le papillon s'envole dès les premiers jours de juillet. Il s'accouple aussitôt et la femelle va déposer ses œufs sur les faînes, n'en confiant qu'un seul à chaque fruit. Ce petit papillon entre comme les précédents dans le genre *Carpocapsa* ; son nom entomologique est *Carpocapsa fagiglandana* et son nom vulgaire *Pyrale des faînes*.

3. *Carpocapsa fagiglandana*, Dup. — Longueur, 7 mil. les ailes pliées. Antennes, tête et corselet d'un gris foncé ; abdomen d'un gris plus clair ; ailes supérieures grises, mélangées de gris noirâtre et de gris blanchâtre, avec une tache blanchâtre à l'angle interne ; les inférieures d'un gris noirâtre.

La Pyrale des glands. — Ce qui précède fait suffisamment connaître l'histoire des Lépidoptères du genre *Carpocapsa*, et il suffit de dire pour celui qui ronge les glands, que sa chenille est rougeâtre et qu'elle ressemble aux précédentes; qu'elle sort des glands tombés à terre avant l'époque de leur maturité naturelle, vers le milieu d'octobre; qu'elle se cache dans la terre et se renferme dans un cocon solide où elle passe le reste de l'automne, l'hiver et le printemps suivant; qu'elle se change en chrysalide à la fin du mois de juin et que le papillon s'envole dans le mois de juillet pour s'accoupler et aller pondre sur les jeunes glands, ne déposant qu'un œuf sur le même gland.

Son nom entomologique est *Carpocapsa amplana* et son nom vulgaire *Pyrale des glands*.

4. *Carpocapsa amplana*, Dup. — Longueur, 10 mil. les ailes pliées. Elle est d'un gris cendré; les ailes supérieures sont d'un gris plus foncé vers leur base, d'un gris blanchâtre au milieu et portant, à leur extrémité, une grande tache d'un gris noirâtre dans laquelle on voit des points et des traits noirs.

On ne connaît aucun moyen efficace de s'opposer aux ravages que ces petites chenilles exercent sur les prunes, les châtaignes, les faînes, etc., qu'elles gâtent. On peut essayer, comme on l'a indiqué pour les pommes, de récolter sur l'arbre les fruits troués et, sous l'arbre, ceux qui, tombés sur la terre, ont encore leur trou bouché. On devra brûler ces fruits ou les écraser avec un pilon ou les donner aux cochons dans leur auge.

Les ennemis naturels de ces chenilles sont peu connus. On peut cependant citer comme parasite de celles qui rongent les faines et les glands un Ichneumonien du genre *Lissonota*, appelé *Lissonota impressor*, Grav.

LXVIII. *Lissonota impressor*, Grav. — Longueur, 6 mil. Allongé, fluet, noir; son abdomen est cylindrique, terminé chez la femelle par une tarière de 4 mil. de longueur; il a les pattes fauves et les tarses postérieurs noirs; ailes hyalines.

On le rencontre dès le printemps voltigeant dans les bois autour des chênes et des hêtres. Dans certaines années il détruit une quantité considérable de chenilles rongeuses des faînes et des glands.

—

63 et 64. — L'YPONOMEUTE DU POMMIER.

(*Yponomeuta malinella* et *padella*, Dup.).

Dès le commencement du mois de juin et même avant ce temps on aperçoit souvent des toiles de soie blanchâtres qui sont attachées aux extrémités des rameaux des pommiers et qui ressemblent à des toiles d'araignées; elles prennent journellement de l'extension et enveloppent les jeunes feuilles, les fleurs et les fruits venant de nouer. Dans certaines années ces toiles sont si étendues et si nombreuses que les arbres sont enveloppés d'un crêpe blanchâtre qui les couvre complétement. Chaque toile particulière est un nid renfermant une famille nombreuse de petites chenilles qui se construisent un abri pour se garantir de la pluie et des rayons trop vifs du soleil et aussi pour préserver de l'humidité les feuilles qui leur servent de nourriture. Lorsqu'elles ont consommé leur provision abritée sous la tente, elles étendent leur toile et enveloppent de nouvelles feuilles qu'elles mangent à leur volonté; elles continuent ainsi et envahissent successivement les rameaux voisins jusqu'à ce qu'elles aient pris toute leur croissance. Elles rongent tout ce qu'elles ont enveloppé, feuilles, fleurs, jeunes fruits à peine noués, et la récolte est perdue sur les branches envahies. Quand ces chenilles se transportent d'un rameau sur un autre ou qu'elles avancent sur le même rameau elles laissent chacune un fil de soie sur le chemin qu'elles parcourent, et comme elles marchent toutes ensemble, elles tapissent leur route d'une bande de soie.

Lorsque cette chenille a pris tout son accroissement, ce qui a lieu vers le 25 juin, elle a 11 mil. de longueur; elle est brune sur le dos et d'un vert jaunâtre sous le ventre; on aperçoit deux lignes longitudinales de taches noires, rondes, veloutées sur son dos, savoir : deux taches sur chaque segment ; on y voit encore des petits points noirs ainsi que des poils isolés sur tout le corps; la tête est noire, luisante; elle est pourvue de seize pattes dont les six thoraciques sont noires. Elle se dispose alors à se changer en chrysalide; pour exécuter cette opération, toutes les chenillles d'un même nid se suspendent par les pattes de derrière, la tête en bas; elles sont accrochées à la toile de soie et étendues droites parallèlement les unes aux autres et très-rapprochées; chacune s'enveloppe dans un cocon particulier de soie blanchâtre, allongé, d'un tissu peu serré, dans lequel elle subit sa métamorphose. Elles restent dans cet état pendant dix ou douze jours et le papillon s'envole vers le 6 ou le 8 de juillet.

Il entre dans la famille des Nocturnes, dans la tribu des Tinéites et dans le genre *Yponomeuta*. Son nom entomologique est *Yponomeuta malinella*, en français Yponomeute du pommier, et son nom vulgaire *Teigne du Pommier*.

1. *Yponomeuta malinella*, Dup. — Longueur, 10 à 12 mil. les ailes pliées. Elle est étroite, allongée, d'un blanc de neige ; le corselet est marqué de deux lignes de trois points noirs chacune ; les ailes sont roulées sur le corps ; les supérieures portent chacune trois lignes de petits points noirs parallèles dans le sens de la longueur ; les ailes inférieures sont noirâtres.

Aussitôt après sa naissance, le papillon s'accouple et la femelle va pondre ses œufs sur les branches des pommiers, vers leur extrémité. Les œufs passent l'automne et l'hiver sans s'altérer et les petites chenilles éclosent aux chaleurs du printemps au moment où les feuilles se développent.

2. Une chenille toute semblable à celle de l'*Yponomeuta malinella*, qui produit un papillon tout pareil, dévaste quelquefois les cerisiers et souvent les haies d'aubépine. Ce papillon porte le nom de *Yponomeuta padella*. Dup. Ni l'une ni l'autre de ces chenilles n'attaque le poirier, le prunier, l'abricotier et le pêcher.

On ne connaît pas d'autre moyen de combattre cette espèce pernicieuse que d'enlever les toiles qu'elle tisse pendant les mois de mai et de juin, et d'écraser les chenilles que renferment ces nids. On se sert pour cette opération d'un balai de houx emmanché au bout d'une gaule. Si l'on parvient à tenir ses pommiers propres, on échappera aux ravages qu'elle produit, ou au moins on les diminuera considérablement.

L'Yponomeute du pommier a de nombreux ennemis naturels qui en font une immense destruction dans les années où elle s'est multipliée d'une manière exceptionnelle et qui parviennent à en délivrer les vergers pour quelque temps. On les trouve dans les trois tribus parasites. Dans celle des Ichneumoniens on remarque le *Pimpla Scanica*, qui a été décrit précédemment. Puis les :

LXIX. *Ichneumon brunicornis*, Grav.— Longueur, 7 mil. Tête, corselet, abdomen noirs; antennes filiformes de la longueur du corselet, courbées à l'extrémité, brunes en dessus, d'un brun fauve en dessous, à premier article noir; palpes blanchâtres ; pattes fauves, à cuisses épaisses; extrémité des tibias postérieurs brune ; ailes hyalines, à stigma testacé ; tarière à peine apparente.

LXX. *Campoplex sordidus*, Grav. — Longueur, 6 mil. Noir; antennes noires, filiformes, atteignant le milieu de l'abdomen, courbées à l'extrémité, à premier article brun en dessous; tête noire; labre et palpes blanchâtres; thorax noir; abdomen noir; hanches noires; pattes fauves; base et extrémité des tibias postérieurs noires, le milieu blanchâtre; ailes hyalines n'atteignant pas l'extrémité de l'abdomen à stigma brun et nervures noires; tarière longue de 2 mil., recourbée. L'aréole est petite, triangulaire et pédiculée.

LXXI. *Anomalon tenuicorne*, Grav. — Longueur, 9 mil. Noir et fauve ; tête noire avec la bouche, les bords antérieurs et postérieurs des yeux jaunes; yeux et antennes noirs, celles-ci un peu testacées à la base en dessous; thorax noir; abdomen noirâtre en dessus, fauve sur les côtés et en dessous, formé de sept segments; le premier, long, menu, rougeâtre; le deuxième, long, menu, jaunâtre en dessous; le troisième, moins long, un peu plus gros que les précédents; les autres allant en grossissant; tarière très courte, fauve; pattes fauves, avec les hanches antérieures jaunâtres et l'extrémité des tibias postérieurs noirâtre; ailes hyalines, atteignant le quatrième segment de l'abdomen, à nervures et stigma testacés; aréole nulle.

LXXII. *Mesochorus splendidulus*, Grav. — Longueur, 5 mil. Noir et jaunâtre; face et front jaunâtres; vertex à tache noire; yeux noirs; antennes testacées, brunâtres en dessus à partir du troisième article; mandibules et palpes testacés; thorax noir; les deux premiers segments de l'abdomen noirs en dessus, les autres d'un fauve testacé, lavés de noir sur les côtés et à l'extrémité, blanchâtres en dessous depuis la base jusqu'au milieu; pattes fauves avec l'extrémité des tibias postérieurs noire; ailes hyalines, à nervures et stigma noirâtres; tarière très courte, noire. Le mâle porte deux soies courtes, rigides à l'extrémité de l'abdomen.

Les larves de ces Ichneumoniens vivent dans le corps des chenilles de l'Yponomeute du pommier, une larve dans chaque chenille atteinte, et leur donnent la mort lorsqu'elles sont arrivées au terme de leur croissance.

Dans la tribu des Chalcidites, les chenilles qui nous occupent ont un ennemi très redoutable, quoique sa taille soit excessivement minime; c'est un *Encyrtus* que l'on voit sortir au nombre d'une centaine d'individus d'une seule chrysalide de l'Yponomeute. Ce petit parasite s'introduit dans le nid et pique la chenille ou la chrysalide une centaine de fois laissant à chaque piqûre un œuf dans la blessure. Son nom est :

LXXIII. *Encyrtus fuscicollis*, N. de E. — Longueur, 2/3 mil. Noir; antennes d'un brun testacé, en massue, pâles chez la femelle, plus longues, filiformes chez le mâle; tête noire à face bleue; les antennes sont insérées au bas de la face ; thorax et abdomen noirs, celui-ci court, presque sessile; cuisses noires à extrémité blanchâtre; tibias blanchâtres, ceux des pattes postérieures noirâtres au milieu, ceux du milieu pourvus d'une longue épine à l'extrémité; tarses blanchâtres; ailes hyalines, dépassant l'abdomen.

Un autre chalcidite d'une taille plus forte puisqu'il a 1 mil. 1/2 de longueur se trouve aussi dans le nid de l'Yponomeute du pommier et vit aux dépens de ses chenilles, à ce que l'on peut supposer. Il est remarquable en ce que le mâle porte des antennes branchues, mais à deux rameaux seulement, ce qui ne permet pas de le confondre avec les Eulophus qui ont trois rameaux aux antennes. Il entre dans le genre *Aneure*, N. de E., nom qui indique que ses ailes sont privées de nervures. Je lui ai donné le nom de :

LXXIV. *Aneure cervus*, G. — Longueur, 1 mil. 1/2. Noir ; Antennes noires, à premier article pâle ; tête et thorax noirs ; abdomen sessile, noir, arqué en dessus, comprimé et carêné en dessous, graduellement aminci en pointe ; pattes antérieures pâles avec un large anneau noir au milieu des cuisses, et les tibias garnis de poils courts, couchés ; les intermédiaires à cuisses noires et tibias pâles, garnis de poils noirs ; les postérieures, noires, garnies de poils ; tarses antérieurs et intermédiaires pâles garnis de poils ; les postérieurs noirs ; ailes hyalines, ciliées le long de la côte. Le mâle est plus petit et ses antennes sont ornées de deux rameaux.

Mais l'adversaire le plus redoutable de ces chenilles est une mouche de la tribu des Tachinaires, qui pond ses œufs dans leurs nids. Les larves, sorties de ces œufs, déchirent les chenilles avec les crochets de leur bouche pour en sucer les liquides et en manger les chairs ; elles se traînent au milieu d'elles, y exerçant un massacre continuel ; et, comme elles croissent lentement, elles ont tout le temps nécessaire pour détruire la famille au milieu de laquelle elles se trouvent. Lorsque cette larve est arrivée à toute sa taille, elle a 8 à 10 mil. de longueur. Elle est blanche, molle, apode, rétractile, de forme cylindrico-conique et composée de onze segments ; sa bouche membraneuse est un simple tube terminé par deux petits appendices filiformes, très courts, lequel renferme un double crochet noir servant à déchirer la chenille et à en porter les fragments dans la bouche ; le dernier segment de l'abdomen porte en dessous deux mamelons qui servent à la progression, et à sa face postérieure une dentelure membraneuse qui entoure les bords, et au centre, une plaque dans laquelle s'ouvrent les deux stigmates servant à la respiration. Lorsqu'elle est rassasiée et qu'elle n'a plus à croître, elle se transforme en pupe dans le nid qu'elle a dévasté et paraît sous la forme d'insecte parfait dans la première quinzaine de juillet.

Cette Tachinaire fait partie du genre *Eurigaster*, Macq. et du genre *Erythocera*, R. D. Je lui ai donné le nom de : *Eurigaster pomariorum* ou *Erythocera pomariorum*.

LXXV. *Eurigaster pomariorum*, G. — Longueur, 5 mil. 1/2. Noire; antennes jaunâtres avec l'extrémité du troisième article noire; palpes jaunes; face blanche; front grisâtre à bande d'un brun rougeâtre velouté; bord postérieur des yeux blanc; thorax cendré, rayé de noir; écusson testacé; abdomen noir avec une légère bande de reflets cendrés au bord antérieur des deuxième, troisième et quatrième segments; pattes noires; ailes hyalines à base jaunâtre; cuillerons d'un blanc jaunâtre.

L'abdomen de la femelle est plus large que le corselet, court, arrondi au bout, garni de soies au bord des segments; celui du mâle est plus étroit et plus allongé. Le front est saillant et le troisième article des antennes est quadruple du deuxième en longueur, il atteint la bouche.

On conçoit facilement que lorsque toute cette armée destructrice donne ensemble dans un verger dont les pommiers sont envahis par l'*Yponomeuta malinella*, elle a bientôt anéanti la presque totalité des chenilles et que l'année suivante on a bien de la peine à en trouver une.

—

65. — LA MINEUSE DES FEUILLES DE L'OLIVIER.

(*Elachista oleella*, B. de F.) (1).

Dès la fin de l'hiver on aperçoit aisément sur la page supérieure

(1) Ann. Soc. Entom. 1837.

d'un grand nombre de feuilles de l'olivier, des taches irrégulières, brunes, tirant tantôt sur le jaune feuille morte, tantôt sur le brun noirâtre. Si on examine le dessous de la feuille, on aperçoit facilement, à l'endroit correspondant, un trou presque imperceptible entouré de quelques excréments. La petite chenille dont cette tache signale l'habitation, qui, dans son plus grand accroissement, n'est pas plus épaisse qu'un gros fil et au plus de la longueur de 4 mil., vit entre les deux surfaces de la feuille et se nourrit du parenchyme. Elle quitte souvent cette retraite vers la fin de sa vie, et se loge alors, à l'aide de quelques fils de soie, entre les bourgeons et les jeunes feuilles, le long des pousses les plus tendres qu'elle ronge et détruit. La petite taille de cette chenille n'empêche pas, à cause de sa grande multiplication et du mal qu'elle fait aux bourgeons, qu'elle ne devienne très nuisible. Elle a seize pattes ; elle est d'un vert brun ou vert grisâtre, avec une plaque noire écailleuse sur le cou et une autre sur le dernier anneau du corps ; elle a aussi quelquefois une suite de taches noires des deux côtés du corps qui, vers les stigmates, sont d'un jaune pâle ou livide. La tête est jaunâtre avec les deux mâchoires noires ; la chenille est presque entièrement rase, n'ayant que quelques poils rares et courts, très parsemés. Elle se change en chrysalide ordinairement à la fin de mars ; quelquefois on la trouve encore en son premier état vers le milieu du mois suivant. Cette chrysalide est oblongue, d'un vert jaunâtre. Elle est entourée de quelques brins de soie que la chenille file entre les feuilles dans les boîtes où on la nourrit ; mais probablement que dans l'état de liberté c'est dans les gerçures de l'écorce de l'arbre qu'elle abrite sa coque. Le papillon éclot dans le mois d'avril pour les chenilles qui se sont métamorphosées les premières. Il est de la famille des Nocturnes, de la tribu des Tinéites et du genre *Elachista*. Son nom entomologique est *Elachista oleella*, B. de F. et son nom vulgaire *Mineuse des feuilles de l'olivier*.

1. *Elachista oleella*, B. de F. — D'un gris cendré luisant ; antennes filiformes, presque de la longueur du corps, légèrement crénelées

en dessous; palpes assez allongés, de trois articles; tête couverte d'écailles ou de poils appliqués; ailes allongées, roulées presque en cylindre autour du corps; les supérieures luisantes, légèrement marbrées de nuances noirâtres ou foncées dont quelques-unes forment souvent une ou deux petites taches au bord ou au milieu de l'aile, frangées à l'extrémité; les inférieures cendrées, un peu moins foncées que les supérieures, étroites, frangées tout autour; pattes grises comme les antennes; le milieu des tibias postérieurs armé d'un long éperon.

On ne connaît pas de moyen efficace de combattre ce Lépidoptère. On peut cueillir les feuilles minées contenant les chenilles et les brûler. Ces détails sont tirés d'un mémoire de Fonscolombe.

—

66. — LA MINEUSE DES NOYAUX DE L'OLIVE.

(*OEcophora olivella*, B. de F.) (1).

Les olives sont attaquées par une petite chenille qui ne vit pas dans la pulpe de ce fruit comme la larve du *Dacus oleæ* mais dans le noyau. L'œuf dont elle provient a dû être pondu sur les bourgeons qui donneront le fruit de l'année suivante. Lors de sa naissance, pendant l'été qui suit la ponte, elle pénètre dans le noyau encore tendre et s'y nourrit de la substance de l'amande. L'olive croît, son extérieur n'annonce aucune lésion; elle est en tout semblable aux autres. A la fin d'août ou au commencement de septembre la chenille ayant atteint toute sa grosseur, consumé toute sa provision, qui est la pulpe de l'amande, et songeant à se métamorphoser, perce le noyau au point où le fruit s'attache à son pédicule; c'est la seule place où elle puisse trouver une issue, le noyau étant de la plus grande dûreté, excepté à ce point où il est percé. La chenille se laisse tomber et cherche une retraite pour se chan-

(1) Ann. Soc Ent. 1837.

ger en chrysalide. Je ne l'ai pas trouvée en cet état au pied des arbres, mais les olives que je soupçonnais piquées et que j'ai recueillies dans des boîtes, ayant donné naissance aux chenilles qu'elles recélaient, celles-ci ont filé, entre les olives ou dans les recoins des boîtes, une petite coque ovale d'un tissu fort clair, blanc grisâtre. Les olives dont la chenille vient de sortir tombent aussitôt, leur attache au pédicule étant affaiblie par le trou qu'a fait l'insecte en sortant. Quand on en voit déjà quelques-unes au pied de l'arbre on peut conjecturer qu'il y a encore des chenilles dans une grande partie des olives restées aux branches; celles qui viennent facilement à la main sont ordinairement dans ce cas.

La chenille est un peu plus grosse que celle de l'*Elachista oleella*. Elle est longue de 6 mil., rase, d'un vert grisâtre marbré; elle a sur le dos quatre lignes longitudinales noires, et deux taches de la même couleur derrière la tête. La chrysalide est jaunâtre, avec les étuis des ailes un peu bruns. Elle donne naissance au bout d'une dixaine de jours à un petit papillon extrêmement semblable à celui qui provient de la mineuse des feuilles, et qui est comme lui de la tribu des Tinéites, mais du genre *Œcophora*. Son nom entomologique est *Œcophora olivella* et son nom vulgaire *Teigne du noyau de l'olive*.

1. *Œcophora olivella,* B. de F. — Un peu plus grande que l'*Elachista oleella*; d'un gris foncé peu ou point marbré; antennes filiformes, très légèrement crénelées en dessous; tibias postérieurs éperonnés.

Les antennes sont de la longueur du corps; les palpes sont très grêles, subuliformes; la trompe nulle; la tête lisse; les ailes supérieures en forme d'ellipse très allongée avec une longue frange à l'extrémité du bord interne; les inférieures très étroites, cultriformes, entourées d'une longue frange.

On ne connaît aucun moyen de s'opposer aux ravages de ce petit Lépidoptère dont la chenille cause beaucoup de dommages aux olives. Son histoire a été donnée par Boyer de Fonscolombe auquel je l'ai empruntée. Je conjecture que le papillon pond ses œufs dans la fleur de l'olivier et que la chenille ne sort de l'olive qu'après que ce fruit est tombé à terre, agissant comme beaucoup de chenilles ou larves qui sont dans le même cas.

—

67. — LA CÉCIDOMYE DES POIRETTES.

(*Cecidomyia nigra*, Meig.)

Pendant la deuxième quinzaine de mai et la première de juin on remarque fréquemment dans les jardins fruitiers une grande quantité de petites poires, depuis la grosseur d'une noisette jusqu'à celle d'une noix, qui se déforment et se gâtent ; en grossissant elles paraissent s'enfler comme un petit ballon ou une calebasse ; elles sont *calbassées* selon l'expression des jardiniers ; elles cèdent sous le doigt qui les presse et ne tardent pas à se noircir et à tomber de l'arbre. On en voit qui restent vertes pendant longtemps et qui semblent parfaitement saines ; cependant leur forme sphéroïde et leur mollesse indiquent qu'elles ne sont pas dans un état normal ; d'autres sont noirâtres dans la moitié de leur surface supérieure et vertes dans la moitié inférieure ; il y en a de crevassées et d'autres entières. Ces différents états dépendent du degré de la maladie dont elles sont atteintes et peut-être d'une autre cause. Cette maladie est produite par des petits vers rougeâtres qu'elles renferment dans leur sein en plus ou moins grand nombre, lesquels se nourrissent de la pulpe intérieure, très tendre à cette époque, la hâchent, la sucent, la décomposent et en occasionnent la pourriture. Le fruit étant ainsi désorganisé tombe de l'arbre et les larves qui ont alors pris tout leur accroissement en sortent pour entrer dans la terre où elles doivent subir leurs métamorphoses. Ces larves ont la faculté de sauter et si la poire n'est pas tombée au moment où elles ont pris toute leur taille elles en peuvent sortir et s'élancer à terre où elles arrivent sans se blesser.

Cette larve, parvenue au terme de sa croissance, a 3 millim. de longueur. Elle est allongée, déprimée, presque de même largeur partout, de couleur d'ambre clair; sa tête est molle, conique et peut rentrer en grande partie dans le premier segment du corps; elle est rase, lisse, privée de pattes et composée de onze segments sans compter la tête. Elle passe dans la terre l'été, l'automne et l'hiver; elle se transforme en chrysalide pendant le mois de mars ou le mois d'avril et en insecte parfait au commencement du mois de mai ou un peu plus tôt.

Il est très difficile d'élever ces larves en captivité et d'obtenir ainsi l'insecte parfait, c'est pourquoi on ne sait pas exactement le moment précis de leurs métamorphoses. Je n'ai pas réussi dans les tentatives que j'ai faites pour y parvenir et j'emprunte à M. Géhin (1) le nom de l'insecte produit par ces larves.

Il fait partie de l'ordre des Diptères, de la famille des Némocères, de la tribu des Gallitipulaires et du genre *Cecidomyia.* Son nom entomologique est *Cecidomyia nigra* et son nom vulgaire *Cécidomye des poirettes.*

1. *Cecidomyia nigra*, Meig. — Longueur, 1 millim. 1/2. Ses antennes sont d'un brun noir; son corselet est noir dans la partie antérieure et cendré à la partie postérieure, avec une ligne noire au milieu du dos; l'écusson est grisâtre; l'abdomen est noirâtre avec des incisions jaunes; les jambes sont d'un gris pâle; les ailes sont pâles avec trois nervures effacées.

M. Géhin a emprunté lui-même les détails suivants à M. Schmidberger. Vers le milieu du mois d'avril, au temps où les boutons à fleurs commencent à montrer leurs pétales, la femelle introduit ses œufs au nombre de quinze à vingt dans l'intérieur d'un bouton à l'aide de son long oviducte; les œufs éclosent très promptement car au bout de quatre jours on trouve les petites larves déjà introduites dans l'ovaire qui deviendra le fruit plus tard.

Il paraît que cette Cécidomye n'est pas la seule qui ponde ses œufs dans les fleurs des poiriers et dont les larves gâtent les poirettes; car M. Géhin décrit une *Cecidomyia pyricola* qui provient, d'après

(1) Insectes qui attaquent les poiriers.

M. Nordlinger, de larves qui vivent dans ce petit fruit. Il en cite encore une troisième espèce nommée *Cecidomyia pyri* par Bouché qui a les mêmes mœurs; mais il n'est pas certain que ces trois espèces soient différentes. Ces insectes, que l'on élève avec beaucoup de difficulté en captivité, ne sont pas encore assez connus pour que l'on puisse dire avec certitude s'il y en a une ou plusieurs espèces nuisibles aux poires. Ce qui est essentiel pour le jardinier, c'est de savoir qu'on ne possède d'autre moyen de combattre ce dangereux insecte que de cueillir les poirettes calbassées dans le temps que les larves y sont renfermées et de les jeter au feu. On doit ramasser celles qui sont tombées à terre et livrer au feu celles qui renferment des larves; on peut abandonner les autres et les laisser au pied de l'arbre.

---

68. — LA MOUCHE DES CERISES.

(*Ortalis cerasi*, Meig.)

Les cerises que l'on nomme bigarreaux et celles qui sont appelées guignes sont fort sujettes à être attaquées et gâtées par les vers, et dans certaines années on n'en trouve pas la moitié qui en soient exemptes. Les véritables cerises, celles qui ont le goût un peu acide ou aigrelet, n'en sont jamais atteintes, au moins dans notre pays. Vers le 25 du mois de juillet, un peu avant l'époque de la parfaite maturité des bigarreaux, si l'on touche ces fruits avec le doigt on remarque que les uns sont fermes dans tout leur contour et que d'autres cèdent à la pression et sont mous dans une certaine étendue de leur surface. Les premiers sont sains et les derniers renferment un petit ver qui en ronge la pulpe, l'amollit et la rend juteuse. En regardant avec attention l'espace mollet on y voit au centre un petit trou par lequel on aperçoit le derrière du ver qui y est appliqué. Ce ver, que l'on appelle aussi larve, est blanc, de forme conique; son corps est susceptible de s'allonger et de se raccourcir dans une certaine mesure; sa longueur est moyennement de 5 mil.

Sa tête, charnue et molle, est armée d'un crochet noir qui sort de la bouche et y rentre pour y porter les parcelles qu'il a détachées. Le corps et la tête de cette larve sont plongés dans la pulpe contre le noyau; l'insecte la déchire avec le crochet de sa bouche pour en absorber les fragments et le suc qui en sort. Il est continuellement plongé dans cette masse humide et visqueuse et périrait étouffé s'il n'avait pas le soin de tenir son derrière appliqué au trou dont on vient de parler. C'est par cette ouverture qu'il reçoit l'air nécessaire à la respiration, car c'est au derrière qu'il porte deux ouvertures appelées stigmates par lesquelles l'air nécessaire à la vie pénètre dans son corps. On conçoit d'après cela qu'il ronge le fruit aussi profondément qu'il peut atteindre en étendant son corps le plus loin possible sans détacher son derrière de l'ouverture faite à la peau.

Lorsque cette larve a pris tout son accroissement, ce qui arrive dans les derniers jours de juillet, le bigarreau tombe de l'arbre, le ver en sort et s'enfonce dans la terre où il ne tarde pas à se contracter et à prendre la forme d'un petit barillet que l'on nomme pupe, dont la longueur est de 3 à 4 mil. Il reste dans cet état pendant l'automne et l'hiver et dans les derniers jours du mois de mai suivant il sort de cette pupe une petite mouche qui prend son essor, s'accouple et pond sur les jeunes bigarreaux. Elle ne dépose le plus souvent qu'un seul œuf dans le même fruit; mais j'ai quelquefois trouvé deux vers dans un bigarreau, ce qui indique qu'il avait reçu deux œufs; ce fait est rare.

Ce petit insecte fait partie de l'ordre des Diptères, de la famille des Athéricères, de la tribu des Muscides, section des Acalyptérées, de la sous-tribu des Ortalidées et du genre *Ortalis*. Son nom entomologique est *Ortalis cerasi* et son nom vulgaire *Mouche des cerises*.

1. *Ortalis cerasi*, Meig. — Sa longueur est de 4 mil. Elle est d'un noir brillant; la tête est fauve et les yeux bordés d'une ligne blanche; l'écusson est jaune et les tarses fauves; les ailes sont traversées par quatre bandes noires dont les deux dernières sont réunies.

On ne connaît aucun moyen de combattre cette petite mouche nuisible. Peut-être que si on plaçait des poules au pied des arbres infestés, elles déterreraient les pupes en grattant et les avaleraient.

On ne connaît pas les parasites de cette mouche.

—

69. — LA MOUCHE DES OLIVES.

(*Dacus oleæ*, Meig.) (1)

Cette petite mouche cause assez souvent de grands dommages aux olives en diminuant la quantité et surtout la qualité de l'huile qu'on en retire. Vers l'époque de la maturité l'olive est sujette à être attaquée par un insecte qui est la larve d'un diptère de la famille des Mouches. C'est peut-être de tous les ennemis de l'olivier, cet arbre précieux, celui qui est le plus dommageable. Il se loge dans la pulpe même du fruit; une seule olive contient quelquefois deux ou trois larves. Elles en sortent même souvent avant la maturité de ce fruit et paraissent sous la forme de mouches pour se répandre dans la même saison et faire une nouvelle ponte; c'est principalement à l'époque de la récolte qu'elles quittent les olives, surtout lorsque celles-ci sont entassées dans les greniers. Elles se changent en pupes dans la poussière et la crasse des tas, et, au bout de quelques jours, l'insecte ailé en sort développé par la chaleur assez forte qui y règne. Il reste assez languissant dans les premiers moments, parmi les olives ou autour des tas; la saison n'étant pas favorable pour s'envoler dans la campagne, il attend dans cette inertie un beau jour qui favorise son essor. Il paraît que la chaleur qui se développe dans les tas d'olives accélère l'éclosion des mouches et que dans l'état naturel elles ne sortent qu'au printemps, comme il arrive à celles qu'on obtient des olives renfermées dans des bocaux sur de la terre, qui n'éclosent qu'à cette époque.

(1) Ann. Soc. Ent. 1840.

La larve de l'olive est d'un blanc jaunâtre; la tête est pointue et rétractile, comme chez toutes les mouches; la bouche est armée d'un crochet noir; le derrière est arrondi et les anneaux sont un peu saillants; elle marche en glissant et n'a point de pattes. Quand elle trouve de la terre à sa portée elle y entre pour se métamorphoser. La pupe, formée de la peau durcie de la larve, est jaunâtre; on n'y distingue plus les anneaux de la larve.

La Mouche entre dans la famille des Athéricères, la tribu des Muscides, section des Acalyptérées, la sous-tribu des Téphritides et dans le genre *Dacus*. Son nom entomologique est *Dacus oleæ*, Meig., et son nom vulgaire *Mouche des olives*.

1. *Dacus oleæ*, Meig. — Longueur, 4 mil. Tête jaunâtre; yeux bruns; antennes descendant jusqu'à l'épistome, à troisième article ovale, allongées, surmontées d'une soie simple; corselet gris cendré, pointillé, un peu pubescent, à côtés jaunâtres et marqué d'une croix jaune peu distincte sur son milieu; abdomen oval, noirâtre, avec une bande longitudinale jaune à son milieu qui se dilate vers l'anus et forme une bande transverse occupant presque tout le pénultième segment, terminé en pointe chez les femelles avec la tarière saillante, et obtus chez les mâles; ailes transparentes, à nervures jaunâtres vers le bord extérieur et tache obscure au sommet; pattes jaunes, avec l'extrémité des postérieures un peu brunie.

Ces détails sont tirés du mémoire de Fonscolombe sur les insectes qui attaquent l'olivier et sont le résultat de ses propres observations. Les mêmes faits étaient connus antérieurement car on les trouve dans l'Encyclopédie méthodique à l'article Mouche. On voit par ce qui précède que les mœurs du *Dacus oleæ* ressemblent beaucoup à celles de l'*Ortalis cerasi*. La femelle pond ses œufs sur les olives encore tendres; la larve qui en sort s'introduit dans le fruit dont elle ronge la pulpe et où on la trouve depuis la fin de l'été jusqu'à la maturité des olives, vers la fin de l'automne. Parvenue à toute sa croissance, l'olive tombe à terre et la larve en sort pour entrer dans le sol et s'y changer en pupe. Elle y passe l'hiver et la mouche prend son essor à l'époque où les olives commencent à se former. Lorsque l'on cueille les olives, avant que les larves aient pris toute leur croissance, ces dernières continuent à ronger la pulpe jusqu'à leur entier développement, puis elles sortent du fruit pour se changer en pupes sous les olives, dans la poussière et la crasse qui s'y trouve.

Pour combattre ce dangereux insecte on doit balayer avec soin la poussière des greniers lorsqu'on a enlevé les olives et écraser les pupes qu'elle contient. Il faut encore ramasser les olives tombées de l'arbre et tuer les larves qui les rongent. Si on cueille les olives de bonne heure, un peu avant la maturité, les larves auront peu rongé, et si l'on fait l'huile sur le champ on en extraira une plus grande quantité, d'une qualité un peu inférieure à celle que l'on retire des olives non verreuses et cueillies en parfaite maturité, mais meilleure que l'huile provenant des fruits rongés et remplis des excréments des larves. On peut donc recommander de cueillir de bonne heure et de presser sur le champ les olives dans les années où l'on s'aperçoit qu'elles sont verreuses et attendre la parfaite maturité, lorsque les insectes ne s'y montrent pas.

Les parasites du *Dacus oleæ* n'ont pas encore été signalés.

DEUXIÈME PARTIE.

INSECTES NUISIBLES AUX PLANTES POTAGÈRES.

DEUXIÈME PARTIE.

INSECTES NUISIBLES AUX PLANTES POTAGÈRES.

70 à 72. — LES BRUCHES.

(*Bruchus pisi*, Fab., *rufimanus*, Schœn., *pallidicornis*, Schœn.)

Les pois, les fèves, les lentilles sont des légumes que l'on cultive dans les jardins et dans les champs et dont les semences sont rongées par de petits Coléoptères qui y causent souvent de très grands dégâts. On va faire connaître ces insectes et leurs mœurs.

La Bruche du pois. — Les petits pois sont particulièrement du ressort du jardinier et la consommation considérable qu'on en fait prouve assez qu'ils sont l'une des productions les plus importantes du jardin. Lorsqu'au printemps on se dispose à les semer, on remarque souvent qu'il y en a de troués et que sous l'écorce percée il se trouve un vide résultant d'une portion de substance amylacée qui a été enlevée. Sur d'autres, on aperçoit un petit cercle légèrement brun, de la grandeur du trou dont on vient de parler et si l'on enlève avec un canif la fine pellicule de ce cercle, on voit un insecte noir bloti dans une cellule ronde qu'il s'est faite. Cet insecte s'occupait lentement à ronger la pellicule, à se pratiquer un passage circulaire pour se mettre en liberté et prendre son essor dans la campagne.

Les pois ainsi rongés ne sont pas tous infertiles; il s'en trouve quelques uns qui lèvent et poussent comme s'ils étaient sains; ce sont ceux dont le germe a été épargné; mais ceux dont le germe a été rongé ne produisent rien. Il est essentiel de ne semer que des pois intacts, de faire un choix scrupuleux parmi ceux que l'on a conservés pour semence afin d'être sûr d'une récolte abondante. On reconnaît les pois attaqués en jettant toute la semence dans l'eau ; ceux qui surnagent sont ordinairement attaqués ; ceux qui vont au fond de l'eau sont ordinairement sains ; mais il s'en trouve parmi eux plusieurs qui renferment des insectes ; ce sont ceux sur lesquels on aperçoit un petit cercle brun et ils ne doivent pas être semés. En les laissant plongés dans ce liquide pendant un jour ou deux, l'écorce s'attendrit et les insectes en sortent plus facilement, ce qui permet de les prendre et de les tuer. Il y a des années où les pois verreux sont très nombreux, où les deux tiers au moins de la récolte sont atteints, et dans ces années on ne peut douter que les personnes qui mangent des pois verts ne mangent aussi une quantité considérable de petits vers. Elles ne s'en aperçoivent pas, n'en éprouvent ni dégoût, ni incommodité, parce qu'il n'y a rien de malsain dans ces insectes nourris d'une substance végétale très délicate.

Lorsque l'insecte s'est mis en liberté naturellement, soit qu'il soit sorti des pois conservés dans le grenier ou des pois déjà semés, il se répand dans la campagne et s'accouple. La femelle attend pour pondre que les pois semés commencent à défleurir, à former leurs petites gousses et pond dessus ne laissant qu'un œuf sur chaque semence. Le petit ver qui sort de cet œuf entre dans le pois et le ronge lentement ; il grandit petit à petit et étend son habitation circulairement autour de lui à mesure qu'il prend du corps ; il arrive au terme de sa croissance à l'époque de la maturité des pois et alors il remplit presque entièrement sa cellule ; toute la substance végétale qu'il a absorbée s'est transformée dans sa chair et la propreté de son habitation fait penser qu'il ne rend pas d'excréments. Cette larve est blanche, de forme ovoïde, c'est-à-dire, un peu plus grosse à une extrémité qu'à l'autre ; sa tête est jaunâtre et armée de deux mâchoires ; elle est située au gros bout, mais elle est plus petite que le premier segment du corps qui est plissé en travers ainsi que les autres segments ; elle n'a pas de pattes et se tient couchée en rond dans sa cellule. Elle passe l'automne et l'hiver dans son habitation, se change en chrysalide au commencement du printemps et en insecte parfait dès les premiers jours du mois de mai; celui-ci reste engourdi dans son logement pendant quelques jours et ne sort de son berceau que lorsque ses téguments se sont affermis et qu'il a pris de la force. Il vit longtemps car on en voit encore à la fin de juillet.

Cet insecte se range dans l'ordre des Coléoptères, dans la famille des Porte-bec, dans la tribu des Anthribites et dans le genre *Bruchus*. Son nom entomologique est *Bruchus pisi*, Fab., que l'on rend en français par *Bruche du pois*.

1. *Bruchus pisi*, Fab. — Longueur, 5 mil.; largeur, 3 mil. Noir, couvert d'une pubescence grise; tête petite, noire, prolongée en museau court; antennes noires, allant en grossissant, avec les trois premiers articles fauves; corselet noir, convexe, plus étroit en devant qu'en arrière, bisinué à la base; élytres plus larges que le corselet, deux fois aussi longues, presque carrées avec les angles arrondis, striées, laissant à découvert l'extrémité de l'abdomen revêtue d'une pubescence épaisse, blanchâtre, marquée de deux points noirs; pattes noires; tibias et tarses antérieurs fauves.

Cette espèce infeste les pois des champs de toutes les variétsé.

La Bruche de la fève. — La fève des marais est rongée par une espèce particulière de Bruche qui se comporte dans ce légume de la même manière que la Bruche précédente se comporte dans le pois. On l'y trouve à l'état parfait dès le 20 mars; l'insecte ne prend son essor que plus tard pour s'accoupler et pondre sur les gousses de fève à peine formées qu'il rencontre dans les jardins et dans la campagne. La fève est une semence fort grosse comparativement à l'insecte, et l'on trouve des fèves qui ont nourri deux larves et qui contiennent deux Bruches. L'espèce qui attaque ce légume s'appelle *Bruchus rufimanus*, Schœn., en français *Bruche de la fève*.

2. *Bruchus rufimanus*, Schœn. — Longueur, 4 mil.; largeur, 2 mil. 1/2. Noir, couvert d'un duvet gris jaunâtre; les quatre premiers articles des antennes sont fauves, les autres noirs, plus gros;

tête petite, noire, prolongée en museau court, avec les mâchoires fauves; corselet couvert d'un épais duvet d'un gris jaunâtre, plus étroit en avant qu'en arrière, bisinué à la base, avec un point blanchâtre devant l'écusson; élytres plus larges que le corselet, deux fois aussi longues, en carré arrondi aux angles, noires, striées, avec des taches grises et la suture d'un gris jaunâtre laissant à découvert l'extrémité de l'abdomen couverte de duvet gris; pattes antérieures fauves, à base des cuisses noire; les autres noires; cuisses postérieures dentées.

La Bruche de la lentille. — La lentille est aussi rongée par une espèce particulière de Bruche dont la larve consomme, pour arriver à toute sa taille, au moins la moitié et peut-être les trois quarts de la substance farineuse du grain. Elle reste dans son habitation pendant l'automne et l'hiver et se transforme en insecte parfait au printemps suivant pour se répandre dans la campagne et pondre sur les jeunes gousses des lentilles, ayant soin de ne confier qu'un seul œuf à chaque semence. Cet insecte se multiplie tellement dans certaines années, qu'on est obligé de suspendre pendant deux ou trois campagnes consécutives la culture de ce légume afin de laisser périr cet insecte faute de nourriture. Il est extrêmement important de ne semer que des lentilles saines afin d'éviter cet inconvénient et l'on devra s'assurer de leur qualité en les plongeant dans l'eau pendant un jour ou deux, ce qui permet de séparer les grains verreux de ceux qui sont sains. L'espèce qui s'attache à la lentille est le *Bruchus pallidicornis.*

3. *Bruchus pallidicornis*, Schœn. — Longueur, 3 mil.; largeur, 2 mil. De couleur noire, tacheté de blanc; antennes un peu plus grosses vers l'extrémité qu'à la base, ayant leur cinq premiers articles jaunâtres ainsi que les deux derniers; tête, corselet, élytres noirs, un point noir devant l'écusson; deux lignes de taches blanches transversales, souvent peu marquées sur les élytres qui laissent à découvert l'extrémité de l'abdomen; cette extrémité couverte de duvet blanchâtre avec deux grandes taches noires; jambes anté-

rieures rougeâtres; les intermédiaires noires avec l'extrémité des tibias fauve; les postérieures noires, à cuisses dentées.

Le moyen de combattre ces insectes et de les détruire en partie consiste à passer au four les pois, les fèves et les lentilles infestées aussitôt après la récolte, ce qui fera périr les larves qui s'y trouvent et même les insectes parfaits s'ils sont déjà transformés. On devra mettre à part celles de ces graines qu'on destine à la semence et on ne les passera pas au four, mais on les soumettra à l'épreuve de l'eau, comme on l'a dit. De cette manière on parviendra à détruire les Bruches de sa récolte, mais si les voisins ne prennent pas les mêmes précautions, les insectes nés dans leurs jardins ou sur leurs terres viendront bientôt chez vous et rendront vos soins inutiles.

La Bruche de la lentille a un ennemi naturel qui tend à modérer son excessive multiplication, c'est un petit parasite de l'ordre des Hyménoptères, de la famille des Pupivores, de la tribu des Chalcidites et du genre *Pteromalus*, dont le nom est *Pteromalus varians*, N. de E. La femelle pond ses œufs dans les larves de la Bruche, un dans chaque larve, ce qui ne l'empêche pas de grandir malgré le ver qu'elle nourrit dans son corps, mais elle ne peut subir ses transformations et se trouve remplacée dans sa cellule par la chrysalide de ce parasite qui sort de la graine à l'état parfait dans le temps où aurait dû éclore la Bruche.

LXXVI. *Pteromalus varians*, N. de E. — Longueur, 3 mil. Il est d'une couleur bronzée obscure; les antennes sont noires, à premier segment vert; la tête est large; le corselet est fortement ponctué; l'abdomen, réuni au corselet par un pédicule excessivement court, est cordiforme, terminé en pointe, d'un bronzé lisse, luisant; les cuisses antérieures et intermédiaires sont vertes à la base et fauves à l'extrémité; les postérieures sont vertes; les tibias sont fauves, les postérieurs sont brunâtres au milieu; les tarses sont fauves; les ailes sont hyalines, à peu près de la longueur de l'abdomen; la côte et la nervure sont testacées.

Ce parasite attaque aussi la bruche de la vesce et probablement les Bruches du pois et de la fève.

73. — LE CHARANÇON COU SILLONNÉ.

(*Ceutorhynchus sulcicollis*, Schœn.)

On a souvent l'occasion de remarquer, lorsque l'on arrache des navets dans les jardins et dans les champs, pendant l'été et l'automne, que la partie supérieure de la racine voisine du collet est couverte de tubercules plus ou moins gros et saillants, d'une forme simple ou compliquée, ordinairement très irrégulière, qui donnent à cette racine une apparence galeuse. Si on ouvre ces excroissances avec un couteau on voit que le centre est vide et forme une cellule qui contient un petit ver. Lorsque la galle est simple, elle ne contient qu'une cellule et une seule larve, mais lorsqu'elle est compliquée et formée de plusieurs galles voisines qui se sont pénétrées, elle renferme autant de cellules qu'il y a de galles et autant de larves qu'il y a de cellules, chacune vivant à part sans troubler ses voisines. Ces vers, qui se trouvent ordinairement en nombre considérable sur la même racine, l'altèrent profondément et en consomment une partie pour leur nourriture; et lorsque nous voulons en faire usage pour la cuisine, nous sommes obligés d'enlever les tubercules, d'extraire les larves et de creuser les cellules pour les nettoyer et atteindre la substance vive, ce qui cause une perte notable.

La larve, parvenue à toute sa grandeur vers la fin de l'automne, a 4 mil. de longueur. Elle est entièrement blanche, presque cylindrique, couverte de rides transversales et privée de pattes; sa tête est ronde, en partie cachée dans le premier segment du corps, et armée de deux mâchoires; elle se tient courbée en cercle dans sa cellule et peut s'y tourner au moyen de petits mamelons qu'elle fait sortir de son dos et de ses côtés. Lorsqu'elle n'a plus besoin de manger elle perce sa cellule et s'enfonce dans la terre où elle se construit une coque sphérique avec des parcelles menues de terre qu'elle agglutine autour d'elle. Cette coque est très grossière à l'extérieur, mais elle est lisse et unie à l'intérieur. La larve y passe l'hiver et le printemps, et se change en chrysalide dès les premiers jours du mois de juin, et en insecte parfait au commencement de juillet.

Cet insecte appartient à l'ordre des Coléoptères, à la famille des Porte-bec, à la tribu des Curculionites, et au genre *Ceutorhynchus*. Son nom entomologique est *Ceutorhynchus sulcicollis*, Schœn., et son nom vulgaire *Charançon cou sillonné.*

1. *Ceutorhynchus sulcicollis*, Schœn. — Longueur, 3 mil. Noir, couvert en dessus d'une pubescence d'un gris jaunâtre et en dessous de petites écailles grises; les antennes sont coudées, noires, de douze articles, dont les trois derniers en massue; le rostre est long, filiforme, menu, arqué, appliqué contre la poitrine dans le repos; la tête et le corselet sont ponctués; ce dernier est plus étroit en devant qu'en arrière, arrondi sur les côtés et porte un sillon longitudinal sur le dos; les élytres sont ovalaires, plus larges à la base que le corselet, deux fois aussi longues, avec dix stries sur chacune, arrondies à l'extrémité; les cuisses sont renflées, les postérieures sont armées d'une petite dent à leur extrémité; tout l'insecte est noir.

Aussitôt qu'il est sorti de terre et qu'il s'est mis en liberté, il se porte sur les navets où il s'accouple. La femelle fécondée descend de la plante, se glisse entre la terre et le haut de la racine pour faire sa ponte; elle perce celle-ci avec son rostre et introduit un œuf dans la blessure; elle fait autant de piqûres qu'elle a d'œufs à déposer, les plaçant dans le voisinage les uns des autres ou à quelque distance isolément. Il sort de chaque œuf une petite larve qui ronge autour d'elle et provoque un afflux de sève autour du point blessé, ce qui engendre une excroissance ou galle.

Le même insecte se porte sur les choux dont les racines sont très souvent difformes et chargées d'une multitude d'excroissances plus ou moins grosses amoncelées les unes sur les autres; mais comme il n'altère pas les feuilles que nous employons à notre usage, il nous cause moins de préjudice que lorsqu'il attaque les navets. Il envahit aussi les racines de la moutarde des champs (*sinapis arvensis*) appelée *cendre* dans nos villages et ne paraît pas nuire à cette mauvaise plante qui infeste les cultures.

Il n'est pas facile de se défaire d'un insecte aussi généralement répandu. On en diminuerait cependant le nombre si on avait soin de brûler toutes les racines de choux tuberculées, lorqu'on arrache cette plante en automne, et de nettoyer de leurs larves les racines de navet que l'on arrache pour les conserver, en tuant les larves qu'on en extrait.

On connaît deux parasites du Charançon cou sillonné, qui détruisent un certain nombre de ses larves. Tous les deux font partie de la tribu des Ichneumoniens et de la sous-tribu des Braconites, mais l'un entre dans le genre *Sigalphus*, N. de E., et l'autre dans le genre *Taphæus*, Wesm. Les femelles de ces insectes descendent des choux jusqu'au collet de la racine, s'insinuent entre la racine et la terre jusqu'aux galles qu'elles percent avec leur tarière, et parviennent à loger un œuf dans la larve que renferme la galle. La larve de l'Ichneumonien dévore celle du Charançon, se change en chrysalide dans son habitation et s'en échappe sous la forme d'insecte parfait après sa dernière métamorphose. Le premier de ces parasites est le *Sigalphus pallipes*.

LXXVII. *Sigalphus pallipes*, N. de E. — Longueur, 3 mil. Il est noir; les antennes sont noires et de la longueur du corps; la tête et le corselet sont noirs, luisants; l'abdomen tient au corselet par un pédicule très court; il est de la longueur et de la largeur de ce dernier, ovalaire, formant une carapace divisée en trois segments dont les deux premiers sont finement striés en long, et le dernier presque lisse et arrondi au bout; les pattes sont rougeâtres, pâles; les cuisses sont tachées de brun en dessus; l'extrémité des tibias postérieurs et leurs tarses sont noirs; la tarière de la femelle est de la longueur de l'abdomen; les ailes sont hyalines, dépassant un peu l'extrémité de l'abdomen avec le stigma noir et les nervures testacées :

Le deuxième parasite du Charançon cou sillonné est le *Taphæus affinis*.

LXXVIII. *Taphæus affinis*, Wesm. — Longueur, 3 mil. Il est

noir, luisant; les antennes sont noires et de la longueur du corps, avec les deux premiers articles roussâtres en dessous; les mandibules sont roussâtres; la tête est noire, transverse; le corselet noir, luisant, ayant les sutures bien marquées, de la largeur de la tête; l'abdomen est très courtement pédiculé, ovalaire, terminé en pointe obtuse, de la longueur et de la largeur du thorax, noir, luisant; les pattes sont d'un fauve jaunâtre; la tarière de la femelle est un peu plus longue que l'abdomen; les ailes sont hyalines, dépassant l'abdomen, à stigma noir et nervures brunes.

—

74 et 75. — LES CRIOCÈRES DE L'ASPERGE.

(*Crioceris Asparagi*, Geoff., *et duodecim-punctata*, Lat.)

L'asperge occupe une place distinguée dans les jardins potagers. Lorsqu'on laisse cette plante croître librement et se développer en tiges et feuilles, elle est atteinte par deux petits insectes qui en rongent les feuilles aciculaires et y produisent un dégât notable; mais comme ils n'attaquent pas les turions que l'on emploie dans la cuisine on ne s'en inquiète guère. Ces deux insectes sont du même genre, ont les mêmes mœurs et se montrent dans le même temps. Si l'on examine au mois de juin des asperges montées en tiges, on ne tarde pas à voir sur les feuilles capillaires deux petits coléoptères de même taille, mais ornés de couleurs différentes. On y remarque surtout des larves nombreuses, d'une couleur verte, jaunâtre, à peau légèrement humide, occupées très tranquillement à ronger les feuilles; elles mangent les petites aiguilles en entier et ne laissent que la côte centrale qui les porte. Lorsque ces larves sont repues et ont pris toute leur croissance, vers le 20 juin, un peu plus tôt ou un peu plus tard, elles quittent la plante et descendent à terre; elles s'enfoncent un peu dans le sol et se construisent une coque avec des parcelles de terre très fines qu'elles agglutinent ensemble au moyen d'une salive écumeuse qu'elles rendent par la bouche. Renfermées dans cet abri elles s'y changent en chrysalides, puis ensuite en insectes parfaits qui prennent leur essor, s'accouplent et pondent sur les asperges qui sont leur demeure ordinaire. On y trouve ces insectes depuis la mi-mai jusqu'en été.

La larve, parvenue au terme de sa croissance, a 6 à 7 mil. de longueur ; elle est un peu atténuée à sa partie antérieure, c'est-à-dire, qu'elle va un peu en grossissant de la tête à l'extrémité opposée. Sa couleur est un vert jaunâtre sale ; elle a la tête noire, luisante, armée de deux petites mandibules, et portant deux très petites antennes. On remarque sous les mandibules quatre très petites pointes qui sont les palpes. Elle est formée de douze segments dont le premier porte en dessus deux petites taches noirâtres peu distinctes ; l'extrémité postérieure est arrondie et présente en dessous un mamelon ovale qui sert à maintenir l'animal sur la plante ; les pattes sont au nombre de six, de couleur noire, et placées sous les trois premiers segments du corps.

Les larves qui achèvent de prendre leur croissance en été passent l'automne et l'hiver dans leur cellule qu'elles rendent lisse et polie à l'intérieur au moyen de la bave écumeuse qu'elles crachent à cette époque de leur vie où elles ont besoin de se construire une demeure souterraine. L'insecte parfait se montre dans le mois de mai ou au commencement de juin de l'année suivante.

Il fait partie de l'ordre des Coléoptères, de la famille des Eupodes, de la tribu des Criocérides et du genre *Crioceris*. Il y en a deux espèces dont l'une porte le nom entomologique de *Crioceris asparagi* et le nom vulgaire de *Criocère de l'asperge*.

1. *Crioceris asparagi*, Geoff. — Longueur, 6 mil. ; largeur 2 mil. 1/2. Les antennes sont filiformes, de onze articles, bleues à la base, noires dans le reste de leur étendue ; la tête est bleue, ponctuée ; le corselet cylindrique, rouge, plus long que large, très finement ponctué ; les élytres sont trois fois aussi longues et deux fois aussi larges que le thorax, arrondies à l'extrémité, à bord extérieur d'un jaune orange, à disque bleu, marqué de trois taches

jaunes sur chacune, également espacées, la première à base isolée, les deux autres réunies à la bordure extérieure, à stries ponctuées; dessous et pattes bleus; cuisses renflées. Le corselet est quelquefois taché de bleu en dessus.

La deuxième espèce est connue sous le nom entomologique de *Crioceris duodecim punctata* et sous le nom vulgaire de *Criocère à douze points*.

2. *Crioceris duodecim punctata*, Lat. — Longueur, 6 mil.; largeur, 3 mil. Antennes noires, filiformes, de onze articles; partie antérieure de la tête jusqu'au bord postérieur des yeux, noire; partie postérieure rouge; corselet rouge et cylindrique; écusson noir; élytres deux fois aussi larges et trois fois aussi longues que le thorax, arrondies à l'extrémité, fauves, marquées de six points noirs sur chacune, à stries ponctuées; dessous et pattes noirs.

On ne connaît aucun moyen de se débarrasser de ces insectes, si ce n'est de les récolter sur les asperges, ainsi que leurs larves, et de les écraser. Ils sont faciles à saisir sur les plantes où ils sont très apparents.

On n'a pas encore observé leurs parasites.

---

76. — LA CASSIDE VERTE.

(*Cassida viridis*. Lin.)

Pendant le mois de juillet, un peu avant ou un peu après, on peut remarquer sur les feuilles des artichauts, dans les jardins, des petites masses noirâtres formées de grains amoncelés, humides, d'un aspect dégoûtant. Sous ces masses se trouvent des larves d'une conformation particulière et remarquable qui méritent d'être examinées. Si on se donne la peine d'en nettoyer une, on voit que cette larve est d'un vert plus ou moins foncé, d'une forme ové-conique, qu'elle est déprimée et composée de douze segments outre la tête qui est petite et basse et armée de deux mâchoires;

chaque segment porte une épine horizontale de chaque côté au point qui sépare le dos du ventre et cette épine, vue à la loupe, est branchue ; on distingue six pattes écailleuses sous les trois premiers segments ; mais ce qu'elle présente de plus remarquable, c'est son extrémité postérieure terminée par une espèce de mamelon redressé et deux filets caudiformes, un peu moins longs que le corps, qui partent de l'extrémité de l'animal, un peu avant le mamelon et de chaque côté, formant une sorte de fourche ; la larve peut les appliquer sur son dos, les relever ou les étendre en arrière. Ses excréments sortent par le mamelon et se trouvent naturellement poussés sur cette fourche qui s'en charge et forme un toit protecteur à l'animal sans le toucher. Lorsque la fourche est trop chargée d'excréments la larve s'en débarrasse en les renversant en arrière, et comme elle change plusieurs fois de peau avant d'arriver à sa croissance complète, à chaque mue la vieille peau se trouve repoussée jusqu'à l'extrémité de la fourche et mêlée aux excréments.

Cette larve broute les feuilles d'artichaut et se nourrit de leur parenchyme ; elle les perce jusqu'à la membrane inférieure sur différents points et les dessèche peu à peu ; lorsqu'elle est abondante elle leur porte un grand préjudice. Parvenue à toute sa taille elle se dispose à se métamorphoser en chrysalide et pour cela elle se fixe à la feuille par le côté du ventre ; au bout de deux ou trois jours elle quitte sa peau qui se fend sur le dos du corselet et est repoussée jusqu'à la queue.

La chrysalide est fort différente de la larve, quoique toujours verte ; elle est raccourcie et déprimée ; elle a perdu ses deux queues ; le corselet est élargi surtout en devant et terminé en arc de cercle ; il est garni d'épines à son bord antérieur et sur les côtés ; les épines du ventre sont larges, plates et dentées.

L'état de chrysalide dure douze à quinze jours, après lesquels l'animal parfait se montre sous sa forme adulte dans le mois de juin ; il broute les feuilles d'artichaut comme faisait la larve. La femelle dépose ses œufs en tas, les uns à côté des autres, sur ces mêmes feuilles ; ils sont petits et d'une forme oblongue.

Ce Coléoptère appartient à la famille des Cycliques, à la tribu des Cassidaires et au genre *Cassida*. Son nom entomologique est *Cassida viridis* et son nom vulgaire *Casside verte*.

1. *Cassida viridis*, Lin. — Longueur, 7 mil.; largeur, 5 mil. Ovale, verte, ponctuée en dessus, noire en dessous; tête noire, petite, antennes insérées sur le devant de la tête, grossissant un peu de la base à l'extrémité, à base testacée, brunissant vers le bout; corselet débordant et couvrant la tête, demi-circulaire, sinué à la base, avec des impressions indiquant la tête et la poitrine; élytres débordant l'abdomen, aussi larges que le corselet, deux fois aussi longues, arrondies à l'extrémité, fortement ponctuées, les points formant des stries régulières le long de la suture; cuisses noires, à extrémité testacée; tibias et tarses testacés.

Il est probable que les derniers éclos passent l'hiver engourdis dans quelque retraite pour reparaître au printemps et pondre au mois de juin sur les feuilles d'artichaut.

On ne connaît d'autre moyen de détruire les larves et les insectes que de leur faire la chasse et de les écraser.

—

77 à 89. — LES ALTISES OU PUCES DES JARDINS.

(*Alticæ.*)

Les jardiniers donnent le nom de Tiquets ou de Puces des jardins à de petits insectes de l'ordre des Coléoptères qui ont la propriété de sauter très lestement et d'échapper ainsi à la main qui veut les saisir. Ces insectes, de très petite taille, se multiplient en nombre prodigieux et dévorent une multitude de plantes; les choux, les navets, les radis, la capucine, etc., ont considérablement à en souffrir dans nos jardins et il y a des années où il est impossible de les élever; il existe même des localités où l'on a dû renoncer à la culture de toutes les plantes crucifères, à cause de ces insectes; à peine les premières feuilles sont-elles sorties de terre qu'elles sont dévorées et que la plante meurt immédiatement.

Tous ces insectes font partie de l'ordre des Coléoptères, comme on l'a dit, de la famille des Cycliques, de la tribu des Galérucites et du genre *Altica* que l'on rend en français par *Altise*. On les reconnaît à leur corps ovalaire, à leurs antennes filiformes, grêles, notablement longues et à leurs cuisses postérieures très grosses, par le moyen desquelles ils sautent. Quoiqu'ils soient très nombreux, qu'ils habitent nos jardins et qu'ils vivent sous nos yeux, on ne connaît pas les larves des espèces les plus nuisiblés, et, si l'on en excepte une, l'*Altica nemorum*, dont les premiers états ont été découverts, on ne sait rien des autres.

Voici ce que je trouve dans le *Farm insects*, de M. Curtis, au sujet de cette espèce : Si le printemps est chaud, l'Altise s'accouple d'avril en septembre. Durant cette période les œufs sont déposés par la femelle sur le revers des feuilles rugueuses des turneps. Elle pond vraisemblablement un œuf par jour et dix paires pondent seulement quarante-trois œufs dans une semaine ; c'est ce qui a lieu dans l'état de captivité; mais l'exactitude de cette estimation est établie sur ce fait que, dans les feuilles prises dans les champs, contenant six larves, ces dernières étaient de taille différente, indiquant une variété d'âge. Les œufs sont très petits, lisses, participant de la couleur de la feuille. Ils éclosent au bout de dix jours et les petites larves commencent immédiatement à manger sous la pellicule inférieure et à former des galeries tournantes dont la pulpe détachée les nourrit. Les galeries sont assez visibles à l'œil nu lorsque les larves les ont abandonnées et que les pellicules sont devenues blanches et décolorées; mais dans leur premier âge on les découvre difficilement; il faut regarder la feuille de très près et l'exposer à la lumière pour les apercevoir.

Les larves sont pâles ou d'une couleur jaune doré, charnues, cylindriques, avec six pattes pectorales et un mamelon anal. La tête est pourvue de deux mâchoires et de grands yeux bruns; le premier et le dernier segment portent des tâches noirâtres. Elles ont pris toute la nourriture dont elles ont besoin en six jours environ et alors elles sortent de leurs galeries pour s'enterrer à la profondeur de 5 centimètres au plus, choisissant un emplacement près de la racine où les feuilles des turneps les protègent contre la sécheresse et l'humidité.

Elles se changent dans la terre en chrysalides immobiles qui arrivent à leur maturité dans une quinzaine de jours au bout desquels l'insecte parfait sort de terre et prend son essor.

1. *Altica* (*Phyllotreta*) *nemorum*, Fab. — Longueur, 1 mil. 1/2 à 2 mil. Noire, finement pointillée; la tête est petite, les yeux orbiculaires proéminents; les antennes sont filiformes, assez longues, composées de onze articles; le thorax est plus large que la tête, un peu rétréci en devant, arrondi sur les côtés; les élytres sont ovales, deux fois aussi larges que le thorax et quatre fois aussi longues; elles ont chacune une bande jaune quelquefois approchant du blanc sur leur milieu, très légèrement flexueuse; les ailes sont deux fois aussi longues que le corps; les pattes sont d'un jaune de rouille; les cuisses couleur de poix, les dernières très épaisses, et propres à sauter.

Ces Altises passent l'hiver engourdies; on en trouve sous les écorces d'arbres soulevées, sous les feuilles tombées et dans d'autres gîtes. Au retour du printemps, dès que la chaleur se fait sentir, elles sortent de leurs retraites. On en voit dans les jardins sur les navets et les choux dès le commencement de mars.

Il y a une autre espèce d'Altise, dont les habitudes sont les mêmes que celles de l'*Altica nemorum*, qui concourt avec cette dernière aux dégâts des turneps. On ne connaît pas ses premiers états, mais on peut supposer qu'ils sont les mêmes. Elle est appelée *Altica concinna*, Marsh. et *Altica dentipes*, Gyll.

2. *Altica* (*Plectroscelis*) *concinna*, Marsh. — Elle est plus ovale, convexe et brillante que l'*Altica nemorum*, d'un noir verdâtre avec une teinte bronzée; les antennes ont la moitié de la longueur du corps de couleur de poix avec quelques articles ferrugineux à la base; le thorax est finement pointillé; les élytres sont à peine deux fois aussi larges que le thorax et trois fois aussi longues,

ayant chacune dix lignes de points enfoncés ; les pattes sont noires et les tibias d'un ferrugineux brillant à la base ; les cuisses postérieures sont très épaisses ; les tibias intermédiaires et postérieurs sont armés d'une dent courte et aiguë vers le milieu du côté extérieur. Longueur 1 mil. 1/2 à 2 mil.

Elle infeste les jardins ; elle habite aussi les haies, les orties, les gazons et les champs de turneps.

M. Curtis mentionne deux autres Altises comme nuisibles aux plantes crucifères : l'une appelée *Consobrina* qui sera décrite plus loin sous le nom de *Melæna* ; l'autre, qu'il nomme *Obscurella* et qui est une variété de l'*Atra* également décrite plus bas ; enfin il parle de l'*Exoleta*, qui vit sur les feuilles de la pomme de terre.

3. *Altica* (*Crepidodera*) *exoleta*, Fab. — Elle est longue de 2 mil. Ovale, convexe, brillante et de couleur d'ocre ; la tête est noire, les yeux proéminents, les antennes longues, de dix articles, un peu brunes à l'extrémité ; le thorax est ponctué, d'un ocre foncé, transverse, légèrement rétréci en devant, à côtés arrondis ; l'écusson petit ; les élytres d'un ocre pâle avec la suture couleur de poix, et huit stries faiblement ponctuées sur chacune ; les ailes amples ; le dessous couleur de poix ; les pattes d'un ocre brun ; les cuisses de derrière très épaisses, couleur de poix.

Ces espèces d'Altises ne sont pas les seules que l'on trouve dans les jardins et qui rongent les plantes potagères ; on doit y ajouter les suivantes :

4. *Altica* (*Graptodera*) *oleracea*, Fab. — C'est une des plus grandes de nos espèces. Longueur, 3 à 4 mil. ; largeur 2 mil. Elle est ovale, convexe, entièrement bleue, excepté les antennes qui sont noires ; le corselet est court, transversal, lisse, convexe, droit sur les côtés, avec un sillon transversal à la partie postérieure ; les élytres sont ovales, très convexes, couvertes de poils enfoncés placés irrégulièrement, ce qui leur donne une apparence chagrinée ; le dessous est d'un noir verdâtre ; les pattes sont longues, fortes, verdâtres et les cuisses postérieures renflées.

On la trouve dans les jardins sur toutes les plantes potagères.

Elle cause quelquefois de grands dégâts sur les betteraves dans les champs en rongeant les feuilles, et sur la vigne dont elle dévore les jeunes feuilles venant de s'épanouir.

5. *Altica* (*Crepidodera*) *helxines*, Fab. — Surnommée l'*Altise rubis* à cause de sa couleur rouge doré. Longueur, 2 mil. 1/2; largeur 1 mil. Elle est ovale, d'un brillant métallique vert bronzé, ou vert doré, ou ayant la tête et le corselet d'un cuivreux doré plus brillant que les élytres; antennes presque de la longueur du corps, d'un jaune fauve de la base au milieu, noirâtres dans le reste de leur étendue; corselet plus large à la base qu'au sommet, arrondi sur les côtés, fortement ponctué, marqué d'un court sillon transversal à la partie postérieure; élytres plus larges que le corselet, trois fois aussi longues, arrondies en arrière, à stries de points enfoncés; pattes d'un jaune fauve; cuisses postérieures renflées, noires, souvent marquées d'une grande tache fauve.

Elle se trouve communément dans les jardins. La couleur varie beaucoup, étant bleue, verte, violette; le dessous est plus ou moins noir. Cette espèce est très commune sur le saule-marsault.

6. *Altica* (*Teinodactyla*) *atricilla*, Fab. — Longueur, 2 mil.; largeur, 1 mil. Oblongue, ovée, finement ponctuée; les antennes, la tête, et le dessous du corps sont noirs; le corselet est d'un jaune pâle à reflet bronzé; les élytres, les pattes et la base des antennes sont d'un jaune pâle, la ponctuation des élytres est irrégulière et la suture noirâtre; les cuisses postérieures sont renflées, couleur de poix, souvent d'un rouge ferrugineux à la base et en dessous.

On la rencontre fréquemment dans les jardins.

7. *Altica* (*Phyllotreta*) *nigripes*, Panz. *Altica lepidii*, Illig. — Longueur, 1 mil. 1/2; largeur, 1 mil. Elle est ovée, oblongue, un peu déprimée, d'un vert bronzé un peu noirâtre, brillante, très finement ponctuée; les antennes et les pattes sont noires; le corselet est un peu rétréci en devant; les élytres sont obtuses à l'extrémité; les cuisses postérieures sont renflées et un peu bronzées.

Elle est commune dans les jardins, et lorsqu'elle est nombreuse elle détruit promptement les navets, les radis et les capucines.

8. *Altica (Phyllotreta) pœciloceras*, Kun. — Longueur, 1 mil. 3/4 ; largeur, 1 mil. Oblongue, ovée, un peu déprimée, d'un noir verdâtre ou d'un noir bleuâtre; les élytres sont obtuses et arrondies à l'extrémité, à stries distinctement ponctuées dans le milieu; la tête est profondément ponctuée; les quatre premiers articles des antennes sont testacés, les autres bruns; les pattes sont d'un noire brun et les tarses pâles.

Cette espèce est commune dans les jardins, principalement sur le *Cochlearia armoracia.*

9. *Altica (Phyllotreta) atra*, Payk. — Longueur, 2 mil.; largeur, 1 mil. Ovée, oblongue, un peu déprimée, très noire, luisante; élytres obtuses à l'extrémité et arrondies, à série de points visibles, cinq fois aussi longues que le corselet et plus larges que lui; tête profondément ponctuée; antennes noires avec les quatre ou cinq premiers articles ferrugineux; pattes noires à articulations roussâtres.

Une variété de cette espèce, qui est d'un bronzé obscur, a été nommée *Altica obscurella*, Illig.

Elle est très commune sur les choux, les radis, etc.

10. *Altica (Phyllotreta) melæna*, Illig. — Longueur, 1 mil. 3/4 ; largeur, 1 mil. Oblongue, un peu déprimée, noire ou d'un noir bleuâtre; élytres obtuses, arrondies, confusément ponctuées; antennes et pattes noires; corselet transverse, ponctué; tête ponctuée; élytres longues, arrondies à l'extrémité, un peu arquées sur les côtés, déprimées, criblées de points serrés.

Elle est très commune sur les Crucifères, les choux, les navets, les radis, etc.

11. *Altica (Phyllotreta) punctulata*, Marsh.— Longueur, 1 mil. 1/2; largeur, 1 mil. Allongée, elliptique, un peu déprimée, ponctuée, noire ou d'un brun bronzé; thorax transverse, un peu rétréci en devant, un peu convexe; extrémité des élytres obtuse; antennes

noires, à premier article bronzé en partie, les deuxième et troisième ferrugineux; les élytres sont couvertes de points très fins et très serrés.

On la trouve dans les jardins, sur les crucifères.

12. *Altica (Phyllotreta) brassicæ*, Fab. — Longueur, 1 mil. 1/4. Elle est raccourcie, ovée, convexe, d'un noir intense, couverte d'une ponctuation fine, serrée; deux petites lignes d'un testacé jaunâtre sur chaque élytre; antennes noires avec les trois premiers articles testacés; corselet plus court que large; élytres plus larges que le corselet, très convexes, marquées de deux taches longitudinales, jaunâtres, l'une près de l'autre; la première au milieu de la base, la deuxième près de l'extrémité en forme de coin; pattes noires avec les tibias et les tarses d'un roux brunâtre.

Elle se trouve sur les choux dans les jardins.

13. *Altica (Phyllotreta) flexuosa*, Panz. — Longueur, 2 mil.; largeur, 1 mil. Ovée, oblongue, un peu déprimée, noire, ponctuée; une bande sinueuse, jaunâtre, sur chaque élytre; antennes noires, à base d'un testacé brun; pattes noires avec les articulations et la base des tibias antérieurs, ainsi que la moitié des tibias postérieurs et tous les tarses, d'un testacé brun.

Cette espèce ressemble beaucoup à l'*Altica nemorum*, mais les points des élytres sont plus forts, plus serrés et en lignes sur le milieu seulement; la bande jaunâtre des élytres est plus étroite, courbée vers la suture à la base et à l'extrémité et descend moins bas.

Elle se trouve dans les jardins sur les choux et particulièrement sur le *Brassica chinensis*.

Les Altises étant très nuisibles dans les potagers et quelquefois dans les grandes cultures, on a cherché les moyens de les détruire ou de les éloigner: celui qui est le plus usité dans les jardins consiste à recouvrir d'une légère couche de cendres lessivées les semis de choux, de navets, de radis. Beaucoup de personnes attendent, pour faire cette opération, que les jeunes plantes commencent à pousser et que les Altises s'y montrent. On doit être très attentif, car il ne faut pas longtemps à ces insectes pour ronger les premières feuilles et faire périr les plantes.

On a recommandé d'arroser les plantes envahies par ces insectes avec un liquide formé d'un mélange de 1 kil. 250 gr. de savon noir, 1 kil. 250 gr. de soufre, 1 kil. champignons de bois ou de couche et 60 litres d'eau. On met d'abord dans 30 litres d'eau le savon et les champignons concassés ; on fait bouillir dans 30 litres d'eau le soufre renfermé dans un sachet de toile ; on mélange les deux liquides, qu'on laisse fermenter jusqu'à ce qu'il s'en élève une odeur infecte ; puis on arrose avec cette eau.

Une autre recette beaucoup plus simple, bien moins dégoûtante et en même temps plus économique, consiste à recouvrir les semis d'une légère couche de sciure de bois imprégnée de goudron de houille appelée côltar (*Coal-tar*), dans la proportion de 2 0/0 de goudron mesuré en poids. Pour 100 kil. de sciure on emploie 2 kilog. de côltar. On mélange le plus exactement possible et on répand la sciure sur les semis dans les jardins ou dans les champs infestés par les Altises. Ce procédé, employé en grand dans la culture de la betterave à sucre, a éloigné l'*Altica oleracea* qui dévastait les jeunes plants.

---

90. — LE PERCE-OREILLE.

(*Forficula auricularia*, Lin.)

Pendant certaines années les Perce-oreilles se multiplient d'une manière prodigieuse et causent un dommage très considérable aux jeunes plantes potagères que l'on cultive dans les jardins. On les trouve par milliers sous les vases et sous les abris que l'on dispose pour préserver les jeunes plants des ardeurs du soleil. Ils rongent les premières feuilles dès qu'elles viennent à se montrer et anéantissent la récolte avant qu'elle soit assez forte pour se défendre. Ces insectes s'accouplent en septembre ou en octobre, et la femelle dépose ses œufs au commencement du printemps suivant, en avril, au nombre de 10 à 30, sous une pierre ou sous une écorce d'arbre. Ils sont blancs, lisses, allongés, de 1 à 2 mil. de longueur et tous réunis en masse. La femelle ne les abandonne pas et semble prendre le soin de les garder. Dans le courant du mois de mai, cinq ou six semaines après la ponte, les larves éclosent et sont rassemblées auprès de leur mère; elles sont presque blanches et sont pourvues de deux mandibules, de deux antennes et de six pattes; elles sont agiles et vont à la recherche de leur nourriture qui consiste en matière végétale tendre, telle que les premières feuilles des plantes herbacées; ces larves sont privées d'ailes, mais elles portent à l'extrémité de l'abdomen la pince qui caractérise les insectes de ce genre. Elles croissent peu à peu et leur couleur brunit à mesure qu'elles grandissent. C'est vers le milieu de juin qu'elles causent le plus de dégâts et elles continuent leurs ravages pendant tout le reste du mois et probablement au-delà. Elles changent plusieurs fois de peau en grandissant et arrivent vers le 20 juin à la mue qui les transforme en nymphe, c'est-à-dire, qui leur donne des rudiments d'ailes. Dans ce nouvel état elles sont actives, comme sous celui de larve; elles marchent, mangent et continuent à croître. Après la mort de la mère elles ne cessent pas de vivre en colonie; elles mangent non seulement des végétaux, mais aussi des insectes; elles se dévorent même les unes les autres et c'est probablement à cause de leur appétit carnassier qu'il en survit un si petit nombre au moment de la métamorphose en insecte parfait, en septembre ou au commencement d'octobre. Ces insectes ont l'instinct de se réfugier sous les pierres, sous les pots à fleur, dans les trous, sous les écorces; ils aiment l'obscurité et c'est pendant la nuit qu'ils cherchent leur nourriture.

Cet insecte fait partie de l'ordre des Orthoptères, de la famille des Forficulaires et du genre *Forficula*. Son nom entomologique est *Forficula auricularia* et son nom vulgaire *le Perce-oreille*.

1. *Forficula auricularia*, Lin. — Longueur, 12 à 15 mil., non compris la pince qui varie de 5 à 7 mil. Tête roussâtre; antennes

filiformes, de quatorze articles; corselet brun bordé de roussâtre; élytres très courtes, brunes, bordées de jaunâtre sur les côtés; abdomen d'un brun foncé, dépassant beaucoup les élytres, terminé par une pince à branches presque droites et mutiques chez les femelles, dilatées à l'origine et arquées chez les mâles; pattes d'un jaune pâle; ailes pliées d'abord en long, puis deux fois en travers, dépassant un peu les élytres dans le repos.

On a profité de leur instinct lucifuge pour tendre des piéges à ces insectes et en détruire un certain nombre. On fait avec des brindilles, des tiges vides de roseau, de sureau ou de topinambours. etc., de petites bottes que l'on suspend auprès des plantes attaquées. Les Forficules s'y réfugient à l'approche du jour et on secoue ces bottes sur le feu ou au-dessus d'un baquet plein d'eau où elles se noyent. On peut employer des pots à fleur renversés dont le fond est garni de mousse, elles se portent dans cet abri où on les trouve le matin pour les traiter par le feu ou l'eau.

Le nom de Perce-oreille donné à ces petits animaux vient de la pince qui termine leur abdomen, qui ressemble à l'instrument dont se servaient autrefois les orfèvres pour percer les oreilles dans lesquelles ils devaient placer des anneaux.

—

91. — LA COURTILIÈRE OU TAUPE-GRILLON.

(*Gryllo-talpa vulgaris*, Latr.)

L'insecte dont il est ici question est d'une forte taille et très dangereux pour les jardins dans lesquels il s'est établi. Son nom de Courtilière vient de ce qu'il habite les *courtils* ou jardins et celui de *Taupe-grillon* de ce qu'il chemine sous terre comme une taupe, et qu'il ressemble à un grillon. Ses pattes antérieures, très robustes, et d'une forme particulière, lui permettent de creuser sous terre des galeries dans lesquelles il chemine. Il voyage ainsi à la recherche des vers, des larves et des insectes dont il se nourrit, et en parcourant le terrain à trois, quatre ou cinq centimètres de profondeur, il coupe les racines des plantes potagères, des semis et de l'herbe des prairies, et les fait périr. Il reste pendant le jour dans ses galeries, où il marche aussi facilement en arrière qu'en avant, et lorsqu'il veut quitter sa demeure il part dès le matin en marchant ou en volant. Il a aussi le pouvoir de sauter à l'aide de ses cuisses, longues et grosses. Le Taupe-grillon se plait dans les terrains légers et sablonneux, dans lesquels il chemine facilement; il est rare dans les sols durs et compacts, qui lui opposent de la résistance. Dans certaines localités à terrains sablonneux, il n'est pas possible d'élever des légumes à cause des ravages qu'il exerce dans les jardins.

Il fait partie de l'ordre des Orthoptères, de la famille des Sauteurs, de la tribu des Grillons et du genre *Gryllo-talpa*. Son nom entomologique est *Gryllo-talpa vulgaris*, Lat., et son nom vulgaire *Courtilière ou Taupe-grillon.*

1. *Gryllo-talpa vulgaris*, Lat. — Longueur, 45 mil., sans compter les queues qui en ont au moins 25. Il est soyeux, de couleur brune, mais plus ocreux en-dessous qu'en dessus; la tête est conique et peut rentrer sous le corselet; elle porte deux yeux proéminents entre lesquels sont deux petits yeux lisses; les antennes sont deux fois aussi longues que la tête, droites, composées d'un très-grand nombre d'articles; les mâchoires sont fortes, cornées, allongées, courbées et aiguës, armées de deux ou trois dents au côté interne; les palpes sont longs et portés en avant; le thorax est deux fois aussi large que la tête, convexe, ovale, à bord antérieur concave; les élytres sont courtes, d'un blanc jaunâtre extérieurement et brunes intérieurement, se recouvrant l'une l'autre dans le repos, avec beaucoup de nervures, obliques et transverses; les deux ailes sont pliées en long, étendues sur le dos, dépassant l'abdomen. Celui-ci est deux fois aussi long que le thorax, très épais, mou, cylindrique, composé de neuf ou dix segments; de chaque côté de son extrémité sortent deux filaments velus, comme une queue de rat, aussi longs que les antennes, mais plus épais. Les six pattes sont très robustes, particulièrement les premières, qui sont comprimées et dilatées, et les dernières, faites pour sauter. Les cuisses antérieures sont courtes et larges avec une dent aiguë, semi-ovale

à la base interne; les postérieures, épaisses et longues; les tibias des premières sont trigones, palmés, ayant l'extrémité découpée en quatre dents très fortes et tranchantes; les tarses tri-articulés; les antérieurs comprimés et trigones, attachés au côté extérieur des tibias; le premier article large, formant avec le second deux dents cornées, aiguës; le troisième petit, ovale, terminé par deux ongles inégaux et droits.

En juin ou au commencement de l'été la femelle construit dans le voisinage de sa galerie un nid à la profondeur de 30 centimètres dans le sol; il est long de 50 mil. et large de 26 mil., en forme de bouteille ovale avec un cou courbé qui communique avec la surface du sol; son intérieur est lisse pour recevoir les œufs dont le nombre s'élève de 300 à 400, et après qu'ils ont été déposés la femelle en bouche l'entrée avec soin. Ces œufs sont de la grosseur d'une graine de turneps, mais ovales, brillants, d'un jaune brun. Les jeunes éclosent en juillet ou août, un mois après que les œufs ont été pondus. Ils commencent immédiatement à manger les racines tendres des plantes environnantes, soit blé, gazon ou autres végétaux, et lorsqu'ils n'en trouvent plus ils vont ailleurs chercher leur nourriture; mais aussitôt après leur première mue, qui a lieu un mois après l'éclosion, ils se dispersent pour vivre isolément.

A leur naissance, ils ressemblent à des fourmis blanches et n'ont pas plus de 8 mil. de longueur ; à cette époque ils n'ont pas encore d'ailes et ils vont en croissant jusqu'à ce qu'ils soient arrivés à la taille de 35 à 40 mil.; c'est alors que les rudiments des ailes paraissent; ils restent dans cet état mangeant et croissant jusqu'à ce qu'ils aient dépouillé la cinquième peau et que l'insecte, pourvu de ses ailes, ait atteint son point de perfection. Cette métamorphose a lieu à la fin du printemps. Les insectes vivent pendant l'été, s'accouplent, pondent leurs œufs et passent l'hiver dans la terre, s'enfonçant à mesure que le froid devient plus intense. Ainsi protégés ils restent depuis octobre ou novembre jusqu'à ce que les chaleurs de mars les invitent à remonter vers la surface du sol où ils peuvent être suivis à la trace par les petites élévations de terre qu'ils produisent comme des taupinées; et dans les autres temps leur présence est décélée par les places jaunes et flétries qui gâtent les prairies, et par un semblable désordre dans les jardins. On a élevé des doutes sur leur chant, mais Latreille dit qu'après le coucher du soleil ils font entendre un bruit fort, assez aigu, produit par le frottement de leurs élytres.

Ces insectes pernicieux sont très voraces; ils se mangent les uns les autres lorsqu'ils peuvent s'attraper; la mère dévore un grand nombre de ses petits et sur cent il n'en reste pas plus de huit. On dit que le fumier de cheval les attire et que celui de cochon les éloigne. L'huile et l'eau de savon versées dans leurs galeries les tuent lorsqu'ils en sont atteints. La marne, la suie, la chaux contribuent à les expulser. L'eau, avec quelques gouttes d'huile, versée dans leurs galeries, les détruit. Des pots à fleurs enterrés dans leurs galeries avec trente gouttes d'huile de térébenthine dans chacun et couverts avec des planches, sont un excellent piége. Des gazons frais arrosés chaque nuit les attirent sous eux. Cent mille sont pris chaque année à Berlin en enfonçant des pots à fleur à cinq centimètres au-dessous de la surface du sol. En juin et juillet les œufs sont facilement détruits en enlevant les nids à l'aide de la bêche. L'eau bouillante, l'urine, l'eau salée peuvent être versées sur les places infestées. Il est recommandé aux fermiers de creuser en septembre des fossés de deux ou trois pieds de profondeur et de les remplir de fumier de cheval, recouvert de terre. A l'approche du froid tous les Taupe-grillons répandus dans les champs viendront tomber dans ce piége. Les taupes rendent service en les détruisant et il n'est pas toujours sage d'extirper celles-ci des prairies. Les corbeaux, les pie-grièches et d'autres oiseaux carnassiers en dévorent un grand nombre.

Tous ces détails sont tirés du *Farm insects* de M. Curtis.

---

92. — LA PUNAISE DU CHOU.

(*Pentotoma ornatum*, Fab.)

Pendant les mois de juillet, d'août, et même plus tard, les choux sont envahis par un insecte qui répand une odeur très désagréable lorsqu'on le touche et qui y produit des dégâts notables lorsqu'il s'y trouve en grand nombre. Il prend sa nourriture au moyen d'un bec placé dans le prolongement de la tête; il l'enfonce dans la feuille pour en sucer la sève, et lorsqu'il a aspiré tout le liquide de la blessure, il pique à côté et continue ainsi à faire une multitude de blessures à la plante qui jaunit, se dessèche, et devient raboteuse dans les endroits attaqués. Tous les endroits ainsi piqués sont perdus pour les besoins de la cuisine.

Cet insecte fait partie de l'ordre des Hémiptères, de la section des Hétéroptères, de la famille des Géocorises, de la tribu des *Scutellériens* et du genre *Pentatoma*. Son nom entomologique est *Pentatoma ornatum* et son nom vulgaire *Punaise du chou.*

1. *Pentatoma ornatum*, Fab. — Elle a 8 à 10 mil. de longueur. Elle est ovale. Sa tête et ses antennes sont noires; son corselet est noir, bordé de rouge en arrière et sur les côtés, et marqué de trois taches rouges allongées, tombant sur la bordure postérieure; son écusson est noir et porte à l'extrémité une tache rouge en forme de Y; les élytres sont rouges avec le bord interne, trois taches et l'extrémité membraneuse noirs; l'abdomen est noir, avec les bords rouges entrecoupés de noir; les pattes sont noires. L'odeur infecte qu'elle répand sort d'une très petite ouverture située entre les quatre pattes postérieures.

On rencontre souvent les deux sexes accouplés, opposés tête à tête et marchant tantôt dans un sens, tantôt dans le sens opposé. La femelle pond ses œufs pendant les mois de juillet et d'août. Elle les place sur le revers des feuilles de chou et les dispose en petites bandelettes formées d'une douzaine d'œufs chacune; ils sont sur deux lignes, se touchant et collés ensemble. Ils ressemblent à des petits barillets plantés debout, hauts de 1 mil., larges de 1/2 mil.; ils sont noirs, marqués de deux grandes taches blanches sur les côtés; le fond supérieur est noir, entouré d'un cercle blanc, surmonté d'une fine crénelure. Lorsque ces œufs ont reçu une incubation suffisante par la chaleur naturelle de l'air, ils éclosent et il en sort une petite larve qui soulève le fond supérieur comme un couvercle et se répand aussitôt sur la feuille. Dès sa naissance elle est agile et possède toutes les parties de l'insecte parfait, sauf les ailes qui lui viendront plus tard; elle est en état de pourvoir à sa nourriture et d'enfoncer son petit bec dans la feuille pour en sucer la sève. Elle croît assez rapidement et lorsqu'elle a pris à peu près sa grosseur, elle acquiert des rudiments d'ailes, ce qui lui arrive après un changement de peau. Elle continue encore à croître sous la forme de nymphe et à prendre de la nourriture. Enfin, après une dernière mue, elle se trouve pourvue d'ailes et parvenue à l'âge adulte où elle peut propager son espèce. La larve, la nymphe ne sont pas moins infectes que l'insecte parfait. Cette odeur, produite par un liquide qui se volatilise au contact de l'air, est une arme défensive; elles le répandent au moment du danger pour se défendre et éloigner leur ennemi.

La larve et la nymphe ressemblent à l'insecte parfait. Elles ont les antennes et la tête noires; le corselet noir, bordé en devant de jaune orange; l'abdomen jaune orange, entrecoupé de noir sur les bords et taché de noir en dessus et en dessous; les pattes sont noires.

On trouve sur les choux une variété de cette espèce à laquelle on a donné le non de *Pentatoma festivum*, mais qui n'est pas très commune.

On ne connaît pas un autre moyen de se débarrasser de cet insecte, que de lui faire la chasse et de l'écraser, ce qui est facile. On doit se servir de petites pinces pour le saisir sous ses trois formes, de larve, de nymphe et d'insecte parfait. On ne doit pas négliger de détruire les œufs que l'on rencontrera sur le revers des feuilles de chou.

---

93 à 96. — LES PUCERONS DES PLANTES POTAGÈRES.

(*Aphis brassicæ*, L., *rapæ*, Curt., *rumicis*, L., *fabæ*, Blanch.)

On a exposé ailleurs l'histoire générale des Pucerons en traitant de ceux qui envahissent les arbres fruitiers; on ne la répétera pas ici; on se contentera d'indiquer ceux qui s'établissent sur quelques unes des plantes potagères cultivées dans les jardins.

On trouve sur le chou un puceron (1) qui s'attache au revers des feuilles en familles plus ou moins nombreuses et composées d'individus ailés et d'individus aptères de toutes les tailles. On l'y voit depuis le mois de juillet jusqu'en novembre. Il suce la sève et fait blanchir le point de la face supérieure opposée à celui sur lequel il s'est établi et, par là, il nuit à la qualité de cette plante. On lui a donné le nom de *Aphis brassicæ*, en français *Puceron du chou.*

1. *Aphis brassicæ*, Lin. — Le mâle est d'un vert de pois; les antennes sont assez longues, sétacées et noires, ainsi que la tête, le cou et le disque du thorax; il porte des bandes noires plus ou moins parfaites en travers de l'abdomen; les cornicules sont longues, épaisses, noires à la base; les ailes sont grandes, transparentes, à stigma d'un vert pâle; les nervures sont fortes, couleur de poix; les pattes sont noires, avec la base des cuisses verte.

La femelle, aptère, est légèrement farineuse, généralement d'un vert plus jaune que le mâle; le troisième article des antennes est ocreux, les suivants noirs; les yeux, deux grandes taches sur le vertex et une de chaque côté du cou, sont noirs; l'abdomen est très gros et lourd; les stigmates, plusieurs points sur le dos, quelques raies transverses au-delà du milieu, sont noirs; les cornicules sont courtes et noires, ainsi que les pattes; la base des cuisses est verte.

Une autre espèce de puceron s'établit en famille sous les feuilles de la rave et s'y comporte comme le précédent sur les feuilles du chou. On lui a donné le nom de *Aphis rapæ,* en français *Puceron de la rave.*

2. *Aphis rapæ,* Curt. — *Mâle :* ocreux; antennes modérément longues, sétacées, brunes, ayant les deux premiers articles noirs, le troisième ocreux à la base; tête noirâtre; cou ocreux et brun; le disque du corselet noir, brillant; abdomen verdâtre; les stigmates

(1) Farm Insects.

bruns ; les cornicules longues, grêles, ocreuses à l'extrémité ; ailes grandes à nervures légèrement brunes ; stigma long et jaunâtre ; extrémité des cuisses, tibias et tarses noirs.

Femelle : vert lisse, chagriné ; antennes brunes excepté à la base ; yeux, extrémité des tibias et tarses noirs.

Il est très abondant sous les feuilles des turneps pendant tout le mois de juillet.

L'oseille est quelquefois envahie par une espèce de puceron (1) dont le nom est *Aphis rumicis*, en français *Puceron de l'oseille*.

3. *Aphis rumicis*, Lin. — Longueur, 2 mil. 1/2. Corps noir ; antennes d'un gris jaunâtre, pâle ; ailes blanches ; pattes entièrement blanchâtres ; abdomen noir, relevé latéralement.

La fève des marais nourrit une espèce de puceron qui s'y multiplie en prodigieuse quantité, au point que la tige, les pétioles des feuilles et celles-ci en sont entièrement noirs. On le désigne sous le nom de *Aphis fabæ*, en français *Puceron de la fève*.

4. *Aphis fabæ*, Blanch. — Longueur, 2 mil. 1/2. Corps noir ; antennes brunes à premier article noir ; ailes blanches, diaphanes, avec leur bord extérieur et leurs nervures jaunâtres ; abdomen noir ; pattes jaunes, avec la base des cuisses, leur extrémité, ainsi que celle des jambes et les tarses, noirs.

Les moyens de destruction à essayer contre ces petits animaux sont les mêmes que ceux indiqués contre les pucerons des arbres fruitiers, c'est-à-dire les lotions et les aspersions avec des liquides ou des poudres insecticides.

---

97. — LE PUCERON DES RACINES.

(*Aphis radicum*, G..)

Il a été question précédemment des Pucerons qui vivent sur les feuilles des arbres fruitiers et sur celles des plantes légumineuses

(1) Farm Insects.

dont plusieurs espèces sont fort nuisibles. On s'aperçoit immédiatement du mal qu'ils produisent et l'on n'hésite pas à leur en attribuer la cause en les voyant eux-mêmes au milieu du désordre qui s'augmente à mesure qu'ils se multiplient. Il existe une espèce du même genre qui est fort dangereuse pour l'artichaut, la chicorée et peut-être d'autres plantes, de la présence de laquelle on ne s'aperçoit pas immédiatement parce qu'elle se tient sur les racines de ces végétaux. On l'y trouve en familles nombreuses, composées d'individus de toutes les tailles, mais tous aptères, du moins je n'en ai pas vu d'ailés. Il semble que les organes du vol ne soient pas nécessaires à des insectes qui vivent dans la terre et qui vraisemblablement n'en sortent jamais. Ces Pucerons se fixent un peu au-dessous du collet de la plante et sur les plus grosses racines, dans leurs enfourchures et dans les cavités qui s'y rencontrent. Ils enfoncent leur bec dans ces racines, les blessent, en sucent la sève pour se nourrir et l'empêchent de monter dans les feuilles qui jaunissent, languissent et meurent. Lorsque l'on s'aperçoit, pendant l'été et l'automne, que des pieds d'artichaut et de chicorée présentent ces symptômes, on est presque sûr d'en trouver les racines envahies par cette vermine. On y trouve aussi des fourmis qui se promènent sur les racines au milieu d'eux ; leur agitation contraste avec l'immobilité des premiers et si l'on détache quelques uns de ces pucerons pour les laisser tomber à terre, les fourmis les emportent en les prenant délicatement entre leurs dents. C'est ordinairement la fourmi jaune (*formica flava*, Lin.), qui vit au milieu d'eux. Elle n'attaque pas la plante, ne la blesse en aucune manière ; elle est là pour sucer la liqueur sucrée que secrètent les pucerons, pour s'en gorger, s'en nourrir et nourrir les larves qu'elle élève. Je crois que c'est elle qui les transporte d'une plante épuisée sur une plante fraîche et qui en établit des colonies en proportion de ses besoins. Il est vraisemblable que ces fourmis nuisent indirectement aux plantes en creusant des sentiers autour des racines qui leur permettent de circuler sous la terre et de visiter leurs pucerons ; l'air pénètre dans ces sentiers et contribué à la dessication de la plante.

Le Puceron des racines diffère de ceux dont on a déjà parlé par deux caractères; il a les antennes plus courtes et manque de cornicules à l'extrémité de l'abdomen; elles sont remplacées par deux points verruqueux, plats, assez difficiles à découvrir; c'est par ces organes qu'il rend la liqueur sucrée que recherchent les fourmis. Les pucerons étant excessivement nombreux en espèces, on y a établi des divisions génériques afin d'en faciliter l'étude. Celui dont il est ici question se place dans le genre *Forda*. Je le désigne sous le nom de *Forda radicum* et en français par celui de *Puceron des racines*.

1. *Aphis* (*Forda*) *radicum*, G. — Longueur, 3 mil., lorsqu'il a acquis toute sa taille. Il est ovoïde, c'est-à-dire en forme d'œuf dont le petit bout est occupé par la tête; sa couleur générale est un blanc verdâtre; les yeux et les tarses des quatre premières pattes sont noirâtres.

On ne connaît pas de moyen certain pour détruire ces insectes. On peut essayer l'emploi de poudres insecticides répandues au pied des plantes dont on aura préalablement découvert le collet, ou bien des arrosages avec de l'eau dans laquelle on aura fait infuser des substances propres à les tuer sans altérer les végétaux que l'on veut préserver. Il faut en même temps détruire les nids de la fourmi jaune qui existent dans le jardin, en employant les mêmes moyens.

—

98. — LA FOURMI JAUNE.

(*Formica flava*. Fab.)

Les Fourmis sont quelquefois très incommodes et fort nuisibles en dévorant les matières sucrées qu'elles découvrent dans les maisons et dans les jardins. On les voit arriver à la file et ronger ces matières jusqu'à ce qu'elles soient entièrement consommées. Elles recherchent le miel, le sucre, les fruits confits, les fruits mûrs, les liqueurs sucrées qui découlent de certains arbres, etc. Les parties intérieures de quelques insectes sont aussi de leur goût. On les accuse de monter sur les arbres fruitiers pour ronger les bourgeons au printemps lorsqu'ils sont gonflés par la sève, et les fruits, en été, lorqu'ils commencent à mûrir. Mais si l'on voit souvent les Fourmis courir sur les arbres, c'est moins pour les offenser que pour chercher les Pucerons, les Gallinsectes et les Psylles qui sont établis sur les feuilles ou sur les bourgeons. Tous ces petits Homoptères sucent la sève pour se nourrir et secrètent continuellement des gouttelettes d'un liquide légèrement sucré dont les fourmis sont avides. Ces dernières caressent les Pucerons en les touchant légèrement avec leurs antennes afin de les exciter à rendre leur liquide sucré qu'elles avalent dès qu'il paraît. Elles agissent de même avec les Gallinsectes et les Psylles. Elles se gorgent de nourriture qu'elles transportent à la fourmilière pour les besoins de ses habitants sédentaires. Mais les espèces les plus nuisibles dans les jardins, ce sont les fourmis qui ont l'instinct de transporter des pucerons à la racine des plantes pour s'en faire des espèces d'animaux domestiques; elles s'épargnent par ce moyen la peine d'aller à l'aventure chercher la nourriture qui leur est nécessaire. Lorsqu'une plante est épuisée et desséchée par les piqûres d'une nombreuse famille de pucerons, les fourmis, dont ils sont la propriété, les transportent sur les racines d'une plante voisine de la même espèce qui périt bientôt elle-même. Dans certains jardins, où la Fourmi jaune s'est établie, il est impossible de cultiver et de récolter des artichauts et des pois chiches appelés *garbanços* par les Espagnols.

Il y a différentes espèces de Fourmis; les unes ont l'abdomen armé d'un aiguillon piquant, peu redoutable; leurs chrysalides sont renfermées dans un cocon de soie blanchâtre filé par les larves; elles composent la tribu des Myrmycines. Les autres sont dépourvues d'aiguillon et lancent par l'anus un liquide odorant et acide; leurs chrysalides sont nues; elles forment la tribu des Formicines. Ce sont les larves et les chrysalides nues ou enveloppées que l'on appelle vulgairement *œufs de fourmis*, et que l'on récolte pour nourrir les jeunes perdreaux.

Les Fourmis vivent en sociétés composées de trois sortes d'individus : des femelles aptères en petit nombre, dont l'unique occupation est de pondre ; des femelles ailées en quantité notable à une certaine époque de l'année; des mâles ailés en grand nombre à la même époque, et des ouvrières très nombreuses en tout temps. Les occupations des ouvrières consistent à construire l'habitation commune, à transporter les œufs plus ou moins près de la surface de la fourmilière, selon la température, afin de faciliter leur éclosion ; à nourrir les larves, les femelles et les mâles en leur dégorgeant dans la bouche une gouttelette de liqueur sucrée qu'elles font remonter de leur estomac ; à soigner les larves, les lécher et les transporter dans les lieux les plus convenables de l'habitation, selon la chaleur et l'humidité de l'atmosphère, et lorsqu'elles se sont renfermées dans un cocon et qu'elles ont pris la forme d'insecte parfait, elles percent le cocon avec leurs dents pour faciliter la sortie de la jeune fourmi. Les mâles sont chargés de féconder les femelles ; l'accouplement s'opère au dehors et non dans l'intérieur de l'habitation. Les ouvrières, qui sont des femelles dont les ovaires sont avortés, sont les plus petits habitants de la cité ; les mâles sont un peu plus grands et les femelles sont plus grandes que ces derniers ; leur abdomen est très volumineux.

Les habitations appelées fourmilières présentent des formes différentes, selon les espèces : les unes ressemblent à un dôme gros et élevé composé de brins de paille, d'herbe et de racines sèches, de fragments de bois, de graines, de débris d'insectes, etc., que les ouvrières ramassent dans leurs courses, qu'elles rapportent à la maison, qu'elles accumulent et entassent de manière à empêcher la pluie de pénétrer dans l'intérieur ; d'autres sont creusées assez profondément dans la terre et recouvertes des parcelles de terre extraites des excavations et ressemblent à une taupinée ; on en trouve sous les pierres et dans les fentes des vieux murs ; quelques espèces établissent la leur dans le tronc carié d'un arbre qu'elles percent d'une multitude de galeries ; d'autres, enfin, faibles en population, sont établies dans une petite branche sèche. Toutes les fourmilières renferment dans leurs profondeurs des cellules pour les femelles, d'autres cellules pour les mâles et les ouvrières, pour les larves, les chrysalides et les œufs. Des galeries conduisent de ces cellules jusqu'aux portes de sortie ouvertes à la surface. Les cellules et les galeries sont très irrégulières et n'ont rien de cet ordre que l'on remarque dans les habitations des abeilles et des guêpes. Les œufs sont pondus à l'automne ou au printemps, selon les espèces, et les larves ont atteint leur entier accroissement à des époques différentes. Les insectes parfaits paraissent depuis la fin de juillet jusqu'à l'équinoxe d'automne. Les mâles et les femelles se montrent les premiers, les ouvrières se transforment les dernières. L'habitation est bientôt remplie et surchargée de population qu'elle ne peut plus contenir; les m les et les femelles se répandent alors sur la surface de la fourmilière en marchant avec agitation, et dans la soirée, lorsque le temps est chaud, ils s'envolent tous ensemble, tourbillonnant dans l'air. Les mâles choisissent leurs femelles et viennent s'abattre avec elles sur la terre ou sur les feuilles des plantes où le mariage s'achève; mais le plus grand nombre est privé de l'accouplement. Ces derniers continuent à voltiger pendant quelque temps, puis ils viennent se poser tous en phalange serrée sur un mur ou dans un coin où ils périssent bientôt. Ils ne rentrent jamais dans la fourmilière où vraisemblablement ils ne seraient pas reçus. Les femelles fécondées courent sur la terre, dans différentes directions; celles qui sont rencontrées par des ouvrières dans le voisinage de la fourmilière, y sont ramenées de force, et ces ouvrières leur arrachent les ailes pour les empêcher de s'échapper. Celles qui sont tombées au loin rencontrent ordinairement quelques ouvrières qui s'attachent à leur sort : elles les entraînent à leur suite et vont fonder une nouvelle colonie; dès que l'ouvrage est commencé, elles arrachent elles-mêmes leurs ailes avec leurs pattes et ne sortent plus de la nouvelle habitation.

Pour compléter ces généralités sur les fourmis, il convient de dire qu'une espèce appelée Polyergue roussâtre (*Polyergus rufescens*) marche en troupe nombreuse et compacte à l'attaque des fourmilières habitées par la fourmi brune (*Formica fusca*, Lin.) et la fourmi mineuse (*Formica cunicularia*, Lat.), qu'elle les envahit de force et enlève les nymphes qu'elle y trouve, les emporte dans son habitation où elles éclosent et deviennent des esclaves chargés de tous les travaux de la cité.

La Fourmi jaune, (*Formica flava*, Fab.). — Cette espèce établit son nid sous les pierres ou sous une motte de gazon, elle creuse des galeries entre les racines et ramène les grains de terre entre les brins d'herbe de manière à former une petite taupinée. On y trouve des mâles et des femelles ailés dès le mois d'août; elle essaime à la fin de ce mois ou en septembre. Elle s'établit volontiers dans les jardins et dans les pots à fleur. Elle a l'instinct de transporter une espèce de puceron (*Forda radicum*, G.) sur les racines des artichauts, des pois chiches, de la chicorée et peut-être d'autres plantes qui les fait promptement périr. Elle entame aussi les fruits mûrs qui tombent à terre; elle est fort nuisible.

1. *Formica flava*, Fab. — *Ouvrière* : Longueur, 3 ou 4 mil. Antennes, tête, corps et pattes d'un jaune luisant plus ou moins foncé; yeux petits, noirs; mandibules d'un fauve brun; des poils isolés sur l'abdomen.

Mâle : Longueur, 4 mil.; d'un brun noir luisant; premier article des antennes noir, les autres pâles; les articulations des pattes et les tarses pâles; yeux saillants, noirs; mandibules bidentées; ailes hyalines à nervures et stigma pâles, très peu enfumées vers la base.

Femelle : Longueur, 7 à 9 mil.; d'un brun jaunâtre luisant; antennes pâles; tête noire, plus étroite que le thorax; celui-ci noir en dessus, brun en dessous; abdomen plus large que le thorax, d'un brun jaunâtre, pubescent, plus clair en dessous; pattes pâles; ailes hyalines, à nervures noires enfumées à la base.

On a proposé contre les fourmis divers moyens de destruction dont l'emploi est facile. Si on ne sait pas où est la fourmilière et qu'on ait à se défendre contre des individus isolés, on place à leur portée des vases et des fioles contenant de l'eau miellée ou sucrée dans laquelle elles se noyent; si on empoisonne cette eau, la destruction est plus assurée. Lorsque l'on connait la fourmilière, on verse dessus de l'eau bouillante et on l'inonde à plusieurs reprises si cela est nécessaire. Cette opération doit être faite le soir lorsque la population est rentrée au logis; ou bien on y verse de l'eau benzinée ou une décoction de tabac. On vante comme moyen efficace de destruction l'emploi du guano dont on couvre la fourmilière. On peut essayer la chaux vive de la même manière. On a encore proposé de placer à l'entrée des galeries qui conduisent au centre de l'habitation une paille enduite d'arsenic. Ce poison communique une espèce de rage aux fourmis et opère assez efficacement la destruction de ces insectes. On pourra choisir entre ces divers procédés celui qui sera le plus convenable à la position que l'on occupe. Dans la campagne les perdrix et les cailles détruisent beaucoup de fourmis et c'est avec les larves et les chrysalides qu'elles nourrissent leurs petits. Les poules en sont très friandes et l'on pourrait essayer d'en placer auprès de la fourmilière en les emprisonnant sous une cage; une mère et ses poussins auraient bientôt détruit toutes les fourmis. En bouleversant fréquemment la fourmilière on oblige les fourmis à déloger.

—

99. — LE GRAND PAPILLON DU CHOU.

(*Pieris Brassicæ*, Lat.)

Ce papillon est commun dans les jardins, où on le voit, pendant presque toute la belle saison, voltiger au-dessus des choux. La femelle pond ses œufs sur le revers des feuilles de ce légume. Elle les dispose par plaques les uns à côté des autres. Ils sont d'un blanc jaunâtre, pyramidaux, cannelés et plantés debout. Les petites chenilles qui en sortent se répandent sur les feuilles et s'éloignent peu les unes des autres; elles les rongent, les percent et en consomment une notable quantité, car elles sont très voraces et en mangent chaque jour environ le double de leur poids. Celles qui naissent en juin ont pris leur accroissement au commencement d'août. Elles ont alors 18 à 20 mil. de longueur. Elles sont d'un cendré bleuâtre, avec trois raies jaunes longitudinales, une sur le dos et une de chaque côté du ventre ; entre ces raies sont des points noirs tuberculeux plus ou moins grands, du centre de chacun desquels sort un poil. Lorsque cette chenille a pris tout son accroissement et veut se transformer en chrysalide, elle va dans les environs choisir un lieu convenable, souvent assez éloigné de celui où elle a vécu ; elle le tapisse de soie et s'y attache en s'entourant d'un lien de fils de soie et en accrochant ses pattes postérieures dans son tapis. Le papillon sort de la chrysalide dans le mois de septembre, s'accouple et va pondre sur les choux pour produire une seconde génération qui passe l'hiver à l'état de chrysalide. Les chenilles qui n'ont pas eu le temps de se métamorphoser hivernent dans un abri et ne subissent leur changement en chrysalide qu'au printemps suivant. Le papillon de la génération automnale s'envole dans les mois de mai et de juin et quelquefois un peu plus tard.

Ce papillon fait partie de la famille des Diurnes, de la tribu des Piérides et du genre *Pieris*. Son nom entomologique est *Pieris brassicæ*, en français, *Pieris du chou*, et son nom vulgaire *le grand Papillon du chou.*

1. *Pieris Brassicæ*, Lat. — Il a 25 à 30 mil. de largeur, lorsque ses ailes sont étendues. Le corps est noir, couvert de poils blancs; les antennes sont annelées de noir et de blanc; les ailes sont blanches; les supérieures ont l'extrémité et une partie du bord postérieur noirâtres; celles de la femelle ont en outre trois taches noires au milieu.

Pour se débarrasser de ce papillon nuisible on lui fait la chasse et on le prend au moyen du filet à papillon, et on s'attache surtout à saisir les femelles. On recherche les chenilles sur les choux pour les écraser et aussi les plaques d'œufs qui se trouvent sous les feuilles. Cette chasse doit être continuée pendant tout l'été.

La chenille du grand Papillon du chou est exposée aux atteintes d'un ennemi naturel d'une très petite taille, qui lui fait une guerre cruelle et en détruit les trois quarts au moins. Cet ennemi est un Ichneumonien appartenant à la sous-tribu des Braconites et au genre *Microgaster* dont le nom est *Microgaster glomeratus*, en français *Microgastre aggloméré.* La femelle pond ses œufs au nombre d'une vingtaine au moins, et souvent beaucoup plus dans le corps d'une seule chenille. Les petites larves qui en sortent se nourrissent des sucs qu'il contient, et lorsqu'elles ont pris toute leur croissance, elles percent la chenille le long de ses flancs pour en sortir et s'enfermer aussitôt chacun dans un petit cocon de soie jaune; comme elles ne se séparent pas, tous les cocons sont agglomérés et paraissent ne faire qu'une seule masse. Au bout de quinze jours environ il sort de chacun de ces cocons un petit Ichneumonien qui s'envole, s'accouple et va ensuite pondre sur les chenilles du chou qu'il rencontre.

LXXX. *Microgaster glomeratus*, N. de E. — Longueur, 3 mil. Il est de couleur noire; antennes noires, sétacées, de la longueur du corps; tête noire, transversale; palpes jaunâtres; thorax noir, ovalaire et de la largeur de la tête; abdomen noir, ovalaire, de la longueur et de la largeur du thorax, ayant les bords latéraux de son premier segment et quelquefois ceux du second d'un fauve testacé, sessile, à premier segment peu atténué à la base; pattes d'un testacé fauve, avec les hanches postérieures noires, et quelquefois l'extrémité des tibias et les tarses brunâtres; ailes hyalines à stigma et nervures d'un pâle livide; les supérieures ayant deux cellules cubitales.

On doit bien se garder de tuer cet utile auxiliaire et l'on fera bien au contraire de le multiplier dans son jardin en y transportant les masses de cocons agglomérés, jaunes ou blanchâtres, que l'on rencontrera fréquemment dans la campagne, fixés contre les murs, les pierres et les plantes.

Il y a aussi un grand Ichneumonien dont la larve vit solitaire dans le corps de la chenille et de la chrysalide du *Pieris brassicæ*, et qui se change en chrysalide, sans se filer de cocon, dans l'intérieur de cette dernière. L'Ichneumonien éclôt au bout de deux ou trois semaines. Il appartient au genre *Pimpla* et porte le nom de *Pimpla instigator*, Grav.

LXXXI. *Pimpla instigator*, Grav. — Longueur, 13 mil.; envergure, 18 mil. Il est de couleur noire, ponctué; les antennes grêles ne sont pas aussi longues que le corps et sont noires; le thorax est noir, élevé; l'abdomen est subcylindrique, légèrement rétréci à la base, plus long que la tête et le thorax; les cuisses, les tibias et les tarses sont d'un fauve brillant, excepté les tarses de derrière qui sont bruns et noirs. Les ailes sont transparentes, légèrement lavées de jaune; le stigma et les nervures sont bruns et l'aréole est rhomboïdale. La femelle est considérablement plus grande que le mâle; elle est pourvue d'une tarière robuste, longue comme la moitié de l'abdomen.

Ce puissant insecte attaque différentes espèces de chenilles et on le voit souvent voler autour des arbres fruitiers et visiter leurs feuilles pour en découvrir.

On doit encore mettre au nombre des ennemis de ce papillon du chou, un petit moucheron d'une couleur brillante. La femelle dépose ses œufs sur les côtés de la chrysalide au moment où la chenille vient de quitter sa dernière peau et où cette chrysalide est molle; elle en pond de 200 à 300. Les petites larves entrent dans le corps de la chrysalide et se nourrissent de sa substance jusqu'à leur entier accroissement; elles se changent elles-mêmes en chrysalides dans leur habitation, et les insectes parfaits éclosent au bout de quinze jours en été; quelques-uns passent l'hiver et ne paraissent qu'au printemps suivant. Lorsqu'ils sont sortis de leur berceau, ils volent au dessus en essaim, ils s'accouplent, et vont ensuite chercher des chrysalides pour les piquer.

Ce petit insecte est de l'ordre des Hyménoptères, de la famille des Pupivores, de la tribu des Chalcidites et du genre *Pteromalus*. Son nom entomologique est *Pteromalus larvarum*.

LXXXII. *Pteromalus larvarum*, N. de E. — Longueur, 2 mil.; envergure, 6 mil. La femelle est d'un vert noirâtre, finement ponctuée; la tête est large, les antennes en massue, noires, avec le premier article jaunâtre; l'abdomen est ovale, déprimé, brillant, d'un vert clair à la base, avec une teinte violette en dessous; les ailes sont transparentes, ayant une nervure jaunâtre le long de la côte formant un petit rameau en dessous au-delà du milieu; les pattes d'un ocre clair; les hanches noires; les cuisses, excepté la base et l'extrémité, couleur de poix; le milieu des quatre tibias postérieurs, brun; l'extrémité des tarses noire.

Mâle : Longueur, 2 mil.; envergure, 5 mil. Il est d'un vert brillant, finement ponctué; la tête est large; les antennes taunées, ocreuses à la base et filiformes; l'abdomen est linéaire, concave, avec l'extrémité ovale, très brillant, avec une teinte dorée; les ailes comme celles de la femelle; les pattes, excepté les hanches, d'un ocre clair; l'extrémité des tarses couleur de poix.

Ces détails sont tirés du *Farm insects* de M. Curtis.

Le Dr Robineau Desvoidy signale un autre parasite du *Pieris brassicæ*; c'est un diptère du genre *Doria*, le *Doria concinnata*, Meig.

---

100. — LE PETIT PAPILLON DU CHOU.

(*Pieris rapæ*, Dup.)

Ce petit Papillon blanc est très nuisible aux turneps, aux choux, au cresson, au réséda, etc., dont sa chenille dévore les feuilles. Il se montre en même temps que le grand Papillon blanc auquel il ressemble beaucoup, mais il est plus petit. Les œufs ne sont pas les mêmes et les chenilles ainsi que les chrysalides sont entièrement différentes.

En Angleterre on lui a donné le nom de Papillon du turneps, parce que sa chenille vit particulièrement sur le turneps, et c'est pour la même raison que Linné l'a appelé Papillon de la rave.

Il entre dans la même famille et dans le même genre que le

grand Papillon du chou et porte le nom entomologique de *Pieris rapæ*.

Pieris rapæ, Dup. — Le mâle est blanc; les ailes supérieures ont l'extrémité noire, poudrée de blanc; les inférieures ont une tache noire en dessus.

La femelle est semblable et porte deux taches noires pareilles sur le milieu des ailes supérieures; le dessous des mêmes est blanc, l'extrémité jaune et deux taches noires au-delà du milieu, l'inférieure quelquefois presque oblitérée; les ailes inférieures sont jaunes en dessous, tachées de blanc. La longueur du mâle est de 15 mil., et son envergure d'environ 50 mil. La femelle est plus grande et quelquefois d'une couleur sombre.

La femelle dépose ses œufs un à un sur le revers des feuilles et ils sont assez semblables à ceux du *Pieris brassicæ*, pour la forme et la structure, mais la chenille est tout à fait différente, étant verte et couverte de petits poils serrés comme un velours; elle a une raie jaune le long du dos et une autre de chaque côté, le ventre est d'un vert plus pâle et luisant. Elle a quelquefois plus de 25 mil. de longueur et est de la grosseur d'une plume de corbeau; elle se change en chrysalide en s'attachant au corps sur lequel elle se trouve, par une ceinture de fils de soie; cette chrysalide est d'un brun rosé taché de noir.

On doit employer contre ce papillon les mêmes moyens de préservation que ceux qui ont été indiqués contre le grand Papillon du chou.

La chenille du *Pieris rapæ* est attaquée par deux parasites de l'ordre des Diptères; ce sont, suivant Rob. Desvoidy, le *Doria concinnata*, Meig. et le *Phryxe Pieridis*, R. D.

---

101. — LE PAPILLON BLANC VEINÉ DE VERT.

(*Pieris napi*, Dup.)

Linné a donné le nom de *Papillo napi*, au papillon blanc veiné de vert parce que sa chenille vit sur le navet. Ce Lépidoptère fait partie de la même famille et du même genre que les deux précédents, et son nom entomologique est *Pieris napi*.

1. *Pieris napi*, Dup, — Longueur, 15 mil.; envergure, 52 mil. Le mâle est blanc; la tête, le thorax, l'abdomen sont couverts de poils jaunâtres en dessus; les ailes supérieures ont l'extrémité saupoudrée de noir et les nervures grisâtres; les inférieures ont une tache noire au bord supérieur, et des nervures apparentes obscures. La femelle a les nervures des ailes supérieures plus foncées, l'extrémité plus noire, et deux grandes taches au-delà du milieu. Le dessous des ailes supérieures présente deux taches noires, l'extrémité jaune et les nervures sombres formant des raies grises; les inférieures sont d'un jaune pâle, avec les nervures encore plus distinctes à cause de la large bordure grise qui les environne. Chez quelques individus les nervures sont moins fortement marquées, ce qui pourrait venir d'une différence entre la génération du printemps et celle de l'automne, ou du croisement avec le *Pieris rapæ*; car il doit exister des hybrides parmi ces insectes.

Les œufs de cette espèce sont déposés isolément sur le revers des feuilles des choux, des turneps et des autres crucifères; ils sont longs, cylindriques, de la forme d'un pain de sucre, cannelés et striés transversalement, et blanchâtres. Les chenilles atteignent la taille de 25 mil. Elles sont d'un vert délicat, couvertes d'un épais duvet de poils comme le velours; les stigmates sont d'un jaune rougeâtre, et lorsqu'elles sont étendues et couchées sur les feuilles, ce qu'elles font dans le jour, elles sont à peine visibles à l'œil. La chrysalide est attachée par une ceinture comme les précédentes; elle est d'un blanc verdâtre ou jaune, tachée de noir, avec le bec et les pointes brunes.

Ce papillon a deux générations dans l'année, l'une en avril ou mai, et l'autre en juillet ou août. Les chenilles sont très nuisibles dans les jardins où non seulement elles ont mangé, en 1841, les feuilles des turneps, mais où elles ont causé un grand dommage aux choux, particulièrement en septembre, en rongeant les feuilles centrales, comme fait la chenille de la Noctuelle du chou (*Hadena brassicæ*), et j'en ai tué jusqu'au 22 septembre.

J'ai trouvé une chrysalide de cette espèce percée d'un grand trou sur le côté, par lequel étaient sortis des Ichneumons parasites en nombre incroyable. Ce parasite est un ichneumonien appelé par Gravenhorst Hemitales melanarius.

LXXXIII. *Hemiteles melanarius*, Grav. — Longueur, 4 mil.; envergure, 8 mil. Le mâle est entièrement noir et ponctué; l'abdomen est fortement ponctué; le bord des segments et l'extrémité sont lisses et brillants; les antennes, grêles, sont à peine aussi longues que le corps; les nervures et le stigma des ailes sont couleur de poix; l'aréole est ouverte en dehors; les pattes sont noires; l'extrémité des quatre cuisses antérieures et leurs tibias sont tannés; les tarses sont brunâtres.

La femelle diffère tellement du mâle qu'on ne supposerait pas qu'ils sont de la même espèce. Elle est noire, mais l'abdomen est rouge, excepté le premier et le dernier segment; la tarière est saillante, de la moitié de la longueur de l'abdomen; les cuisses et les tibias sont rouges; l'extrémité des tibias postérieurs et les tarses sont bruns. Longueur, 7 mil. (tarière comprise); envergure, 10 mil.

Ces détails sont pris dans le *Farm insects* de M. Curtis, qui recommande de chercher les chrysalides en hiver sous les rebords des murs, sous les couvertes des portes et des croisées, dans les treillages des espaliers, etc., pour les écraser. On doit laisser celles qui sont d'un brun noir, parce qu'elles sont remplies de *Ptéromales*, parasites que l'on doit ménager. On doit aussi faire la chasse aux Papillons.

---

102. — LA NOCTUELLE FIANCÉE.

(*Triphæna pronuba*, Dup.)

On trouve assez fréquemment dans les jardins potagers pendant l'automne une grosse chenille qui se nourrit de feuilles d'oseille ou de laitue ou d'autres plantes qui y croissent. Cette chenille y cause d'assez grands dégâts lorsqu'elle est nombreuse. Elle se cache pendant le jour et sort de sa retraite pendant la nuit pour prendre de la nourriture, et il faut la chercher avec soin, surtout le soir, pour la découvrir. Lorsqu'elle est parvenue à toute sa croissance, vers le milieu d'octobre, elle est grosse comme le petit doigt et longue de 5 centimètres. Sa couleur est d'un vert sale, avec une teinte cuivré ou vert jaunâtre, variée sur le dos et les côtés de brun rosé faiblement roux; le dessous est vert pâle; la tête est couleur d'ocre, avec deux raies noires sur le front et une tache brune entre elles; le premier segment thoracique porte une lunule brune ou noire, sur le dos, non luisante; on voit sur le dos trois lignes longitudinales pâles, dont la médiane est la plus étroite; tous les segments, excepté les quatre premiers, portent sur le côté une tache allongée, ce qui fait sept paires de taches; le douzième segment est vert, avec quatre taches brunes; le clapet est brun; les stigmates sont noirs; les six pattes pectorales sont couleur d'ocre et les dix autres sont vertes.

Cette chenille passe l'hiver dans la terre et peut supporter le froid le plus rigoureux. Elle se transforme en chrysalide au printemps suivant et l'insecte parfait éclot en juin ou juillet. Il est très difficile d'élever la chenille en captivité, comme on l'éprouve pour toutes celles qui ont les mêmes habitudes.

Le Lépidoptère qu'elle donne fait partie de la famille des Nocturnes, de la tribu des Noctuélites et du genre *Triphæna*. Son nom entomologique est *Triphæna pronuba* et son nom vulgaire *Noctuelle fiancée;* on la nomme encore *Noctuelle hibou.*

1. *Triphæna pronuba*, Dup. — Elle a 55 mil. de largeur lorsque ses ailes sont étendues. Les supérieures sont d'une couleur variant du brun foncé au brun très pâle et ferrugineux, nuancées de gris jaunâtre ou bleuâtre; les deux taches ordinaires sont d'un gris pâle et on voit au-delà une ligne transversale onduleuse de la même couleur. Dans quelques individus on aperçoit deux ou trois autres

lignes en avant des taches. Les ailes inférieures sont d'un jaune fauve vif, avec une large bande noire située un peu avant le bord terminal; la tête et le corselet sont d'un jaune d'ocre grisâtre; les antennes sont sétacées et pâles; l'abdomen est jaune d'ocre.

Cette Noctuelle porte ses ailes couchées horizontalement sur son dos dans l'état de repos; elle vole peu et à petite distance pendant le jour; elle s'abat promptement et se cache dans les herbes.

On ne connaît pas d'autre moyen de conjurer les ravages de cette noctuelle que de chercher la chenille et de faire la chasse au papillon pour les tuer.

—

103 et 104. — LE VER GRIS, VER COURT.

(*Agrotis segetum*, Hub.; *Agrotis exclamationis*, Dup.)

Les jardiniers donnent le nom de *Ver gris*, *Ver court* à une chenille très nuisible qui habite dans la terre au pied des plantes potagères. Le nom de *Ver gris* indique qu'elle diffère du *Ver blanc* qui est la larve des hannetons et celui de *Ver court* qu'elle ne doit pas être confondue avec les Lombrics ou Vers de terre. Elle se cache dans la terre et se nourrit des racines des plantes qu'elle ronge et des feuilles basses qu'elle atteint pendant la nuit en sortant en partie ou en entier de sa retraite dans laquelle elle rentre au point du jour. Ordinairement elle coupe la plante au collet et mange la partie qui s'élève au dessus de la racine près de la surface du sol. Elle commence à exercer ses ravages dès le commencement d'août et si l'on transplante de la chicorée dans son jardin à cette époque et qu'il renferme de ces chenilles, on ne tarde pas à voir tomber le jeune plant coupé près de terre ou ne tenant plus à la racine que par quelques fibres rongées. Cette chenille continue à exercer ses déprédations pendant l'automne et passe l'hiver dans la terre, s'enfonçant assez profondément pour être à l'abri des plus grands froids. Si l'hiver est doux elle mange quelques racines et au retour du printemps elle remonte près de la surface du sol pour y prendre quelques repas, après quoi elle s'enfonce un peu plus et se change en chrysalide, sans filer de cocon, dans une cellule ovale qu'elle a pratiquée dans le sol.

Cette chenille, observée le 14 août, époque où elle n'a guère acquis que la moitié de sa croissance, a 21 mil. de longueur; elle est d'un gris verdâtre foncé; sa tête est noire, avec les antennes, les palpes, les impressions crâniennes pâles; les segments du corps portent deux rangs transversaux de points verruqueux, d'un noir luisant, surmontés d'un poil; elle a seize pattes d'un gris pâle. On distingue très obscurément sur son dos des lignes longitudinales un peu moins foncées. Lorsqu'elle a pris à peu près toute sa croissance, dans le mois de novembre, elle a au moins 40 mil. de longueur. Dans le repos elle se roule en cercle.

Je ne suis pas parvenu à l'élever et à en obtenir le papillon, et la même difficulté se présente pour toutes les chenilles qui passent l'hiver et ont besoin de manger au printemps avant de se changer en chrysalide; c'est pourquoi je ne connais pas le papillon dans lequel elle se transforme. Pour en savoir le nom je me suis adressé à nos plus célèbres lépidoptéristes. M. Boisduval m'a dit que la chenille appelée *Ver gris* donne la *Noctua (Agrotis) segetum*, Hub. M. Guénée m'a déclaré qu'elle produit la *Noctua (Agrotis) exclamationis*, Lin. J'ai vu chez M. Bélier de la Chavignerie les chenilles très bien conservées de ces deux Noctuelles qui diffèrent de celle décrite plus haut, par leur couleur d'un gris roux et une plaque cornée sur le premier segment du corps. Le *Ver gris* dont il est ici question se métamorphose peut-être en noctuelle d'une autre espèce.

Mais les chenilles des *Agrotis segetum* et *Agrotis exclamationis* ne sont pas moins pernicieuses et ne sont pas moins à craindre dans les jardins; elles peuvent être désignées aussi par le nom de *Ver gris*, quoiqu'elles soient d'une autre nuance que cette couleur. Je trouve leur histoire dans l'ouvrage de M. Curtis, intitulé : *Farm Insects*, et je la reproduis ici à cause de l'intérêt qu'elle présente.

La chenille de la Noctuelle des moissons (*Agrotis segetum*, Hub.), est non-seulement funeste au blé dans les champs, mais aussi aux turneps et à plusieurs plantes potagères telles que la laitue, l'épinard, la bette, dont elle ronge les racines et qu'elle fait mourir; elle mange aussi les feuilles, mais comme elle se tient le plus volontiers dans la terre, c'est aux racines qu'elle s'adresse, coupant la plante au point qu'on appelle le collet.

Le papillon qui la produit voltige quelquefois en grand nombre autour du sommet des haies aussitôt le soleil couché, en juin et juillet; on le voit encore en octobre, d'où l'on peut conclure qu'il a deux générations par an ou qu'il y a une succession d'éclosions pendant le printemps et l'automne. La femelle dépose ses œufs dans la terre au mois d'août au plus tard. Les jeunes chenilles éclosent au bout de dix ou quinze jours et passent l'hiver en atteignant une longueur de 40 à 45 mil; elles sont lisses, luisantes, d'une couleur d'ocre pâle et luride légèrement roux, avec un large espace sur le dos souvent rosé, et quelques poils courts épars sur le corps; au milieu de cet espace se trouve une double ligne obscure et une autre moins distincte de chaque côté entre lesquelles sont deux points noirâtres placés obliquement sur chaque segment; il y a aussi trois points obscurs à la base des cuisses; elle est pourvue de seize pattes; la tête est cornée; la bouche, les antennes sont ferrugineuses, les mâchoires, noires, les yeux tachés de noir sur un fond couleur d'ocre; le bord interne est entouré de la même couleur noire formant presque un X sur la face; le premier segment thoracique est noir, corné, luisant, divisé par trois lignes pâles.

Elle passe l'hiver dans une cellule pratiquée dans la terre, à la profondeur de 9 à 10 centimètres, où elle s'engourdit. Au retour du printemps elle sort de sa retraite et prend de la nourriture jusqu'à la fin de mai ou le commencement de juin. Alors elle rentre dans la terre où elle se change en chrysalide. Elle reste pendant un mois dans cet état et se transforme en juillet.

Le lépidoptère qu'elle donne se range dans lafamille des Nocturnes, dans la tribu des Noctuélites et dans le genre *Agrotis*. Son nom entomologique est *Agrotis segetum*, et son nom vulgaire *Noctuelle des moissons*.

1. *Agrotis segetum*, Hub. — Elle a 40 mil. de largeur lorsque les ailes sont étendues ; sa couleur générale est un rouge brun qui varie beaucoup sur les ailes supérieures qui sont quelquefois couleur de glaise ; les taches qu'elle a varient aussi pour la forme et l'étendue ; les antennes sont ciliées ; les ailes supérieures sont d'un roux brun ; elles portent une double ligne ondulée vers la base ; à la seconde est attachée une tache ovale ou ronde de couleur brune, bordée de noir ; sur le disque se trouve un rond brun dans le centre et bordé de noir, avec une large tache réniforme de la même couleur à côté ; au-dessous d'elles une double ligne ondulée, étendue, et près du bord une autre plus irrégulière ; à la base de la frange une ligne arquée de taches noirâtres en lunules ; les ailes inférieures sont d'un blanc pur avec un reflet opalin ; les nervures et une ligne le long du bord, brunes ; le corps est brun, plus pâle à la base ; les pattes sont grises.

La femelle est plus brune que le mâle et ses antennes sont simples ; la tête, le thorax et les premières ailes sont bruns ou couleur de chocolat, et les taches, très marquées chez le mâle, sont presque oblitérées ; les inférieures sont d'un blanc sale.

La Noctuelle exclamation (*Agrotis exclamationis*, Dup.). — On voit fort souvent cette Noctuelle voler le soir dans les jardins où sa chenille se nourrit des plantes potagères. Elle a deux générations en France. La chenille vit, dit-on, sur le séneçon, mais cela est douteux, car le papillon a été obtenu de chenilles trouvées à la racine des turneps. A la fin du mois d'août 1842 on remarqua un champ de navets de Suède (*Swedes*) dont quelques pieds étaient mourants et en les arrachant on trouva que la plante était coupée au collet de la racine ; en fouillant autour de la racine on y trouva une de ces chenilles ; quatre autres furent découvertes au milieu d'un enclos voisin au pied d'une racine de la même plante ; on doit donc la regarder comme un insecte des plus destructeurs. Il est vraisemblable qu'elle passe l'hiver dans la terre comme les chenilles du même genre (*Agrotis*), car on en a trouvé au pied des pommes de terre le 20 novembre.

Cette chenille a 40 mil. de longueur lorsqu'elle a pris toute sa croissance ; elle est de couleur lilas sombre avec un large espace sur le dos plus ocreux et plus brillant, dont les bords sont limités par une ligne peu distincte, et sur le milieu duquel est une double ligne brune ; les côtés sont d'un vert blanchâtre pâle ; la tête est noirâtre ; les mâchoires, les yeux, deux lignes obliques à la base et un point entre elles sont noirs, ainsi que les neuf stigmates ; le premier segment thoracique est corné, brun en dessus et taché de noirâtre ; les autres segments ont quatre tubercules sur le dos et plusieurs autres sur les côtés, tous portant un poil ; les six pattes pectorales sont couleur d'ocre avec les ongles noirs ; les huit abdominales et les deux anales sont brunes à leur extrémité. Elle est de la grosseur d'une plume d'oie et n'est pas aussi cylindrique que les autres, étant un peu déprimée en dessus et plate en dessous, ce qui est probablement plus avantageux pour miner sous les racines.

Le papillon se montre en Angleterre pendant le mois de juin, surtout à la fin de ce mois dans les jardins, les champs, sur les hauteurs couvertes d'herbes autour desquelles il vole à la chute du jour. Il entre dans la famille des Nocturnes, dans la tribu des Noctuélites et dans le genre *Agrotis*. Son nom entomologique est *Agrotis exclamationis* et son nom vulgaire *Noctuelle exclamation*, qu'elle doit à un trait noir imitant un point d'exclamation écrit sur les ailes supérieures.

2. *Agrotis exclamationis*, Dup. — Elle a 20 mil. de longueur et 44 mil. de largeur lorsque ses ailes sont étendues ; elle est d'une couleur argileuse ; les antennes sont pectinées chez le mâle, mais les lamelles formant les dents du peigne vont en diminuant de la base à la pointe ; les palpes sont gris en dessus, noirâtres sur les côtés ; les yeux noirs ; le corselet porte en devant une tache noire tranversale ; les ailes sont couchées horizontalement sur le corps et se recouvrent ; les supérieures sont longues et étroites ; la côte est plus foncée et marquée de taches pâles et brunes ; elle porte deux doubles lignes près de la base et à la seconde est attaché le

trait d'exclamation de couleur noire ; au-dessus se trouve la tache ronde avec une pupille et au-dessous la tache réniforme, brunes ; vient ensuite une ligne transversale denticulée et près de la frange une ligne pâle très irrégulière ; les ailes inférieures sont blanches excepté le bord supérieur et les nervures, qui sont de couleur argileuse pâle ; l'abdomen est un peu déprimé, d'un brun obscur plus clair à la base, obtus à l'extrémité chez le mâle, conique chez la femelle; les pattes sont de couleur argileuse comme les ailes supérieures, le thorax et l'abdomen.

M. Curtis fait mention d'une troisième espèce de chenille de terre (*Surface grub*, *Surface caterpilar*), qu'il a souvent reçue avec les deux précédentes (*Agrotis segetum* et *exclamationis*), dont il ne connaît pas le papillon parce qu'il n'a pu l'élever. Cette chenille a pris tout son accroissement à la fin de septembre et se nourrit des racines des turneps dans les champs ; dans les jardins elle attaque les racines des choux en rongeant tout autour de la tige juste au-dessous de la surface du sol. L'une d'elles fut trouvée en butant du céleri ; laissée un instant sur la terre elle disparut bientôt en s'y enfonçant à une profondeur de 30 centimètres où on la trouva en bêchant. Elle est d'un vert pâle, un peu rosée sur le dos et légèrement roussâtre, avec une double ligne au milieu de cette région ; l'espace entre les lignes est blanchâtre et il existe une ligne semblable de chaque côté, le long de la base des cuisses; les stigmates sont noirs et sur le dos de chaque segment on voit quatre points noirs, ceux de la première paire rapprochés ; la tête est cornée et ocreuse avec une tache noire sur chaque œil près de la base des mâchoires qui sont ferrugineuses, et une tache noire fourchue sur le vertex ; il n'y a pas de plaque cornée sur le premier segment, ce qui la distingue des espèces précédentes ; elle a seize pattes et est de la grosseur d'une plume d'oie ; elle a environ 50 mil. de longueur.

Dans le mois de mars suivant, M. Curtis examina la terre sur laquelle il l'avait nourrie avec des feuilles de choux et trouva qu'elle avait formé une case de terre, d'une forme ovale, au centre de laquelle se trouvait une cellule contenant la chrysalide, d'un brun brillant.

Cette chenille, par l'absence de la plaque écailleuse du premier segment thoracique, se rapproche de celle que l'on a désignée ci-dessus par le nom de *Ver gris*.

On ne connaît pas de moyen de s'opposer aux ravages de ces chenilles, ni de détruire leurs papillons. On recommande cependant de surveiller les plantes potagères de son jardin et dès qu'on en verra une jaunir ou coupée au collet de la racine, on devra fouiller au pied avec un couteau sans blesser la plante, et tuer les chenilles ou les larves qu'on y trouvera.

---

105. — LA NOCTUELLE POTAGÈRE.

(*Hadena oleracea*, Dup.)

La Noctuelle potagère se trouve fréquemment dans les jardins où, comme son nom l'indique, sa chenille se nourrit sur les plantes potagères et leur cause un dommage assez considérable, lorsqu'elle est nombreuse. On la rencontre en juin, août et septembre. Après sa troisième mue elle est d'un vert foncé avec cinq raies longitudinales, dont trois blanches et deux jaunes; celles-ci sont placées latéralement au-dessous des stigmates; des trois autres, deux sont également latérales et la troisième sur le milieu du dos. Outre ces raies on remarque plusieurs points blancs, dont quatre sur chaque anneau. La tête est d'un jaune fauve. Après la dernière mue cette chenille devient d'un brun rougeâtre; les trois lignes blanches disparaissent, les deux lignes jaunes pâlissent et les points blancs deviennent noirs. Quelques individus cependant conservent leur couleur verte jusqu'à leur transformation.

Cette chenille vit sur presque toutes les plantes potagères; elle se nourrit d'épinards, d'oseille, de capucines, etc.; elle mange aussi les feuilles des pois, des fèves, du groseiller, etc.; on la trouve aussi sur l'arroche, l'épinard sauvage ou bon-henry, sur le bouillon blanc, etc. Lorsqu'elle est rassasiée elle s'enfonce dans la terre où elle se construit une coque formée de parcelles de terre liées avec des fils de soie; elle y passe l'automne et l'hiver et se transforme dans le mois de mai suivant.

Ce papillon fait partie de la famille des Nocturnes, de la tribu des Noctuélites et du genre *Hadena*. Son nom entomologique est *Hadena oleracea* et son nom vulgaire *Noctuelle potagère*.

1. *Hadena oleracea*, Dup. — Elle a 26 mil. d'envergure. Les antennes sont grises, la tête et le corselet sont d'un gris un peu ferrugineux ; les ailes supérieures sont de la même couleur et se font remarquer par un petit anneau ovale blanchâtre, placé au milieu, une tache presque réniforme, jaune, un peu plus bas, et une ligne transversale blanche près du bord, qui forme une M à son milieu. Les ailes inférieures sont grises avec le bord obscur, et une ligne courte, arquée, peu marquée vers le milieu.

Dès que cette Noctuelle est éclose elle s'accouple, le soir à l'entrée de la nuit, et va pondre sur les jeunes plantes potagères et autres qu'elle trouve à sa portée.

On ne connaît pas d'autre moyen de s'opposer aux ravages que produisent les chenilles sorties des œufs, que de les chercher dans le jardin pour les tuer; mais la peine qu'on se donne dans cette chasse n'est pas toujours suivie de succès, car des papillons peuvent venir du dehors pondre sur les plantes déjà nettoyées et les infester de nouveau.

---

106. — LA NOCTUELLE DU CHOU.

(*Hadena brassicæ*, Dup.)

Pendant les mois de juillet et d'août on remarque un grand nombre de choux dont les feuilles extérieures sont percées de trous de diverses dimensions, et si l'on regarde à l'intérieur on voit que les feuilles du dedans ne sont pas moins maltraitées que celles du dehors. On aperçoit aussi des trous qui pénètrent dans le cœur à une profondeur assez considérable. Outre ce dégât matériel on en remarque un autre qui est dégoûtant : de grosses crottes d'un vert noirâtre sont répandues çà et là entre les feuilles et dans les galeries qui s'enfoncent dans le cœur des choux. Ces crottes, délayées par l'eau de la pluie que conservent les feuilles, ou par la rosée de la nuit, forment un magma très dégoûtant qui répugne même aux animaux auxquels on présente ces choux pour leur nourriture.

Tous ces désordres sont produits par une chenille qui se nourrit de choux, particulièrement de la variété appelée Cabus ou Pommé. On la trouve dès le mois de juin, pendant celui de juillet et le commencement d'août. C'est après sa dernière mue qu'elle entre dans le cœur du chou et qu'elle cause le plus de dommage. Elle est très vorace et arrive à toute sa grosseur à une époque plus ou moins avancée du mois d'août; elle a alors acquis 25 à 30 mil. de long. On en trouve de deux nuances, les unes sont d'un gris jaunâtre marbré de brun en dessus, avec une raie dorsale plus foncée et une raie jaunâtre de chaque côté, séparant la nuance du dos de celle du ventre. Les autres sont d'un vert foncé marbré de noir avec les mêmes raies. Dans ces deux variétés la tête est d'un gris verdâtre tacheté de brun ; les seize pattes sont blanchâtres, mais les six antérieures tirent un peu au fauve. Lorsque cette chenille a acquis toute sa grosseur, elle descend à terre et s'y enfonce pour se changer en chrysalide; elle s'établit dans un petit creux qu'elle se pratique et subit sa métamorphose à nu, c'est-à-dire sans se renfermer dans un cocon. Elle passe l'hiver sous la forme de chrysalide et se tranforme en papillon dans les mois de mai et de juin de l'année suivante.

Ce Lépidoptère fait partie de la famille des Nocturnes, de la tribu des Noctuélites et du genre *Hadena.* Son nom entomologique est *Hadena brassicæ* et son nom vulgaire *Noctuelle du chou.*

1. *Hadena brassicæ*, Dup.—Elle a 36 mil. de largeur lorsque ses ailes sont étalées. La tête et le corselet sont d'un gris obscur; l'abdomen est cendré; les ailes supérieures sont d'un gris obscur mélangé de noirâtre. On distingue un crochet noir derrière la tache

ronde qui s'y trouve vers le milieu et un peu de blanc au-dessous de la tache réniforme voisine. Entre cette dernière tache et le bord il existe deux raies ondées ou en zig zag, blanchâtres. Les ailes inférieures sont d'un gris obscur.

On ne connaît pas d'autre moyen de combattre cet insecte nuisible que de rechercher sa chenille sur les choux pendant les mois de juillet et d'août et de l'écraser. On doit ramasser aussi sa chrysalide lorsqu'on laboure les jardins au printemps et l'écraser. Cette chrysalide est ovalaire, terminée en pointe et d'une couleur ferrugineuse. Le papillon, ne volant que la nuit, se dérobe à nos recherches, mais si on peut le découvrir pendant le jour dans ses cachettes on ne doit pas manquer de le tuer.

On compte au nombre de ses ennemis naturels une mouche de la tribu des Tachinaires qui pond ses œufs sur le corps de la chenille. Les larves sorties de ces œufs percent la peau de cette dernière pénètrent dans son corps, et après en avoir rongé la substance et avoir pris leur accroissement complet, elles en sortent pour se changer en pupes dans la terre, à peu de distance de leur nourrice expirante. Quelque temps après la mouche s'envole.

Cette Tachinaire se range dans le genre *Tachina*, Macq., et forme une espèce à laquelle j'ai donné le nom de *Tachina hadenæ*, rappelant son origine.

LXXXIV. *Tachina hadenæ*, G. — Elle a 8 à 12 mil. de longueur. Elle est noire; sa face est blanche et brillante; son front jaunâtre et sa bande frontale d'un noir velouté; ses yeux sont rougeâtres lorsqu'elle est vivante et deviennent bruns après sa mort : son corselet est gris avec quatre raies noires; l'écusson gris, avec deux raies noires; son abdomen, plus long que la tête et le corselet pris ensemble, est ovoïde, atténué à l'extrémité; le premier segment est noir, les autres sont noirs avec une large bande cendrée au bord supérieur, interrompue au milieu; ses pattes sont noires et ses ailes, écartées, sont hyalines; au-dessous, on voit de grands cuillerons blancs; elle est couverte de poils, les uns fins et courts, les autres gros et longs.

Il sort quelquefois plusieurs de ces mouches du corps d'une seule chenille.

Suivant Rob. Desvoidy (ouvrage cité), plusieurs individus appartenant au *Tachina larvarum*, L., sont éclos, chez M. Bellier de la Chavignerie, des chrysalides de l'*Hadena brassicæ*.

Une autre espèce, appartenant au genre *Erigone* et à laquelle le savant diptériste donne le nom d'*Erigone sedula*, R. D., est aussi éclose des mêmes chrysalides et dans les mêmes conditions.

---

107. — LA NOCTUELLE DE LA LAITUE.

(*Polia dysodea*, Dup.)

On laisse ordinairement croître dans les jardins, jusqu'à leur complet développement, quelques pieds de laitue pour porter la graine qui servira de semence l'année suivante. Si l'on examine ces pieds vers le 15 septembre, on y trouvera bien souvent un grand nombre de chenilles occupées à dévorer cette graine encore tendre dont elles sont très avides ; elles percent avec leurs dents les capsules qui la renferment et la mangent presque sans interruption. Elles sont quelquefois si nombreuses qu'elles ne laissent, pour ainsi dire, venir aucune graine à maturité. A défaut des semences elles s'accommodent très bien des feuilles qu'elles mangent avec le même appétit. Vers le 15 septembre on en trouve de diverses grandeurs qui arrivent successivement au terme de leur croissance. Lorsqu'elles l'ont atteint, elles ont 25 mil. de longueur. Elles sont rases, d'un vert brun en dessus, et d'un vert herbacé en dessous ; elles portent une raie dorsale et une raie latérale de couleur brune et en outre une raie jaunâtre au-dessous des stigmates, séparant la nuance ventrale de la nuance dorsale ; la tête est d'un brun verdâtre et elles sont pourvues de seize pattes. Parvenues au terme de leur croissance, ce qui a lieu à partir du 25 septembre, elles descendent de la plante sur laquelle elles ont vécu et s'enfoncent dans la terre où chacune se pratique une petite cellule dans laquelle elle se change en chrysalide sans se filer de cocon. Elles passent l'hiver et le printemps dans cette retraite et commencent à se métamorphoser en papillon dans les derniers jours de juin et pendant le mois de juillet.

Ce Lépidoptère fait partie de la famille des Nocturnes, de la tribu des Noctuélites et du genre *Polia*; son nom entomologique est *Polia dysodea*, en français *Polie dysodée* ou *Noctuelle de la laitue.*

1. *Polia dysodea*, Dup.— Elle a 28 mil. de largeur, lorsque ses ailes sont étendues. La tête et le corselet sont couverts de poils et d'écailles blancs, noirs et jaunâtres, mélangés. Les ailes supérieures portent une bande transverse près de la base, mélangée de blanc et de noirâtre, où le blanc domine, et près de leur extrémité une deuxième bande des mêmes couleurs avec une lignes de petites taches jaunâtres près du bord postérieur de cette bande. Entre ces deux bandes, qui forment le fond de l'aile, règne une bande transverse grise, nuancée de jaune où le noirâtre domine; elle occupe le tiers de l'aile et on y voit deux taches dans lesquelles le blanc domine sur le gris; les ailes inférieures sont blanchâtres, bordées de brun à l'extrémité; l'abdomen est d'un gris blanchâtre pointillé de noir.

On se délivre en partie des ravages produits par la chenille en visitant les pieds de laitue conservés pour porte-graine, pendant le mois de septembre, et en tuant toutes les chenilles qu'on peut rencontrer. Il faudra aussi les chercher sur les feuilles du haut de la plante sur lesquelles elles descendent quand les graines leur manquent. Au retour du printemps, lorsqu'on laboure le jardin, il faudra ramasser soigneusement toutes les chrysalides rougeâtres, d'une forme cylindrico-conique, appelées vulgairement fèves, et les écraser. Ces chrysalides, si elles n'appartiennent pas à la Noctuelle dysodée, donnent naissance à d'autres Noctuelles, nuisibles aux plantes légumineuses.

Cette Noctuelle a pour ennemi naturel un Ichneumonien du genre *Ophion*, dont le nom entomologique est *Opion merdarius.*

LXXXV. *Ophion merdarius*, Grav. — Il est long de 16 mil. et entièrement d'un jaune fauve foncé ; ses yeux sont noirs ainsi que trois points saillants qu'il porte sur le sommet de la tête et qui sont ses petits yeux lisses ; l'abdomen est très long, aplati, courbé en faucille et lavé de brun à l'extrémité. La femelle pond ses œufs sur les chenilles de la Dysodée, un sur chaque chenille. Il en sort une larve parasite qui s'introduit sous sa peau, se nourrit de sa substance, et qui, ayant pris tout son accroissement, sort de la chenille expirante. A peine dehors, il s'enferme dans un cocon de soie blanche, long de 10 mil. Cette sortie s'effectue vers le 10 octobre. La larve parasite se change en chrysalide dans l'habitation qu'elle s'est construite, y passe l'hiver et le printemps suivant et en sort sous la forme d'insecte parfait vers le 10 juillet. Celui-ci prend son essor, s'accouple et va chercher des chenilles de Dysodée pour leur confier ses œufs.

---

108. — LA NOCTUELLE GAMMA.

(*Plusia gamma*, Dup.)

Outre les Lépidoptères dont on vient de parler il en existe plusieurs autres qui habitent les jardins, dont les chenilles se nourrissent de plantes potagères ou légumineuses et qui nous font du tort ; mais les dommages qu'elles causent ne sont pas considérables, à moins qu'elles ne soient très nombreuses, comme il arrive dans certaines années favorables à leur multiplication ; alors, il ne faut pas négliger de leur faire la chasse.

Parmi ces Lépidoptères on peut citer la *Noctuelle gamma* dont la chenille vit sur les plantes potagères, particulièrement sur le chou, la laitue, l'épinard et sur la plupart des légumineuses. On la trouve pendant toute la belle saison, mais isolément. Parvenue à toute sa taille, elle a 25 mil. de longueur, est d'un vert d'herbe et marquée de six lignes dorsales, blanches ou bleuâtres très fines, et de deux raies latérales jaunes passant sur les stigmates qui sont noirs ; le corps est parsemé, en outre, de petits poils fins et courts comme ceux de l'ortie; la tête est d'un vert brunâtre; les pattes sont au nombre de douze seulement et de la couleur du corps. Cette chenille est une demi-arpenteuse. Lorsqu'elle a pris tout son accroissement elle se retire à l'écart et se file un cocon assez volumineux, d'un tissu lâche, d'une soie fine et blanchâtre, dans lequel elle se change en chrysalide. Le papillon éclot au bout de 25 à 30 jours. Celles qui ont vécu en automne passent l'hiver à l'état de chrysalides et se montrent, au printemps suivant, sous la forme de papillons.

Ce dernier fait partie de la famille des Nocturnes, de la tribu des Noctuélites et du genre *Plusia*. Son nom entomologique est *Plusia gamma* et son nom vulgaire *Noctuelle gamma*.

1. *Plusia gamma*, Dup. — Elle a 28 mil. de largeur, les ailes étendues ; les antennes sont sétacées, d'un gris pâle ; la tête et le corselet sont d'un gris foncé ; l'abdomen est d'un gris plus clair ; les ailes supérieures sont mélangées de gris et de noirâtre, finement rayées de gris à la base et vers l'extrémité, marquées au milieu d'une tache dorée ou argentée ayant la forme du lambda grec (λ) ou du gamma du même alphabet ou de notre y ; le bord postérieur est légèrement denté et on remarque une ligne blanche un peu ondée très près de ce bord ; les ailes inférieures sont moitié grisâtres, moitié noirâtres avec toutes leurs nervures noirâtres et la frange blanchâtre marquée de quelques taches noirâtres.

La Noctuelle gamma se montre pendant toute la belle saison ; elle est commune et vole en plein jour très rapidement ; elle prend sa nourriture sans se poser, en insinuant sa trompe dans la corolle des fleurs. Elle aime à se plonger dans l'ombre au milieu des herbes et des plantes.

On fait la chasse à cet insecte en recherchant sa chenille dans les jardins et en prenant le papillon avec le filet de chasse. Mais comme la chenille vit aussi sur l'ortie et sur le lamier blanc, plantes étrangères à nos jardins, il n'est pas facile de se débarrasser du papillon.

La chenille de cette Noctuelle est atteinte par une mouche parasite de la tribu des Tachinaires et du genre *Tachina*, qui pond sur son dos quatre ou cinq œufs à une petite distance les uns des autres. Ils y sont tellement bien collés, qu'il est impossible de les enlever sans les écraser. Les petites larves qui en sortent percent la peau de la chenille et s'établissent dans la masse graisseuse qui remplit son corps ; elles y vivent et y croissent sans qu'elle en paraisse incommodée, mais lorsqu'elles ont pris toute leur taille elles attaquent les organes essentiels de la chenille et les rongent ; alors cette dernière paraît malade, cesse de manger et se retire à l'écart. Les larves parasites, ayant tout dévoré, sauf la peau, se changent en pupes en se rangeant les unes à côté des autres de manière à former un chapelet dont les grains sont ovalaires, terminés par deux petites pointes à chaque bout, rangés dans le sens perpendiculaire à la chenille et contenus dans sa peau. C'est vers le 31 juillet que les larves parasites subissent cette transformation, et vers le 18 août que les mouches sortent des pupes. J'ai donné à cette espèce le nom de *Tachina micans*, à cause du brillant de son corps.

LXXXVI. *Tachina micans*, G. — Longueur, 7 mil. D'un noir luisant, à reflets verts ; antennes noires à deuxième article allongé allant en grossissant jusqu'au troisième, qui est un peu plus long que lui et va aussi en s'élargissant jusqu'au bout dont les angles sont arrondis ; il est surmonté d'un style nu de trois articles ; les deux premiers, courts, le troisième, très long, renflé et terminé en soie ; elles descendent presque jusqu'à l'épistome, qui est bordé de soies ; face blanche un peu oblique ; front d'un gris jaunâtre ; bande frontale brune ; yeux rouges, écartés ; trompe noire à lèvres épaisses ; thorax d'un noir luisant un peu vert, hérissé de soies isolées inclinées en arrière et marqué de quatre raies cendrées ; écusson de la couleur du thorax ; abdomen ovoïde, de la longueur de la tête et du corselet, d'un noir luisant ; reflets verdâtres avec des taches cendrées changeantes au bord supérieur de chaque segment ; le deuxième portant deux soies, le troisième en ayant plusieurs et le quatrième en étant hérissé ; pattes noires, ciliées, avec une tache fauve à la base des hanches antérieures ; ailes hyalines, divergentes, dépassant un peu l'abdomen, à nervures noires ; première cellule postérieure fermée avant le bout de l'aile, ayant sa nervure extérieure brusquement arquée à sa base et droite ensuite ; deuxième nervure transversale tombant aux deux tiers de la première cellule postérieure à partir de la base ; cuillerons d'un blanc sale ; balanciers noirs à tête blanchâtre.

Cette mouche est un ennemi très redoutable pour les chenilles qui rongent le chou, et l'on doit bien se garder de la détruire.

Une autre mouche parasite, le *Phryxe vulgaris* Meig., est éclose chez M. Bellier de la Chavignerie, des chenilles du *Plusia gamma*. (Rob. Desvoidy).

—

109. — LA TEIGNE DES POIS VERTS.

(*Grapholita pisana*, Guén.)

Les pois verts ou petits pois que l'on cultive dans les jardins et ceux que l'on sème dans les champs, sont exposés à être rongés par une petite chenille qui s'introduit dans la cosse et entame les semences qu'elle renferme. Elle attaque d'abord un pois qu'elle ronge plus ou moins profondément, n'épargnant quelquefois que l'écorce et laissant ses excréments dans la cavité qu'elle a pratiquée ; après quoi elle se jette sur le pois voisin qu'elle traite de même. Lorsqu'elle a ravagé une cosse elle en sort par un petit trou rond qu'elle perce à l'extrémité où elle a fini son repas et se porte sur une autre cosse qu'elle perce à un bout pour s'y introduire et à l'autre extrémité pour en sortir après qu'elle en a dévoré les pois. Lorsque ces chenilles sont nombreuses elles causent beaucoup de dégâts. C'est dans le mois de juillet et d'août qu'on les rencontre dans les jardins.

Cette chenille, parvenue à toute sa taille, vers le 25 août, a 13 mil. de longueur ; elle est un peu fusiforme, blanchâtre ; la tête est d'un brun-fauve, ainsi que le dessus du premier segment; les autres segments portent deux rangées transversales de points plats, bruns, surmontés d'un poil; elle est pourvue de seize pattes.

Aussitôt qu'elle a pris tout son accroissement et qu'elle a cessé de manger, elle descend de la plante sur laquelle elle a vécu et s'enfonce dans la terre où elle passe l'automne et l'hiver; elle se change en chrysalide au printemps et en insecte parfait au mois de juin. La chrysalide est enveloppée dans un cocon de soie très mince.

Je ne suis pas parvenu à élever cette chenille et à voir le lépidoptère qu'elle donne. J'emprunte ce qui est relatif à la chrysalide et au papillon à l'ouvrage de M. Curtis, intitulé *Farm Insects*. Cet entomologiste éminent n'a pas été plus heureux que moi dans les tentatives qu'il a faites pour élever ces chenilles et il ne parle du papillon que d'après M. Guénée, qui paraît avoir réussi dans cette éducation difficile.

Ce petit Papillon fait partie de la famille des Nocturnes, de la tribu des Tordeuses et du genre *Grapholitha*. Son nom entomologique est *Grapholitha pisána*, et son nom vulgaire *Teigne du pois*.

1. *Grapholitha pisana*, Guén. — Elle a 15 mil. d'envergure. Sa couleur est d'un gris de souris, satiné; les ailes supérieures sont couchées sur le dos et couvrent les inférieures dans le repos; il y a plusieurs taches le long de la côte, excepté à la base, et un anneau ovale, argenté, près du bord postérieur, dans lequel sont cinq traits longitudinaux, courts et noirs; les antennes sont simples et la trompe manque.

On ne connaît aucun moyen de combattre cette petite chenille; on fera bien cependant d'enlever tous les pois verreux que l'on rencontrera dans son jardin et de tuer les chenilles que l'on y trouvera.

110. — LA TEIGNE DU POIREAU ET DE L'OIGNON.

(*Lita vigeliella*, Dup.)

On s'aperçoit quelquefois, à la fin du mois de septembre ou au commencement de celui d'octobre, que les plants de poireau sont rongés par des petites chenilles qui se sont établies dans les feuilles épaisses de ce légume. Elles y creusent des galeries longitudinales, droites ou flexueuses, qui n'entament que la moitié de l'épaisseur de la feuille et qui mangent toute la substance qu'elles en ont extraite. Elles ne restent pas toujours dans la même galerie et changent volontiers de place ; elles percent la feuille pour se porter de l'autre côté et y pratiquer une nouvelle galerie, ou bien elles se portent sur une feuille voisine pour la ronger comme elles ont rongé la première. Lorsque ces chenilles sont nombreuses, comme on les voit dans certaines années, elles ont bientôt détruit une planche de poireaux et même tous ceux d'un jardin. Elles mangent presque continuellement et prennent leur accroissement en peu de temps ; elles arrivent à ce terme vers le 6 octobre. Elles ont alors 8 mil. de longueur. Elles sont cylindriques, peu atténuées vers la tête et vers le côté opposé, d'un blanc sale tirant sur le verdâtre ; la tête est d'un fauve pâle ainsi que le premier segment ; les autres portent des points verruqueux bruns, surmontés d'un poil ; elles sont pourvues de seize pattes blanchâtres.

Lorsque ces chenilles ont acquis toute leur grandeur elles vont se choisir dans les environs un lieu propice à leur métamorphose, comme une feuille, un débris, une petite branche, et se mettent à construire leur cocon de soie blanche, d'un tissu à claire-voie, à mailles de dentelle, en forme de fuseau, c'est-à-dire renflé au milieu, pointu aux deux bouts, plus grand qu'elles, où elles se tiennent étendues de tout leur long et où elles ne tardent pas à se changer en chrysalides. Les papillons commencent à sortir dès le 17 novembre ; mais toute la génération ne s'envole pas à cette époque ; il en reste une partie qui passe l'hiver sous la forme de chrysalide et qui ne prend son essor qu'au printemps suivant, dans le mois d'avril ou dans le mois de mai, pour aller pondre sur les feuilles des jeunes oignons et produire une génération printanière qui rongera ce légume comme la génération automnale a rongé les poireaux.

Ce petit papillon fait partie de la famille des Nocturnes, de la tribu des Tinéites et du genre *Lita*. Son nom entomologique est *Lita vigeliella*, et son nom vulgaire *Teigne des poireaux et des oignons*.

1. *Lita vigeliella*, Dup. — Elle a 7 mil. de longueur. Ses antennes sont filiformes, noires; ses palpes sont noirâtres, arqués et relevés contre le front; la tête et le corselet sont d'un gris légèrement jaunâtre; les ailes sont posées sur le corps en toit écrasé; les supérieures sont noirâtres, marquées vers le milieu d'une tache triangulaire, blanche, suturale, piquetée de quelques points noirs, et d'une autre tache beaucoup plus petite en arrière, suturale comme la première; les inférieures sont noirâtres; l'abdomen est d'un gris noirâtre ainsi que les pattes.

On ne connaît pas de moyen efficace pour combattre cette espèce nuisible. On pourrait essayer de répandre sur les poireaux attaqués une poudre insecticide, comme le tabac, la pyrèthre, les cendres lessivées, la suie, la sciure de bois imprégnée de côltar, etc.

---

111 et 112. — LA TEIGNE DE LA CAROTTE.

(*Hæmilis daucella*, Dup., et *depressella*, Dup.) (1).

La chenille de ce petit Lépidoptère se nourrit des fleurs et des graines de la carotte et du panais en juillet et en août et cause de grands dommages en détruisant quelquefois toute la récolte. Chaque chenille prend possession d'une ombelle de fleurs qu'elle lie avec

(1) Curtis, Farm Insects.

des fils de soie tirés de sa bouche; elle se tient au milieu et ronge à son aise ce qui l'entoure. Lorsqu'elle a pris toute sa croissance, elle a 13 mil. de longueur. Elle est d'un gris verdâtre, tirant au jaune, avec des points verruqueux noirs, portant un poil court, répandus sur tout le corps; la tête et le dos du premier segment sont bruns ou noirs. Quelques unes se changent en chrysalide dans la toile qu'elles ont filée entre les rayons des ombelles, tandis que d'autres (la seconde génération probablement), entrent dans les tiges pour subir leurs métamorphoses. La chrysalide est brune avec le limbe de la gaîne joliment ponctué de couleur de poix.

Le papillon fait partie de la famille des Nocturnes, de la tribu des Tinéites et du genre *Hæmilis*, Dup., *Depressaria*, Curt. Son nom entomologique est *Hæmilis (depressaria) daucella*, et son nom vulgaire *Teigne de la carotte.*

1. *Hæmilis (depressaria) daucella*, Dup. — Elle a 18 mil. de largeur, les ailes étendues. Elle est d'un gris cendré; les antennes sont grêles, en soie; les palpes sont relevés, courbés en haut, la tête et le thorax sont d'un rouge brun taché de noir; les ailes supérieures sont aussi d'un brun rougeâtre, parsemées d'atomes blancs et de lignes noires interrompues, avec des taches le long des nervures, particulièrement le long du bord postérieur; le dessous est noirâtre; les inférieures sont d'un gris brillant.

Il y a plusieurs moyens de combattre cette chenille. Elle est très craintive et se laisse tomber en se suspendant à un fil de soie aussitôt qu'on la dérange de son habitation. Si donc on secoue les têtes de la plante sur un crible dont le fond sera couvert d'une feuille de papier, on pourra en délivrer le jardin. Je pense aussi qu'en répandant de la poudre d'ellébore sur les ombelles, lorsque la rosée est sur les plantes, on en chassera les chenilles. On pourrait aussi essayer de la chaux vive, de la suie, du tabac, etc.

Mais le meilleur moyen de bannir l'*Hæmilis daucella* est de planter dans les champs de carottes des panais à huit ou dix pieds de distance les uns des autres, parce que ces Lépidoptères y viendront pondre leurs œufs de préférence.

Les chenilles de l'*Hæmilis daucella* sont atteintes par plusieurs parasites : l'un est le *Cryptus* (*Phycadeuon*) *profligator*, de la tribu des Ichneumoniens. En voici la description :

LXXXVII. *Cryptus* (*Phycadeuon*) *profligator*, Grav.— Il est long de 4 à 6 mil. Il est de couleur noire ; l'abdomen est ovale, rouge ; le pétiole est étroit et noir ; les pattes sont robustes ; les tibias et les cuisses sont rouges ; l'extrémité des cuisses postérieures est noire chez le mâle ; les antennes de la femelle ont un anneau blanc ; les quatre ailes sont transparentes et légèrement enfumées ; le stigma est couleur de rouille ; l'aréole est pentagone ; l'abdomen est dilaté à l'extrémité chez la femelle, et la tarière du tiers ou du quart de la longueur du corps.

Un autre parasite de cette chenille est l'*Ophion* (*Pachymerus*) *vulnerator*.

LXXXVIII. *Ophion* (*Pachymerus*) *vulnerator*, Grav.—Longueur, de 4 à 6 mil. Il est noir, avec le milieu du corps rouge ; les pattes antérieures sont rouges, à base noire ; les postérieures alternativement rouges et noires ; les cuisses postérieures sont un peu renflées et armées en dessous d'une dent aiguë ; les ailes sont hyalines, à nervures et stigma bruns ; l'aréole est nulle.

On a signalé un autre petit Lépidoptère du même genre que le précédent dont la chenille se tient dans les ombelles de la carotte rouge et du panais, et se nourrit de leurs semences de la même manière qu'on a indiquée plus haut. On lui a donné le nom de *Hæmilis* (*depressaria*) *depressella*. La chenille ressemble à celle de la *daucella*, mais elle est plus petite ; le fond de la couleur est un gris brun pâle ; elle est hérissée d'épines noires produisant de simples poils ; ces poils ont une large base verruqueuse et sont rangés comme ceux de la *daucella ;* les côtés du corps ont le bord renflé ; les stigmates sont noirs ; la tête, le premier segment du corps et les pattes pectorales sont noirs. Sa longueur est de 6 mil.

Cette chenille change un peu ses habitudes en automne, car elle entre dans les tiges pour y passer l'hiver et elle s'y transforme en chrysalide dans un léger cocon de soie grise. Aussitôt que le printemps arrive et même à la fin de l'hiver, si le temps a été doux, le papillon éclot et sort par un trou que la chenille a eu soin de percer dans la tige.

2. *Hæmilis (depressaria) depressella*, Dup. — Elle a 14 à 16 mil. les ailes étendues. Elle est d'un gris jaunâtre soyeux; les antennes ne sont pas longues; les yeux et les extrémités recourbées des palpes sont noirs; les derniers sont jaunâtres à la base; les ailes supérieures sont de couleur châtaigne avec des écailles d'un jaune pâle sur le disque, plus ou moins visibles, manquant quelquefois, formant des taches le plus souvent. Les ailes de la femelle sont d'un châtain plus clair et les écailles blanches réunies forment quelquefois des marques ovales et ouvertes au sommet; la queue est pointue.

M. Curtis ajoute qu'il a obtenu d'une seule chenille du panais une femelle d'un *Microgaster* voisin du *M. lacteipennis* et environ trente femelles de l'*Encyrtus truncatellus*, N. de E., qui sans doute ont vécu en parasites aux dépens du *Microgaster*.

---

113 à 115. — LA TIPULE POTAGÈRE.

(*Tipula oleracea*, Lin., et *paludosa*, Meig.; *Pachyrhina maculata*, Macq.) (1).

Les larves de cette Tipule vivent dans la terre et infestent quelquefois les jardins et les prairies en rongeant les racines des plantes qu'elles font périr.

Les femelles pondent leurs œufs probablement en volant ou lorsqu'elles sont reposées sur l'herbe; ces œufs sont lancés comme par un fusil à vent; ils ressemblent à des petits grains ovales, coniques, brillants, noirs comme l'ébène. Ils forment une masse

(1) Curtis, Farm Insects.

qui occupe presque tout l'abdomen de la femelle ; on en compte plus de 300. Les larves qui en sortent croissent jusqu'à ce qu'elles aient atteint la grosseur d'une petite plume d'oie ; elles sont cylindriques et d'une longueur de 25 mil. ; elles sont alors couleur de terre et revêtues d'une peau tellement dure, qu'en Angleterre on les appelle *Jaquettes de cuir*. Les intestins se laissent voir à travers la peau du dos en montrant deux lignes ondulées pâles dans lesquelles on observe un mouvement de pulsation. Lorsqu'elles marchent ou rampent, car elles n'ont pas de pattes, elles font sortir leur petite tête noire, cornée, hors du cou, laquelle va en s'atténuant et montre deux petites antennes ferrugineuses et deux fortes mâchoires noires. Lorqu'elles sont en mouvement, leur extrémité postérieure est tronquée abruptement et les bords de la troncature sont garnis de quatre tubercules charnus plus ou moins pointus et de deux autres en dessous, et près du centre se trouvent deux stigmates. Elles sont formées de treize segments et lorsqu'elles sont dressées et se tiennent immobiles, elles ressemblent à des petites chevilles.

Depuis le commencement de mai jusqu'à la première semaine d'août j'ai observé ces larves à la racine des fèves rouges, des laitues, des bettes et des pommes de terre ; et pendant la même période elles étaient de très incommodes visiteurs des jardins à fleurs où elles causaient de mortels dommages aux dahlias, aux œillets, etc.

On dit qu'elles sortent pendant la nuit, en multitude, pour se nourrir et probablement pour changer de lieu lorsque la nourriture devient rare, et aussi pour chercher une place convenable à leur métamorphose en chrysalide, ce qui les met en sûreté contre les corbeaux et les petits oiseaux qui éclairciraient leurs rangs en peu de temps ; les rosées de la nuit leur conviennent mieux que la lumière et la chaleur du jour. Quelques unes des plus avancées se transforment en pupes en août, peut-être en juillet, certainement en septembre ; elles prennent place sous le gazon ou le long des chemins sablés si la mauvaise herbe y croît. Elles sont aussi grosses que les larves, de la même couleur de terre, avec deux antennes grèles, une de chaque côté de la tête. Les segments portent sous le ventre des rangs transversaux de petites épines, et sur le dos quelques épines plus petites; la queue est épineuse et pointue; de chaque côté du thorax sont les étuis contenant les ailes, et entre eux se voient les fourreaux des pattes. Après que la chrysalide est restée dans cet état pendant quelque temps, elle travaille à se frayer un chemin jusqu'à la surface du sol, au moyen de ses anneaux épineux ; la peau cornée du corselet se fend sur le dos et la Tipule se porte en avant pour sécher ses ailes et raffermir ses membres, puis elle prend son essor.

Cet insecte fait partie de l'ordre des Diptères, de la famille des Némocères, de la tribu des Tipulaires terricoles et du genre *Tipula*. Son nom entomologique est *Tipula oleracea*, en français *Tipule potagère*; elle doit ce nom aux ravages qu'elle produit dans les choux.

1. *Tipula oleracea*, Lin. — Elle a environ 25 mil. de longueur. Elle est d'une couleur tannée avec une fleur qui lui donne une apparence poudreuse; la tête est petite, presque globuleuse, attachée à un cou menu et court; le nez formant un bec ou rostre épais, acuminé à l'extrémité, est pourvu d'une lèvre courte, charnue, bilobée, et de deux longs palpes de cinq articles; les yeux sont hémisphériques et noirs; les deux antennes, grèles, sont insérées sur la face et sont aussi longues que la tête, entières, coniques, composées de treize articles; le corselet est ovale, très élevé au-dessus de la tête, divisé en trois lobes sur le dos qui est brun avec des raies obscures, les côtés à duvet blanchâtre ainsi que l'écusson en carré ovalaire; le corps est long, grèle, de neuf segments en massue à l'extrémité chez le mâle ; plus long, en fuseau chez les femelles avec le dos ardoisé; l'extrémité cornée, pointue et pourvue de deux lobes latéraux coniques et d'un oviducte compris entre eux; deux ailes plus longues que le corps, étendues au repos, enfumées; les nervures et une raie le long de la côte d'un ocre brun; les balanciers longs, grèles et en massue; les six pattes grêles, très longues, surtout les dernières, d'un ocre

brillant; l'extrémité des cuisses, des tibias et le dernier article des tarses bruns.

2. Il existe une autre espèce tellement ressemblante à la précédente, qu'elle est généralement confondue avec elle. Leurs mœurs sont semblables, mais elles paraissent devoir former deux espèces. Meigen l'a nommée *Tipula paludosa* pour marquer qu'elle vit dans les gazons marécageux. Elle est de la même taille et de la même couleur que la *Tipula oleracea*, mais le dos de l'abdomen n'est pas couleur d'ardoise; les ailes sont plus courtes dans la femelle, ainsi que les pattes qui sont plus robustes que celles du mâle.

Les mâles de la génération automnale des deux espèces font leur première apparition au commencement d'août et les femelles sont abondantes jusqu'à ce que le froid de l'automne les ait fait périr.

M. Curtis signale comme dangereuse pour les jardins une nouvelle espèce de Diptère qu'il nomme *Tipula maculosa*, Hoff., et qui fait maintenant partie du genre *Pachyrhina*. Voici ce qu'il en dit ;

3. *Pachyrhina maculosa*, Macq. — Le mâle n'a pas 13 mil. de longueur, la femelle est un peu plus grande et les ailes étendues ont environ 26 mil. Ils sont d'un jaune vif taché de noir; le mâle a ses antennes grêles, noirâtres, de la longueur du thorax; le museau, avancé en cône, est marqué de chaque côté d'un point noir et sur le sommet d'une tache pointue vers le front; la bouche qui est à l'extrémité d'un bec cylindrique et les pattes sont noirâtres; les yeux sont noirs ainsi que trois longues bandes sur le thorax et différentes taches sur les côtés et en-dessous; l'écusson a une marque conique sur le dos et le bord postérieur noirs; l'abdomen est mince, l'extrémité obtuse avec une ligne interrompue de huit taches noires sur le dos, et une ligne semblable de chaque côté; ainsi que plusieurs points noirs à la base; les ailes sont d'un jaune enfumé à nervures brunes, à bord extérieur et stigma jaunâtres; les balanciers sont ocreux et en massue; les pattes sont grêles et très longues, couleur d'ocre, avec l'extrémité des cuisses et des tibias, et les longs tarses, noirs. Les antennes de la femelle

sont plus courtes; son abdomen plus long, en fuseau, avec six taches noires terminées en pointe sur le dos, un rang en dessous et plusieurs points de chaque côté; l'oviducte est corné et couleur d'ocre brillant.

Les œufs de cette Tipulaire sont ovales, en forme de cuillère et d'un noir de suie. Ils doivent être répandus sur le terrain aussi épais que la graine de pavot et fort probablement qu'il n'en arrive pas un sur mille à maturité. Les larves qui en sortent sont de la même couleur terreuse que celles de la *Tipula oleracea*, mais elles sont plus petites, n'ayant que 19 mil. de long et la grosseur d'une plume de corbeau; elles en diffèrent aussi par la forme et la position des épines; elles sont ridées, et lorsqu'elles se contractent et font rentrer leur tête dans le premier segment thoracique on prendrait cette extrémité pour le bout anal. Elles sont cependant capables de faire sortir leur tête et de marcher en avant, quoiqu'elles n'aient pas de pattes. Leur petite tête brune est pourvue de deux mâchoires noires, deux courtes antennes, et, je pense, de petits palpes. Trois vaisseaux pâles se voient sur les côtés et sur le dos qui se termine par une queue tronquée et deux crochets comprenant entre eux deux petites dents avec deux tubercules en dessous et deux manchons susceptibles de dilatation et de contraction qui servent à la locomotion de la larve. Au printemps, elles se changent dans la terre en chrysalide, de la même couleur de boue; elles ont à peu près la même longueur que les larves, mais elles sont à peine aussi grosses. A cette période, la tête et le thorax de l'insecte futur sont indiqués et de chaque côté de ce dernier sortent deux cornes grêles; les fourreaux des ailes sont marqués avec les pattes placées entre eux. Les segments de l'abdomen ont chacun un rang transversal de petites épines en dessus, cinq grandes en dessous et de chaque côté une épine droite; le pénultième segment est entouré de six longues épines et deux plus petites avec un appendice conique à la queue et un plus petit en dessous.

Ces insectes sont très abondants dans les champs, les jardins, les prairies et les haies, pendant les mois de mai et de juin; la *Tipula maculosa* doit avoir deux ou trois générations par an. On peut se faire une idée du dommage que ces insectes causent dans les champs par celui qu'ils produisent dans les jardins. Le 23 avril je trouvai des larves à la racine de mes pois; le 29 elles avaient mangé les pieds en fleur des fraisiers, se retirant ensuite dans la terre. Ces dommages ont été causés par la *Tipula maculosa* ou la *Tipula oleracea* qui coupe les drageons de cette plante; la première quinzaine de mai elles n'étaient pas rares parmi les racines des lilas et sous les touffes de gazons; elles détruisaient aussi les fraisiers et les framboisiers aussi bien que les carottes; le 28 du même mois j'observais des laitues, récemment transplantées, qui étaient fanées et coupées à leur racine, sous terre, près du collet, et avec elles les larves, difficiles à découvrir, à cause de leur couleur de terre et leur immobilité lorsqu'on les inquiète. A la fin de juillet elles rongeaient les racines des dahlias, des œillets et autres fleurs, et le 7 août elles infestaient les terrains plantés de pommes de terre en compagnie de la *Tipula oleracea.*

L'eau de chaux ne tue pas ces larves, à peau dure, comme elle tue celles qui sont revêtue d'une peau tendre et délicate; le seul moyen de les détruire est de les chercher en fouillant au pied des plantes malades, ce qui doit être fait tous les jours de grand matin sans quoi la peine qu'on se donne est inutile (1). On pourrait essayer des arrosages avec de l'eau préparée avec des substances insecticides et inoffensives pour les plantes.

---

116 et 117. — LA MOUCHE DU NAVET.

(*Anthomyia brassicæ*, R. D. et *Anthomyia radicum*. Meig.)

On rencontre quelquefois des navets gâtés dont l'intérieur est verreux. Si on les ouvre dans le sens de la longueur on remarque qu'ils sont minés et qu'ils renferment une galerie qui y pénètre plus ou moins profondément. Cette galerie est encombrée de dé-

(1) Curtis, Farm Insects.

bris, de fibres et de petits grains mous, légèrement bruns, qui sont les excréments d'une larve qui l'habite. Pour se nourrir, elle déchire et ratisse la pulpe qu'elle avale, et laisse derrière elle avec ses excréments les débris qu'elle dédaigne. Elle prolonge et élargit son habitation, dans le but de se procurer de la nourriture et de se donner du large. Lorsqu'il se trouve plusieurs larves dans un navet, elles le gâtent complètement et il n'est plus susceptible d'être utilisé dans la cuisine, mais lorsqu'il n'y en a qu'une, on se contente de l'extraire, de nettoyer la galerie des ordures qu'elle contient, d'enlever toute la substance altérée, et le reste est parfaitement sain et peut être utilisé. C'est surtout dans les terrains sablonneux que les navets sont sujets aux vers, et c'est aussi dans ces terrains qu'ils sont de la meilleure qualité. Cette larve parvient au terme de sa croissance et cesse de manger dans le mois de septembre ou celui d'octobre, et se transforme en pupe dans sa galerie. Elle a alors 8 mil. de longueur, est blanche et d'une forme cylindrico-conique ; elle peut s'étendre et se raccourcir ; la tête est au petit bout ; elle est membraneuse, et la bouche consiste dans un simple tube, dans lequel se trouve un crochet noir, écailleux, qui lui sert à piocher sa nourriture et à la porter dans le tube buccal. Le dernier segment est tronqué obliquement et bordé de six dentelures entre lesquelles se voient les stigmates ou bouches respiratoires postérieures.

Elle passe l'hiver sous la forme de pupe et se transforme en insecte parfait dans le mois de mai suivant. Cette mouche fait partie de la famille des Athéricères, de la tribu des Muscides, de la sous-tribu des Anthomyzides et du genre *Anthomyia*. Son nom entomologique est *Anthomyia brassicæ*, R. D.; en français, *Anthomye du chou*, et vulgairement *Mouche du navet* ou *du chou*.

1. *Anthomyia brassicæ*, R. D.—Elle a 7 mil. de longueur; elle est noire; la face est blanchâtre et la bande frontale obscure ; les yeux sont rouges ; le corselet est d'un gris obscur avec une bande dorsale noire, et les côtés sont gris ; l'abdomen est cendré, avec la bande dorsale et le bord supérieur des segments noirs ; les ailes sont

hyalines, et les cuillerons sont d'un blanc-jaunâtre ; les pattes sont noires ; la tête, le bord supérieur de l'ouverture buccale et le corselet sont garnis de soies noires ; l'abdomen est orné de poils noirs et les jambes sont ciliées de poils de la même couleur.

On ne connaît pas de moyen de destruction pour cet insecte. On peut recommander de tuer la larve ou la pupe, que l'on trouve dans les navets gâtés ; de visiter avec soin ceux que l'on conserve pendant l'hiver, et de ne replanter pour porter graine que ceux qui sont parfaitement sains.

Une autre espèce du même genre, appelée *Anthomyia radicum*, se développe dans les racines du raifort et les altère. Ne l'ayant pas observée dans son état de larve, je ne puis entrer dans aucun détail sur ses habitudes.

Ces mouches se montrant au printemps, on peut supposer que la femelle fécondée pond ses œufs sur le collet des jeunes navets, choux ou radis ; que la larve sortie de l'œuf pénètre dans la racine tendre de ces plantes, s'y établit, la ronge en descendant, y cause plus ou moins de dégât et y subit ses transformations.

---

118. — LA MOUCHE DE L'ÉCHALOTTE.

(*Anthomyia platura*, Macq.)

Les échalottes sont exposées aux atteintes d'une espèce de ver qui en détruit une grande quantité. Lorsqu'il se trouve en grand nombre dans un jardin, il ne met pas long temps pour faire mourir toutes les échalottes d'une planche. On s'aperçoit quelquefois, dans le commencement du mois de juin, que les échalottes jaunissent, se flétrissent et meurent. Si l'on arrache les pieds malades pour les examiner, on remarque que l'oignon tombe en pourriture, et qu'au milieu de cette pourriture se remuent des vers blancs ou des larves, qui la rongent. Ces vers, en déchirant le bulbe avec les crochets de leur bouche, l'altèrent, l'amollissent et l'amènent à une décomposition complète. La substance de l'oignon, ainsi décomposée, exhale une odeur âcre, extrêmement pénétrante, qui pique le nez et les yeux, fait éternuer et couler les larmes et contraint à s'en éloigner. C'est cependant cette matière irritante qui est l'aliment de choix de ces larves. On en trouve jusqu'à dix ou douze dans un même oignon, mais ordinairement il y en a moins. Lorsqu'elles en ont rongé la plus grande partie, elles entrent dans la tige fistuleuse, y pénètrent un peu au-dessus du collet de la plante et y trouvent encore un peu de nourriture. Elles parviennent à toute leur croissance vers le 20 juin et s'introduisent dans la terre qui les environne où elles se transforment en pupes.

Cette larve a 9 mil. de longueur dans sa plus grande extension et peut se raccourcir d'une manière notable ; elle est presque conique, blanche, et divisée en segments comme toutes les larves ; sa tête est située au petit bout ; elle est d'une consistance molle et renferme une bouche formée d'un simple tube, dans lequel se trouve un double crochet, noir, écailleux, qui sert à déchirer, piocher et porter dans la bouche la pulpe qu'il a détachée ; le dernier segment est bordé de huit petites dents membraneuses, entre lesquelles se trouvent les deux stigmates postérieurs ; elles peuvent se replier, se croiser, s'engrainer l'une dans l'autre de manière à couvrir les stigmates, afin que ces ouvertures respiratoires ne soient pas obstruées par le liquide visqueux qui environne la larve plongée dans la pourriture de l'oignon.

L'insecte reste peu de temps sous la forme de pupe, car la mouche s'envole dès le 13 juillet, pour aller pondre sur d'autres échalottes. Il est vraisemblable qu'elle dépose ses œufs sur le collet de la plante, afin que les petites larves, à leur sortie, puissent pénétrer dans l'oignon où elles doivent trouver leur nourriture. Cette mouche est une Anthomye, comme la précédente, dont le nom entomologique est *Anthomyia platura*, en français *Anthomye plature*, que l'on peut désigner vulgairement par celui de *Mouche de l'échalotte.*

1. *Anthomyia platura*, Macq. — Elle a 6 mil. de longueur ; elle est de couleur grise noirâtre ; la face et les côtés du front sont blan-

châtres; la bande frontale est fauve; le corselet gris avec trois raies plus foncées, peu marquées ; le sous-écusson est cendré; l'abdomen est ové-conique, de la longueur du thorax, gris, garni de poils inclinés; les pattes sont noires; les ailes hyalines, grisâtres, à base jaunâtre, avec une petite épine au milieu de la côte; le bord supérieur de la bouche, le sommet de la tête et le corselet sont garnis de soies noires; les tibias sont ciliés; le mâle est semblable à la femelle, sauf que les yeux sont rapprochés, que la bande frontale est noire, que l'abdomen, presque cylindrique, est terminé par deux appendices velus, courbés en dessous.

On ne connaît pas de moyen de combattre cette espèce nuisible. On pourrait tenter quelques essais pour en débarrasser les échalottes qu'elle aurait envahies, dès qu'on s'apercevrait de sa présence, comme de répandre autour des pieds attaqués, des cendres lessivées, du tabac en poudre ou de la poudre de pyrèthre du Caucase, dont on vante beaucoup l'efficacité, depuis quelques années, pour la destruction de toutes sortes d'insectes.

LXXXVIII. La mouche des échalottes a un ennemi naturel qui en fait une grande destruction. Cet ennemi est un Ichneumonien de la sous-tribu des Braconites, que j'ai rapporté au genre *Alysia*, sans être bien certain qu'il lui appartienne, et auquel j'ai donné le nom d'*Alysia lucidula*. Il a 2 mil. de longueur ; il est entièrement noir, sauf les deux premiers articles des antennes et les pattes qui sont jaunâtres; la tarière de la femelle est un peu moins longue que l'abdomen.

—

119. — LA MOUCHE DE LA BETTERAVE.

(*Pegomyia hyoscyami*, Macq.)

La betterave est cultivée en grand pour la nourriture des bestiaux, qui mangent les feuilles en été et les racines en hiver; elle l'est aussi pour l'industrie, qui en retire du sucre et divers autres produits. Elle sert encore pour la nourriture de l'homme, qui lui donne une place dans le jardin et la conserve dans la cave pendant l'hiver, pour la manger cuite en salade ou assaisonnée de diverses manières.

Il n'est pas rare de voir quelques feuilles de cette plante devenir blanchâtres et molles, sur une étendue plus ou moins considérable de leur surface, et se pourrir, tandis que les autres restent vertes et vigoureuses. Si on les examine de près, on remarque que les deux membranes de ces feuilles malades sont séparées, et que toute la substance verte, appelée parenchyme, contenue entre elles, a disparu ; qu'elle a été dévorée par des vers ou larves que l'on aperçoit en plus ou moins grand nombre sur la ligne qui sépare la partie verte restante de la partie devenue blanchâtre. Il y a quelquefois dans une même feuille douze ou quinze larves réparties en plusieurs groupes ; d'autres fois, il s'y en trouve en moindre nombre. Comme les membranes sont minces et transparentes, on peut voir ces larves manger avidement, sans s'arrêter, et piocher le parenchyme avec le crochet dont leur bouche est armée pour l'avaler. En regardant la feuille à contre-jour, on distingue très bien toutes les manœuvres qu'elles font pour prendre leur nourriture. Ces larves commencent à se montrer dans le commencement de juin, et continuent à paraître pendant tout l'été. Elles croissent rapidement, et les plus précoces ont atteint le terme de leur taille vers le 15 du même mois. Elles sortent alors des feuilles dans lesquelles elles ont vécu et vont se cacher dans la terre, à peu de distance de la racine de la plante où elles se transforment en pupes au bout de très peu de temps.

Ces larves, parvenues à toute leur croissance, ont 7 mil. de longueur. Elles sont blanchâtres, molles, rétractiles, c'est-à-dire, pouvant s'allonger ou se raccourcir, de forme conique et privées de pattes; la tête est située au petit bout et consiste dans un simple tube dans lequel se trouve un double crochet noir de consistance écailleuse, qui sert à la larve à piocher sa nourriture et à l'introduire dans la bouche ; le dernier segment est tronqué obliquement et bordé d'une dentelure membraneuse; on voit au centre deux très petits tubercules jaunes, dans lesquels s'ouvrent les stigmates postérieurs; les stigmates antérieurs, au nombre de deux, se voient sur le premier segment après la tête, comme chez toutes les larves des Muscides.

Les pupes ont 5 mil. de longueur; elles sont cylindriques, arrondies aux deux bouts et d'une couleur ferrugineuse. Les mouches éclosent à la fin de juillet ou au commencement d'août. Elles font partie de la famille des Athéricères, de la tribu des Muscides, de la sous-tribu des Anthomyzides et du genre *Pegomyia*. Le nom entomologique de cette espèce est *Pegomyia hyoscyami*, en français *Pégomye de la Jusquiame*, parce qu'elle a été observée pour la première fois sur la jusquiame; elle vit, en outre, sur l'arroche et sur la betterave, c'est pourquoi on lui donne le nom vulgaire de *Mouche de la betterave*.

1. *Pegomyia hyoscyami*, Macq. — Cet insecte a 5 mil. de longueur. Il est gris cendré clair; la face et les côtés du front sont blancs; la bande frontale est d'un fauve brun; les palpes sont fauves, à extrémité noire; les deux premiers articles des antennes sont fauves et le troisième noir; l'abdomen est ové-conique, d'un gris-rougeâtre, avec une ligne dorsale de taches noirâtres peu marquées; les pattes sout rougeâtres et les tarses noirs; les ailes hyalines dépassent l'abdomen.

Dès qu'elle est éclose, cette mouche s'accouple et va pondre sur les feuilles des betteraves des œufs qui produisent une seconde génération, dont les pupes passent l'hiver dans la terre, et dont les mouches s'envolent au mois de mai suivant.

On ne connaît pas de moyen de combattre cette espèce nuisible qui vit sur différentes plantes. On fera toujours bien d'écraser toutes les larves qu'on verra dans les feuilles des betteraves.

—

120. — LA MOUCHE DE L'OSEILLE.

(*Pegomyia acetosæ*, R. D.)

L'oseille est une plante cultivée dans tous les jardins potagers, dont l'usage est général et qui entre dans la cuisine du pauvre comme dans celle du riche. Ce sont ses feuilles qui sont employées et dont la conservation nous intéresse particulièrement. Cependant on remarque pendant l'été qu'un grand nombre de ces feuilles sont avariées et même pourries en totalité ou en partie. Elles présentent des taches d'un blanc sale, plus ou moins étendues, qui envahissent quelquefois la feuille entière et la rendent impropre à tout usage. Si on examine ces feuilles, on s'aperçoit que dans tous les espaces blanchâtres le parenchyme a été enlevé, qu'il ne reste plus que les deux membranes très minces et très transparentes qui le recouvraient. La feuille, étant ainsi vidée, est sans force pour se soutenir; elle tombe et s'applique sur les feuilles voisines, s'y colle et s'y pourrit par l'effet de la pluie et des rosées et l'on est obligé de mettre au rebut les unes et les autres. Le parenchyme qui a disparu a été mangé par une ou plusieurs larves mineuses qui vivent dans l'intérieur des feuilles et qu'il est important de connaître. Ces larves ont leur bouche armée d'un double petit crochet noir avec lequel elles piochent le parenchyme contenu entre les deux membranes pour l'avaler ensuite; elles rongent tout autour d'elles et agrandissent leur demeure qui, avec le temps, devient une vaste place dans laquelle elles peuvent se promener tout à leur aise. En regardant la feuille par transparence, on voit très bien la larve exécuter toutes ses manœuvres. On trouve des feuilles où il n'y a qu'une larve dans une galerie, d'autres dans lesquelles il y a deux ou trois galeries, contenant chacune une larve. Lorsque ces galeries, en s'étendant, viennent à se rencontrer et se confondre, les larves vivent comme en famille, sans se nuire, chacune rongeant de son côté; elles se comportent de la même manière que celles qui habitent les feuilles de betterave.

La mineuse de l'oseille se montre dans le mois de juin et dans celui d'août. Lorsqu'elle est parvenue à toute sa croissance, vers la fin de ces mois, elle a 7 mil. de longueur. Elle est d'un blanc jaunâtre, molle, de forme conique, privée de pattes et susceptible de s'allonger et de se raccourcir notablement; la tête, située au petit bout, est membraneuse et peut se retirer dans le premier segment du corps ; la bouche est un simple tube, dans lequel se trouve un crochet double qui sert à piocher la nourriture et à l'introduire dans le tube qui l'avale ; le dernier segment est tronqué obliquement, entouré d'une courte dentelure, et porte deux petits tubercules sur la troncature dans lesquels s'ouvrent les stigmates postérieurs ; les stigmates antérieurs sont situés sur le premier segment et paraissent sous la forme de petits boutons ; c'est par ces quatre stigmates que la larve reçoit l'air nécessaire à sa respiration.

Cette larve, n'ayant plus besoin de manger, quitte la feuille dans laquelle elle a vécu, et entre dans la terre où elle se change en pupe cylindrique, arrondie aux deux bouts, de couleur ferrugineuse. Celles qui s'enterrent dans le mois de juin, se changent en mouches dans le mois de juillet ; celles qui n'entrent dans la terre que dans le mois d'août ou plus tard, ne paraissent sous la forme d'insectes parfaits que dans les premiers jours du mois de mai de l'année suivante. Dès que cette mouche est née, elle s'accouple, et la femelle va pondre sur les feuilles d'oseille.

Elle se range dans la famille des Athéricères, dans la tribu des Muscides, dans la sous-tribu des Anthomyzides et dans le genre *Pegomyia* ; son nom entomologique est *Pegomyia acetosæ*, et son nom vulgaire *Mouche de l'oseille*.

1. *Pegomyia acetosæ*, R. D. — Longueur 6 mil. La face est blanche ; les antennes sont noires, surmontées d'une soie simple ; la bande frontale, la trompe, sont noires ; les palpes fauves ; le corselet est ovoïde, de la largeur de la tête, d'un gris pollineux ; l'abdomen est cylindrique dans le mâle, un peu renflé au milieu, dans la femelle, de la longueur de la tête et du thorax, un peu moins large que ce dernier, de couleur fauve chez la femelle, fauve, avec le premier segment noir, chez le mâle ; les pattes sont fauves, sauf les cuisses antérieures, qui sont noires de la base jusqu'au milieu ; les tarses sont noirs ; les ailes sont hyalines, à nervures noires ; elles dépassent l'abdomen ; elles sont très courtement ciliées, à côte, et les nervures transversales sont écartées et

perpendiculaires; les cuillerons sont médiocres et blancs; les balanciers sont jaunâtres; le vertex, le thorax et le bord postérieur des segments de l'abdomen sont garnis de poils noirs, inclinés en arrière sur le corselet, droits sur l'abdomen; les pattes sont ciliées.

Outre les caractères différentiels du mâle et de la femelle, que l'on vient d'indiquer, il faut ajouter celui tiré des yeux, qui sont rapprochés chez le mâle et écartés chez la femelle.

On ne connaît pas le moyen de combattre cet insecte nuisible. On peut, pour diminuer les dégâts qu'il produit, visiter l'oseille et enlever toutes les feuilles minées qu'on y remarquera. Cette recherche doit commencer au mois de juin au plus tard, et se poursuivre jusqu'en décembre. Les feuilles attaquées seront brûlées. Mais comme l'oseille sauvage sert aussi de nourriture à cette espèce elle fournira des mouches qui pourront venir pondre sur l'oseille des jardins.

—

121. — LA MOUCHE DU PANAIS.

(*Tephritis onopordinis*, Fab.)

On conserve ordinairement dans les jardins quelques pieds de panais pour porter de la graine, et l'on remarque fort souvent de grandes taches blanchâtres sur les larges feuilles de cette plante; c'est dans le courant du mois de juin qu'on aperçoit ces taches et qu'on les voit s'augmenter chaque jour. Sur certaines feuilles il n'y en a qu'une, sur d'autres il y en a trois ou quatre, mais toutes séparées et occupant chacune un lobe de la feuille. En examinant ces taches au jour on y aperçoit une larve mineuse qui est occupée à piocher et à manger le parenchyme compris entre les deux membranes et à élargir continuellement son habitation. Elle y laisse ses excréments qui salissent la galerie, et les membranes, en se fanant, prennent une couleur testacée plus ou moins foncée. Les feuilles de la plante sont fort gâtées : il y en a même qui sont entièrement rongées, et l'on doit supposer qu'il en résulte une certaine maladie, une perturbation dans la sève qui peut influer sur la qualité de la graine.

La larve mineuse du panais, parvenue au terme de sa croissance, a 6 mill. de longueur. Elle est conique, allongée, d'un vert jaunâtre, pâle, molle, glabre, rétractile et apode; elle est formée de onze segments, sans compter la tête qui est molle, conique, pouvant rentrer dans le premier; la bouche, qui est un simple tube, renferme une soie écailleuse double, courbée en forme de crochet à son extrémité antérieure qui peut rentrer dans la bouche et en sortir à la volonté de l'animal. C'est ce crochet qui sert de pioche pour déchirer le parenchyme et l'apporter dans la bouche. On voit deux petits points bruns à la base du premier segment, et deux petits mamelons tuberculeux à extrémité jaunâtre, à la face postérieure du dernier segment; ces quatre points sont les stigmates par lesquels la larve respire.

Vers le 12 ou le 15 juin ces larves sortent des feuilles dans lesquelles elles ont vécu et se laissent tomber à terre où elles se cachent, puis se changent immédiatement en pupes. Cette dernière est ovoïde, d'une longueur de 4 mil. 1/2, d'un blanc jaunâtre, arrondie aux deux extrémités et formée de dix segments.

Les mouches s'envolent vers le 11 juillet; on en voit éclore jusque dans les premiers jours d'août, provenant de larves déposées plus tardivement dans les feuilles. Cette mouche fait partie de la famille des Athéricères, de la tribu des Muscides, de la sous-tribu des Téphridites et du genre *Tephritis*, Lat. Son nom entomologique est *Tephritis onopordinis*, Fab., et son nom vulgaire *Mouche du panais*.

1. *Tephritis onopordinis*, Fab. — Longueur, 6 mil. D'un brun verdâtre, glacé de fauve; face testacée, à reflets blanchâtres; vertex brun; yeux vert doré changeant (vivant); thorax brun verdâtre, avec une ligne sous-alaire blanchâtre; écusson blanchâtre; abdomen ovalaire, rétréci à la base, terminé en angle obtus arrondi, de la longueur du thorax, d'un brun verdâtre; ailes grandes, noirâtres, lavées de testacé à la base, avec deux taches hyalines à la côte,

dont la deuxième grande, triangulaire; trois le long du bord interne; la première à la pointe de l'aile en triangle curviligne étroit; la deuxième en triangle curviligne très grand; la troisième très grande à l'angle interne, coupée par une petite tache brune et deux taches centrales dont une ponctiforme, quelquefois une seule tache; pattes et dessous d'un testacé verdâtre; tarière de la femelle courte, large, déprimée, noire.

LXXXX. Les larves de cette mouche sont exposées aux atteintes de deux parasites qui en font périr un grand nombre; l'un de ces parasites est un Ichneumonien de la sous-tribu des Braconites et du genre *Opius* nommé *Opius pallipes*, Wesm.

LXXXXI. L'autre est un petit Chacidite de la sous-tribu des Eulophites, du genre *Entedon*, que je désigne sous le nom d'*Entedon andronicus*.

Les larves de la *Tephritis onopordinis* minent aussi les feuilles de l'angélique.

---

122. — LA PSYLOMYIE DE LA ROSE.

(*Psylomyia rosæ*, Meig.) (1)

La maladie des carottes, que l'on appelle la *rouille*, détériore sensiblement cette racine; elle est occasionnée principalement par la larve d'une petite mouche qui se creuse des galeries à travers ce légume. La carotte meurt graduellement et change sa couleur naturelle en une nuance ferrugineuse dans les endroits attaqués, d'où ces endroits sont dits *rouillés* par les cultivateurs qui font peu de cas de ces racines. Les mouches et leurs larves se trouvent dans le printemps, et ces dernières se rencontrent même en hiver; mais elles quittent les racines pour se transformer dans la terre et restent

(1) Curtis. Farm Insects.

dans cet état jusqu'au printemps. Les générations de l'été éclosent en trois ou quatre semaines.

En arrachant des carottes dans un champ argileux, à la fin de décembre 1844, lesquelles étaient petites et serrées pour avoir été négligées, j'en trouvai un nombre considérable qui étaient attaquées par des larves et rouillées. Sur le sommet se tenaient des petites limaces noires et des podures blanches qui sautaient dans des cavités, et, vers l'extrémité de la racine, il y avait de larges excavations faites par des limaces, des vers ou des millepieds, à ce que je suppose; mais ce qu'elles présentaient de plus remarquable, c'était des larves blanchâtres, luisantes, coniques, sortant horizontalement sur les côtés et se montrant sur une longueur de 5 à 6 mil. Dès qu'elles eurent été exposées à la lumière elles rentrèrent dans leurs trous. Ayant fendu la carotte longitudinalement, j'aperçus les diverses galeries qu'elles avaient creusées et qui pénétraient jusque dans le cœur; ces cavités étaient sales, brunes, et la couleur s'infusait à une profondeur assez considérable.

Les larves sont ocreuses, luisantes, cylindriques, pointues à la tête et obtuses à la queue; elles ressemblent aux vers du fromage, mais elles ne peuvent sauter; elles sont transparentes et l'on distingue toutes les parties de leur intérieur. La tête est noire, de substance cornée, et contient la bouche; celle-ci est alternativement poussée dehors ou rentrée avec une grande activité; son extrémité forme un crochet dont la base est fourchue et ressemble à deux crins de cheval. Le corps est composé de onze segments sans la tête; la queue, qui est arrondie, porte deux petits tubercules cornés, saillants, desquels partent deux lignes pâles, parallèles, se rendant à la tête; les intestins sont pâles aussi, mais en dessous de l'avant-dernier segment se trouve un sac d'excréments rougeâtres.

La pupe est cylindrique, cornée, brillante, d'un jaune cuivreux, finement striée en bague, et d'une couleur de rouille pâle aux deux extrémités; la tête est tronquée obliquement, formant une échancrure concave à bord épais, qui se lève pour permettre à la mouche de sortir lorsqu'elle est transformée; en avant on remarque deux petits tubercules; la queue est arrondie et garnie de deux petites pointes noires.

Cette mouche entre dans la famille des Athéricères, la tribu des Muscides, la sous-tribu des Psylomides et le genre *Psylomyia*. Son nom entomologique est *Psylomyia rosæ*, en français *Psylomyie de la rose*.

1. *Psylomyia rosæ*, Meig. — Longueur, 5 mil. Luisante, d'un noir de poix avec une teinte verdâtre et des poils pâles; tête globuleuse, d'un ocre rouillé avec quelques soies; yeux latéraux, orbiculaires, noirs (mort); une tache noire avec les yeux lisses sur le vertex; face inclinée en arrière; antennes inclinées, insérées sous une avance du front, à troisième article ovale, noir à l'extrémité, surmonté d'une soie pubescente ocreuse; thorax oblong; écusson petit, trigone et rouillé; abdomen de six segments, petit, ovale, conique à l'extrémité chez la femelle et muni d'un oviducte en forme de lunette à son extrémité; ailes couchées horizontalement sur le corps, s'étendant au-delà de l'oviducte, lavées de jaune, à nervures ocreuses; pattes d'un ocre luisant, pubescentes.

Ce ne sont pas seulement les carottes parvenues à leur maturité qui sont attaquées par les larves de cette mouche; elles atteignent aussi les jeunes racines et les perforent. On recommande, comme moyen de destruction de cet insecte nuisible, d'observer avec attention les carottes et, dès qu'on s'aperçoit que les feuilles inférieures jaunissent ou blanchissent, d'arracher tous les pieds attaqués et de plonger dans l'eau chaude les racines pour tuer les larves qu'elles renferment.

—

125. — LA PHYTOMYZE GÉNICULÉE.

(*Phytomyza geniculata*, Meig.)

On est à même de remarquer fréquemment dans les jardins, pendant les mois de juin et de juillet, des feuilles de chou, de capucine, de giroflée, de pavots, etc., rayées de lignes blanches contournées et repliées de diverses façons. Ces raies sont des galeries, des chemins que se sont frayé des petites larves à travers la partie charnue de la feuille, appelée parenchyme, dans le but de se nourrir en mangeant la substance succulente qu'elles enlèvent avec le petit crochet placé dans leur bouche, lequel leur sert de dent. Ces galeries sont quelquefois très nombreuses sur une même feuille et dans chacune il n'y a qu'une seule larve. La galerie, très fine à son origine, s'élargit insensiblement à mesure que la larve prend de la croissance ; elle se trouve sous la membrane supérieure de la feuille et se voit point ou peu en dessous, selon l'épaisseur de cette dernière. La larve prend toute sa croissance en peu de jours, et lorsqu'elle l'a terminée, elle traverse le parenchyme et s'introduit sous la pellicule très mince qui forme la membrane inférieure, où elle se transforme en pupe au bout de quelques heures. Cette larve est un très petit ver blanc sans pattes, long de 2 1/2 à 3mil., selon qu'il s'étend ou se contracte, aminci du côté de la tête qui peut rentrer dans le premier segment, dont la bouche est un simple tube renfermant un crochet écailleux, fin et noir comme un crin, qui sert à piocher la nourriture et à la porter dans la bouche. La pupe a 2 mil. de longueur ; elle est ovalaire, jaunâtre, et porte deux petites pointes à chaque extrémité.

La petite mouche se montre en abondance pendant les mois de juillet et d'août. Elle se range dans la tribu des Hétéromyzides et dans le genre *Phytomyza*. Son nom entomologique est *Phytomyza geniculata*, que l'on rend en français par *Phytomyze géniculée.*

1. *Phytomyza geniculata*, Meig, — Elle a 1 mil. 1/2 de longueur, et 2 mil. 1/2, mesurée jusqu'à l'extrémité des ailes. Elle est noire ; la tête est de cette couleur avec la face blanchâtre ; les antennes sont noires ; le vertex est cendré à points noirs ; les yeux rougeâtres (vivant) ; le thorax noir cendré, de la largeur de la tête ; l'abdomen est ovoïde, de la longueur et de la largeur du thorax, noir, cendré, avec les bords des segments blanchâtres lorsqu'elle est nouvellement éclose et gonflée ; les pattes sont noires et les genoux blancs ; les ailes hyalines dépassent beaucoup l'abdomen ; les balanciers sont blancs. L'abdomen de la femelle est terminé par une petite queue cornée, creuse, par laquelle sort

l'oviducte; elle s'en sert pour percer la feuille et introduire un œuf dans le parenchyme. Elle dépose tous ces œufs isolément, soit sur une même feuille, soit sur des feuilles voisines.

Le tort que nous fait cette mouche est peu considérable; toutefois il est assez apparent pour qu'on l'aperçoive et que l'on enlève les feuilles minées afin de détruire les larves, si on le juge nécessaire.

La larve est exposée aux piqûres de plusieurs parasites qui en font périr un grand nombre. Le premier est un petit Ichneumonien de la sous-tribu des Braconites et du genre *Dacnusa*, auquel j'ai donné le nom de *Dacnusa lysias*.

XCI. *Dacnusa lysias*, G. — Longueur, 2 mil. D'un noir luisant; antennes grêles, plus longues que le corps, courbées à l'extrémité, de couleur noire; tête noire, arrondie en devant, un peu échancrée en arrière; mandibules fauves; thorax ovalaire, noir, de la largeur de la tête; abdomen ovalaire, subpédiculé, de la largeur et de la longueur du thorax, noir; pattes d'un fauve pâle un peu brun; ailes hyalines dépassant beaucoup l'abdomen, à nervures et stigma grisâtres, les supérieures ayant une grande cellule radiale atteignant l'extrémité de l'aile, le stigma linéaire, très long; deux cellules cubitales et la nervure récurrente interstitiale.

Le second parasite de cette petite mouche est un Chalcidite du genre *Entedon*, que j'ai appelé *Entedon tolis*.

XCII. *Entedon tolis*, G. — Longueur, 1 mil. 1/2. D'un vert doré, brillant; antennes noires et formées de sept articles, le premier, long, les quatre suivants petits, les deux derniers plus gros, soudés ensemble, formant une massue ovalaire; tête verte; thorax ovalaire, de la largeur de la tête, d'un vert doré brillant; abdomen lisse, de la même couleur, de la longueur et de la largeur du thorax, subsessile et terminé en pointe obtuse; pattes vertes, avec l'extrémité des cuisses, la base et l'extrémité des tibias blanchâtres; tarses blanchâtres à crochets noirs; ailes hyalines, dépassant un peu l'abdomen.

TROISIÈME PARTIE.

INSECTES NUISIBLES AUX CÉRÉALES ET AUX PLANTES FOURRAGÈRES.

TROISIÈME PARTIE.

Insectes nuisibles aux Céréales et aux Plantes fourragères.

Autrefois, lorsque nos ancêtres professaient le culte druidique mêlé au paganisme Romain, il y a 1800 ans, le blé et les autres céréales étaient placés sous la protection de trois divinités secondaires, dont la puissance s'exerçait sur leur conservation et leur bonne venue. Ces trois divinités champêtres étaient des déesses. La première se nommait *Seia* et avait le blé sous sa garde tout le temps qu'il était dans la terre jusqu'à la pousse des feuilles. Le blé étant levé, elle le cédait à la seconde, appelée *Segitia*, qui en prenait soin durant tout le temps de sa croissance jusqu'à la moisson. Enfin la troisième, dont le nom était *Tutelina*, était chargée de la conservation du grain dans les greniers. On adressait des prières à ces divinités; on leur offrait des sacrifices, selon les cérémonies de la religion de ce temps, et à chacune dans le temps convenable, pour se les rendre propices et obtenir de bonnes récoltes. On rapporte aussi que les disettes et les calamités leur étaient imputées, et que le peuple, qui n'avait pu les fléchir par ses prières, s'irritait contre elles et les précipitait dans un lac avec des imprécations en terminant une procession où leurs statues étaient portées. Dans ces temps reculés on connaissait peu les causes qui influent sur les mauvaises récoltes, au nombre desquelles on doit compter les insectes qui exercent de si grands ravages sur le blé pendant qu'il croît et pendant qu'il séjourne dans le grenier; on les croyait surnaturelles et l'on n'imaginait pas d'autre moyen de les combattre que d'adresser aux divinités protectrices des prières et des sacrifices souvent inutiles.

Aujourd'hui on connait mieux qu'alors les insectes nuisibles aux céréales dans les champs et dans la grange, mais on n'est guère plus avancé sur les moyens de se garantir de leurs ravages; ceux que l'on a proposés dans différents temps pour les soustraire à la voracité de ces petits animaux sont trop dispendieux ou inefficaces; en sorte que les procédés simples, économiques et certains sont encore à trouver.

On va exposer l'histoire des insectes nuisibles aux grains que l'on cultive en grand, et tâcher de les signaler chacun en particulier, ainsi que le dégât qu'ils causent aux récoltes.

---

124. — LE CARABE BOSSU.

(*Carabus gibbus*, Fab.) (1).

On rencontre fréquemment, dans les champs, le Carabe bossu courant sur les chemins; on lui donne aussi le nom de Carabe paresseux. Quoique cet insecte fasse partie de la famille des Coléoptères carnassiers et que ses associés vivent de matières animales, sous leurs deux états de larve et d'insecte parfait, il fait exception à la règle générale, et se nourrit de substances végétales, au moins pendant son premier âge, et pendant ce temps il cause du tort au blé dans les cultures.

La femelle pond ses œufs en une seule masse dans la terre; les larves qu'ils produisent paraissent mettre trois ans à prendre toute leur croissance, car on en trouve qui ont atteint la moitié de leur taille, et dans le même temps on rencontre des chrysalides. Elles sont souvent accompagnées des larves du petit hanneton ou hanneton d'été (*Melolontha solstitialis*, Fab.), dont on parlera plus loin. Elles sont d'une couleur brune avec les côtés et le dessous blanchâtres, presque linéaires, atténuées à l'extrémité postérieure,

(1) Curtis, Farm Insects.

un peu déprimées, légèrement velues et de la longueur de 25 mil. La tête est large, armée de deux fortes mâchoires, de palpes grêles et de deux jolies antennes de quatre articles, placées devant les yeux; le premier segment thoracique est très large, presque carré; le deuxième et le troisième sont petits, courts, ainsi que les neuf segments abdominaux; on voit une ligne transparente le long du dos, et une tache calleuse brune de chaque côté des segments, là où le stigmate est situé, et au-dessous une autre ligne de verrues brunes, épaisses et couvertes de poils; le dessous des segments porte une tache calleuse semblable au milieu de chacun d'eux, avec quatre taches en arrière, excepté l'avant-dernier; le segment anal est brun, petit, pourvu d'une fausse patte et de deux cornes courtes, pointues et velues; les six pattes pectorales sont articulées et terminées par un crochet.

Les larves creusent dans la terre et font quelquefois un immense nombre de galeries verticales qui commencent souvent en ligne courbe et s'étendent de 5 à 30 centimètres de profondeur; et dès qu'elles ont pris toute leur croissance elles pratiquent à l'extrémité de leur galerie une cellule lisse en dedans, dans laquelle elles se transforment en chrysalides molles, sensibles, d'un blanc jaunâtre avec deux yeux noirs; lorsque cette dernière se fortifie, les divers membres du futur insecte se développent distinctement. Elle reste dans cet état pendant trois à quatre semaines seulement, car la larve qui s'est changée en chrysalide au commencement de juin se transforme en insecte parfait à la fin de ce mois ou au commencement de juillet.

Ce dernier fait partie de l'ordre des Coléoptères, de la famille des Carnassiers, de la tribu des Carabiques et du genre *Zabrus*. Son nom entomologique est *Zabrus gibbus*, que l'on rend en français par *Zabre bossu*.

1. *Carabus (Zabrus) gibbus*, Fab. — Il a 15 mil. de longueur; il est elliptique, convexe, épais, d'un brun noir assez brillant; les antennes sont filiformes, moins longues que le thorax; la bouche est ferrugineuse, les yeux petits, proéminents; le thorax est large,

un peu rétréci en devant, ayant tous ses angles arrondis et ses côtés bordés, sa face légèrement striée en travers par des linéoles ondulées; elle porte un sillon au milieu; la base est déprimée, chagrinée et marquée de deux impressions irrégulières; l'écusson est petit, triangulaire; les élytres sont un peu plus larges que le thorax, moins brillantes, avec une teinte de vert olive, et sinuées à l'extrémité; elles portent chacune huit stries profondes, ponctuées; les pattes sont fortes, d'un ferrugineux léger, avec les cuisses robustes, couleur de poix; les tibias sont élargis, épineux, particulièrement les antérieurs, très propres à fouir la terre.

La larve attaque le blé dans les champs ainsi que le seigle et l'orge; elle sort de terre pendant la nuit et ronge le dedans de la tige du blé, près du sol, pour se nourrir de la moëlle; elle se retire dans la terre à l'approche du jour où elle se cache à la profondeur de 15 centimètres. Lorsqu'elle est nombreuse elle produit de grands dégâts dans les cultures. Les insectes eux-mêmes grimpent sur les tiges pendant le jour et rongent le grain dans les épis.

On ne connait aucun moyen assuré de combattre cet insecte et d'éviter les dégâts qu'il peut commettre. Les corneilles et les autres oiseaux qui se nourrissent d'insectes en détruisent un certain nombre et l'on doit respecter ces oiseaux aussi bien que les chouettes, l'engoulevent, qui chassent pendant la nuit et qui sont très utiles à l'agriculture.

---

125 à 129. — LES TAUPINS.

(*Elater sputator, obscurus, lineatus, ruficaudis et gilvellus*, Fabr.)

Les Coléoptères appelés vulgairement *Maréchaux*, *Toque-Marteaux*, *Taupins*, et en latin *Elateri*, se rencontrent communément dans la campagne et sont faciles à reconnaitre à leur forme allon-

(1) Curtis. Farm Insects.

gée, étroite et déprimée, à leurs pattes courtes et à leur propriété de sauter, lorsqu'on les place sur le dos, en faisant entendre un petit bruit comme un coup de marteau; ils exécutent ce saut pour se retourner et se remettre sur leurs pattes. On voit fréquemment certaines espèces sur les épis de blé dans le mois de juillet, et sur les fleurs d'hièble qui croissent le long des chemins qui traversent les champs cultivés pendant le mois d'août. On pense que leurs larves sont nuisibles au blé dans les champs en en rongeant les racines ainsi que la partie de la tige cachée dans la terre et qu'elles produisent des dégâts lorsqu'elles sont nombreuses.

Ces larves sont filiformes, allongées, luisantes, à peau écailleuse, de couleur jaunâtre, formées de douze segments, sans compter la tête, qui est aplatie en forme de coin, armée de deux mandibules et pourvue de deux petites antennes de trois articles et de deux palpes de quatre articles; elles ont six pattes thoraciques et un mamelon anal faisant l'office d'une septième patte; le dernier segment d'où sort ce mamelon est plus long que les autres et de forme conique. Ces larves ressemblent beaucoup pour la forme, la couleur et la peau écailleuse, à celles qui vivent dans la farine et qu'on appelle *Vers de farine*, lesquelles produisent le Ténébrion meunier (*Tenebrio molitor*, Lin.).

On pense que la femelle pond six œufs au pied des jeunes plantes de blé, contre la racine ou entre les feuilles qui enveloppent cette jeune plante. Ces œufs sont très petits, globuleux ou un peu ovales, d'un blanc jaunâtre; les petits vers qui en sortent croissent très lentement et finissent par atteindre la longueur de 18 à 25 mil. Ils passent cinq ans dans cet état. Lorsqu'ils ont pris toute leur croissance ils descendent dans le sol à une profondeur considérable et construisent une cellule ovale avec des parcelles de terre, sans aucun mélange de soie; ils se dépouillent de leur peau et se changent en chrysalide à la fin de juillet ou au commencement d'août. Cette chrysalide est étroite et allongée comme l'insecte parfait, molle, d'un blanc jaunâtre et immobile. Plusieurs ont été trouvées dans cet état, le 26 juillet 1841, et Bierkander (1) dit que les

(1) Bierkander, entomologiste suédois.

larves se changent en chrysalides dans le courant de juillet, et que celles-ci se transforment en insectes parfaits vers le dix août. Il est probable que plusieurs chrysalides passent l'hiver dans la terre, et que les insectes ne sortent de leurs souterrains qu'au retour de la belle saison et dans le temps qui leur convient. Il n'est pas rare d'en rencontrer sur les épis de blé et sur les fleurs d'hièble dont le corps est couvert de terre.

Les espèces que l'on voit le plus communément dans les champs de blé sont au nombre de quatre. Ces Coléoptères entrent dans la famille des Serricornes, dans la tribu des Elatérides ; trois d'entre eux se classent dans le genre *Agriotes* et le quatrième dans le genre *Athoüs*.

1. *Elater* (*Agriotes*) *sputator*, Fab., *le Taupin cracheur*. — Il a 7 à 8 mil. de long ; il est brillant, couleur de poix, recouvert d'une très courte pubescence jaunâtre ; la tête, le thorax sont noirs, finement pointillés ; ce dernier est orbiculaire, convexe, avec les angles postérieurs prolongés en une forte dent, quelquefois rousse ; le dos est canaliculé ; les élytres sont de la largeur du thorax, mais plus de deux fois aussi longues, elliptiques, convexes, légèrement rugueuses, avec neuf stries ponctuées sur chacune ; les antennes et les pattes sont rousses, les premières de la longueur du thorax et grêles.

Cet insecte varie pour la couleur, ce qui a donné lieu d'en faire plusieurs espèces. Il a été nommé *Elater variabilis* par Herbst ; *Elater obscurus* par Paykull. Il est très abondant partout, depuis le commencement de mai jusqu'à la fin de juin, dans les haies, sur le gazon, dans les champs de blé.

2. *Elater* (*Agriotes*) *obscurus*, Fab. — *Le Taupin obscur*, nommé aussi *Elater variabilis*, par Fabricius, et *Elater obscurus*, par de Geer. Il a 9 mil. de longueur ; il est brun, couleur de poix, couvert d'une épaisse pubescence jaunâtre ; la tête et le corselet sont distinctement ponctués ; le second est aussi large que long, orbiculaire, très convexe, avec les angles postérieurs prolongés en forte épine et un sillon au milieu du dos ; l'écusson est ovale ; les

élytres sont de la largeur du thorax, presque trois fois aussi longues, élliptiques, convexes, coniques à l'extrémité, quand elles sont réunies, d'un brun rougeâtre, ponctuées, ayant chacun neufs stries ponctuées, quelquefois par paires; les antennes sont un peu en massue, aussi longues que le thorax, d'un brun rougeâtre ainsi que les pattes.

La pubescence est quelquefois si épaisse qu'elle donne à certains individus une apparence brun foncé, tandis que d'autres paraissent noirâtres. Depuis avril jusqu'au milieu de l'été, ce taupin est abondant dans les champs, les pâturages, les bois et les jardins.

3. *Elater* (*Agriotes*) *lineatus*, Fab. — *Le Taupin à lignes*, appelé *Elater striatus*, par Panzer; *E. segetis*, par Bierkander. On suppose qu'il est une simple variété de l'*Agriotes obscurus* dont les élytres sont rayées, les espaces entre les lignes étant alternativement obscurs et clairs, formant quatre lignes brunes et cinq lignes testacées.

Il est excessivement commun dans ses différents états et s'obtient facilement lorsque l'on veut récolter ses larves. M. Curtis en a trouvé abondamment sous les pierres en avril; le 25 mai il y en avait de rassemblés sur une renoncule jaune; il en a trouvé deux dans une tige de patience, dont probablement ils se nourrissaient; ils abondent aussi dans les haies et dans les champs de blé.

4. *Elater* (*Athoüs*) *ruficaudis*, Fab. — *Le Taupin hémorrhoïdal. Elater sputator*, Oliv., *E. haemorrhoïdalis*, Fab., *E. analis*, Herbst. Il est long de 13 mil. et large de 3 mil. Sa couleur est brun de poix brillant; il est couvert de longs poils jaunâtres; les antennes sont brunes, aussi longues que le thorax; la tête et le corselet sont noirs, finement ponctués; la première est semi-orbiculaire; le chaperon est tronqué et réfléchi; le second est plus long que large, un peu plus étroit aux angles antérieurs; les angles postérieurs sont prolongés en épines courtes, triangulaires, et le bord inférieur s'avance considérablement pour recevoir la tête; l'écusson est noir; les élytres sont d'un rougeâtre brun, deux fois

aussi longues que la tête et le thorax, plus larges que ce dernier; elles sont finement pointillées avec neuf stries sur chacune; l'abdomen est ferrugineux ; les pattes sont courtes et ferrugineuses; les tarses paraissent de quatre articles très pubescents en dessous.

Il est abondant depuis avril jusqu'au commencement de juin dans les champs de blé, sur les orties et dans les pâturages.

5. *Elater (Agriotes) gilvellus*, Zigler. — *Le Taupin griselle; Elater blandus*, Germer. — Longueur, 10 mil., largeur, 3 mil. Tête et corselet noirs finement ponctués; antennes filiformes, de la longueur du corselet, rougeâtres, à premier article noir; écusson noir; corselet bombé à angles postérieurs prolongés en épines; élytres de la largeur du corselet, deux fois aussi longues que ce dernier et la tête réunis, testacées, finement pointillées avec neuf stries sur chacune, brunes vers l'extrémité qui est arrondie lorsqu'elles sont jointes; dessous brun de poix; cuisses brunes; tibias testacés ainsi que les tarses.

Cet insecte varie pour l'étendue de la nuance brune de l'extrémité des élytres. Il est excessivement abondant à Santigny sur les fleurs d'hièble, le long des chemins qui traversent les champs.

---

130. — LE HANNETON SOLSTITIAL.

(*Amphimallon solstitiale*, Lat.)

On a vu précédemment que la larve du hanneton d'été (*melolontha solstitialis*, Fab.) se trouve en compagnie de celle du carabe bossu (*carabus gibbus*, Fab.) dans les champs de blé; l'insecte parfait lui-même n'est pas rare dans ces champs, vers le temps de la moisson, lorsque les épis commencent à jaunir ; on l'y voit voler en assez grand nombre, mais on ne remarque pas qu'il se pose souvent sur les épis pour chercher à s'en nourrir. Il est probable que sous cette forme il ne leur cause pas de dommage et que s'il leur est préjudiciable, c'est dans son premier âge, sous celle de larve.

Cette larve, comme celle de tous les hannetons, ressemble pour la forme à celle du hanneton commun, et à la première vue elle n'en diffère que par la taille qui est un peu plus petite. Il est très vraisemblable qu'elle a le même genre de vie et qu'elle se nourrit des racines des plantes qui croissent sur le sol où elle se trouve; qu'elle passe plusieurs années dans la terre avant d'avoir acquis toute sa taille; qu'elle s'enfonce dans le sol à l'approche de l'hiver pour échapper au froid et aux gelées; qu'elle remonte près de la surface au retour du printemps pour y trouver les racines des plantes dont elle se nourrit et qu'après deux ou trois ans d'existence souterraine elle se change en chrysalide au printemps et en insecte parfait, au mois de juin ou au commencement de juillet, pour sortir de terre et prendre son essor à la fin de ce dernier mois ou au commencement d'août. Ce sont là des conjectures que l'on peut faire en se reportant à l'histoire connue des insectes de cette tribu.

L'insecte est classé dans l'ordre des Coléoptères, la famille des Lamellicornes, la tribu des Scarabéides, la sous-tribu des Phyllophages, et dans le genre *Amphimallon*. Son nom entomologique est *A. solstitiale*, et son nom vulgaire *Hanneton solstitial*.

1. *Amphimallon solstitiale*, Lat. — Longueur, 16 mil. Antennes testacées, composées de six articles, terminées par une massue ovale allongée de trois feuillets, en tout neuf articles; palpes testacés; yeux ronds, grands, noirâtres; tête et corselet ponctués d'un brun rougeâtre mêlé de noir; élytres d'un jaune livide, luisantes, avec quelques poils hérissés, assez longs, et des côtes longitudinales dont les intervalles paraissent irrégulièrement ponctués; corselet, poitrine et écusson très velus; abdomen brun, couvert de poils couchés, plus courts; ayant son dernier segment découvert, terminé en triangle tronqué, incliné en bas; pattes testacées, un peu ciliées, armées de quelques épines; tarses un peu plus longs que la jambe, épineux, à crochets unidentés.

On ne possède aucun moyen de détruire cet insecte dont la larve est nuisible aux récoltes. Les corbeaux et les corneilles, qui suivent les charrues à leurs passages du printemps et de l'automne, dévorent un grand nombre de ces larves mises à nu par le soc qui retourne la terre. Ils mangent toutes les espèces de vers, de larves et d'insectes mis à découvert et rendent un grand service en nettoyant le sol. On ne saurait donc trop répéter qu'il faut se garder de les éloigner en leur tirant des coups de fusil. Les porcs, en fouillant la terre, en atteignent aussi une notable quantité et on doit les mettre dans les champs pendant les moments où la terre n'est pas occupée par les plantes cultivées.

—

131. — LE HANNETON D'ÉTÉ.

(*Rhisotrogus æstivus*, Lat.)

Le hanneton d'été se rencontre aussi très fréquemment dans les champs de blé, vers l'époque de la moisson ; on le voit quelquefois sortir de terre et grimper le long des tiges, mais le plus souvent c'est au vol qu'on l'aperçoit. Il ne fait pas beaucoup de mal, sous sa forme parfaite, aux épis presque mûrs, ni à la paille, et si sa larve n'était pas plus à craindre que lui on n'aurait pas à s'en inquiéter ; mais cette larve mène une vie souterraine, comme celle des autres hannetons ; elle ronge les racines des plantes qui croissent sur le sol et, lorsqu'elle est nombreuse, elle peut causer beaucoup de dégâts. Il est vraisemblable qu'elle met plusieurs années à acquérir toute sa croissance et que ses évolutions sont semblables à celle du hanneton commun et à celle du hanneton à corselet vert. Il est aussi très probable qu'elle ressemble, sauf la taille, aux larves de ces insectes et qu'elle en a les habitudes.

L'insecte parfait a de l'analogie avec le hanneton solstitial, mais il est plus petit et présente des différences qui l'ont fait placer dans un autre genre de la même tribu. Il entre dans le genre moderne *Rhisotrogus*, et porte le nom de *Rhisotrogus æstivus*; son nom vulgaire est *Hanneton d'été*.

1. *Rhisotrogus æstivus*, Lat. — Longueur, 14 mil. D'un roux jaunâtre pâle; antennes ocreuses, de dix articles dont les trois derniers prolongés en lamelles forment une massue; tête et corselet ponctués, testacés; celui-ci ayant quelquefois un point brun de chaque côté et une ligne de la même couleur au milieu; poitrine et écusson couverts de longs poils jaunâtres; élytres testacées, luisantes, irrégulièrement ponctuées, ayant des côtes peu marquées, avec la suture brune et quelquefois le bord extérieur vers l'extrémité; dernier segment découvert, ponctué, d'un testacé brun, en triangle curviligne, pattes testacées, un peu ciliées; tibias antérieurs bi-dentés au côté extérieur à l'extrémité; tarses plus longs que les tibias, épineux, à crochets unidentés à la base en dessous.

On ne connaît pas d'autre moyen de s'opposer aux dégâts causés par les larves que ceux indiqués pour le Hanneton solstitial, c'est-à-dire les corbeaux au moment du labourage et les porcs pendant les jachères.

On rencontre encore dans les blés, vers le temps de la moisson, une autre espèce de hanneton de la taille du précédent, appartenant au genre *Amphimallon*, c'est l'*Amphimallon fuscum* espèce, non moins nombreuse que l'autre et qui lui ressemble, mais qui est entièrement d'un brun noirâtre, avec des poils blanchâtres sur le corselet, l'écusson et la poitrine.

—

132. — LE HANNETON A CORSELET VERT.

(*Anisoplia horticola*, Fab.) (1).

Cet insecte est très abondant en mai et juin dans les champs de blé, dans les haies (surtout lorsque l'aubépine est en fleur) et dans

(1) Farm Insects.

les prairies. La femelle, périt après avoir déposé environ cent œufs dans la terre, et les petites larves, dès qu'elles sont écloses, commencent leurs ravages sur les racines des herbes. Quoiqu'elles soient nuisibles dans les jardins, c'est dans les pâturages et dans les parcs qu'elles commettent leurs plus grands dégâts. L'herbe meurt après que les racines ont été consumées; le gazon mort se pourrit et s'enfonce par places sous les pieds, ce qui est dû aux galeries creusées dans la terre par les larves. Les corneilles et les étourneaux ajoutent aux désordres en arrachant l'herbe pour se nourrir des larves. Il est constaté qu'elles continuent à vivre pendant trois ans et généralement elles se tiennent à la profondeur de 27 mil. dans le sol. Mais lorsque l'hiver approche elles s'enfoncent plus profondément, et en novembre, lorsque la gelée est venue, on les a trouvées à la distance d'une bêchée. A la grandeur de la taille que la plupart ont acquise à cette époque, l'on peut admettre qu'elles ont pris toute leur croissance et qu'elles se préparent à passer à l'état de chrysalide; c'est à cette fin qu'elles se forment une cellule dans la terre où elles attendent dans le repos jusqu'au printemps suivant pour subir leurs métamorphoses et paraître sous la forme d'insecte parfait au temps de la floraison des roses.

Cette larve ressemble à celle du hanneton commun, mais elle est beaucoup plus petite. Elle se tient ordinairement courbée en forme de fer à cheval; cependant elle est assez active et marche passablement bien tout en traînant son lourd abdomen. Elle est d'un blanc jaunâtre, mais la tête est d'un ocre foncé et n'a pas d'yeux; les antennes sont très distinctes, grêles, de cinq articles; les mandibules sont ferrugineuses avec l'extrémité noire; le corps est revêtu de quelques poils bruns; sa lourde extrémité est couleur de plomb lorsque l'animal est repu, et de la même nuance que le corps lorsque le tube intestinal est vide. On voit neuf stigmates de chaque côté et six pattes pectorales sous les trois premiers segments; elles sont revêtues de soies et formées de trois articles; le dernier, le plus court. Sa chrysalide est d'une couleur pâle.

Lorsque l'insecte est sorti de terre il se jette sur les roses dont il mange les étamines, le pollen, les pétales et même les feuilles, et dès qu'elles ne lui fournissent plus une nourriture suffisante il se rend dans les champs de blé pour vivre sur le froment et l'avoine. On a vu ces insectes se rassembler en si grand nombre sur les acacias, qu'en secouant ces arbres ils tombaient comme une ondée de grêle.

Il fait partie de l'ordre des Coléoptères, de la famille des Lamellicornes, de la tribu des Scarabéïdes, de la sous-tribu des Phyllophages et du genre *Anisoplia*. Son nom entomologique est *Anisoplia horticola*, et son nom vulgaire *le petit Hanneton à corselet vert*.

1. *Anisoplia horticola*, Fab. — Longueur, 10 mil. ; largeur, 5 mil. Brillant, couvert de poils longs, hérissés. Tête, thorax, éusson d'un vert brillant, ponctués ; chaperon bordé ; antennes ferrugineuses à massue de trois feuillets noirâtres ; élytres couleur de tan, brillantes, ovales, avec sept stries distinctes et plusieurs obscures, irrégulièrement ponctuées ; extrémité de l'abdomen apparente et verte ; les côtés et les pattes d'un noir verdâtre ; tibias de la première paire échancrés extérieurement, formant deux dents ; tarses terminés par deux crochets inégaux, l'interne étant bifide dans les deux paires antérieures.

On détruit ces insectes dans les prairies infestées en arrosant les lieux envahis avec un mélange de 1/10 de liqueur de gaz et 9/10 d'eau. Cet arrosement ne fait aucun tort à l'herbe et fait mourir les larves mineuses. Si on n'a pas de liqueur de gaz, on emploie de l'eau fortement salée. On peut encore profiter du temps doux du printemps pour retourner la terre envahie, alors que les larves sont près de la surface du sol et les exposer à la voracité des corbeaux, des étourneaux, des grives, des merles, des rouge-gorges et même des moineaux qui s'en gorgent au point de ne pouvoir plus voler. En l'absence de ces utiles oiseaux, les cochons peuvent détruire une grande quantité de ces insectes.

---

133. — LE HANNETON DES CHAMPS.

(*Asinoplia agricola*, Fab.) (1).

Ce petit hanneton est commun en France et se trouve isolément ou en groupes sur les épis, rongeant les grains tendres du seigle et ceux du blé qui sont plus de son goût. Kollar dit qu'il a trouvé des épis qui avaient perdu le tiers de leur semence par l'action de cet insecte, mais il ne sait pas positivement si les larves attaquent les racines du blé ou si elles vivent dans le fumier, et l'on ne connaît aucun moyen de détruire ces petits animaux dont la vie nous est cachée. Les corbeaux, les taupes, les mulots sont leurs plus grands ennemis et doivent être épargnés lorsque leur nombre n'est pas assez grand pour nuire.

Ce hanneton est polyphage, car en mai 1833 il détruisit les rosiers dont il dévora les fleurs et les feuilles ; dans certains jardins c'est à peine si un rosier resta intact ; ils pendaient aux fleurs comme un essaim d'abeilles ; l'année précédente les pommiers et les pêchers avaient essuyé leurs ravages ; on en a vu sur les acacias un si grand nombre que tout le feuillage a été dévoré et qu'ils tombaient comme la grêle lorsqu'on secouait l'arbre.

1. *Anisoplia agricola*, Fab. — Longueur, 10 mil.; largeur, 5 mil. Tête et corselet d'un vert foncé, avec une ponctuation serrée, couverts d'une pubescence pâle, avec un sillon au milieu ; tête rétrécie en devant, formant un chaperon avancé, à bord relevé ; antennes de neuf articles, noires, à massue de trois feuillets ; yeux petits ; thorax plus large que la tête, légèrement rétréci en devant, à côtés arrondis et base sinuée ; élytres ovales, un peu courtes, larges, brillantes, d'une couleur ocreuse rouillée, couvertes d'une faible ponctuation et de sept stries indistinctes ; tache carrée noire autour de l'écusson ; épaules et bords externes irrégulièrement noirs ; une raie transversale formée de taches réunies, plus ou moins

(1) Farm Insects.

brune ou ferrugineuse, indique des variétés. Les deux derniers segments de l'abdomen visibles, noirs, couverts de poils jaunâtres, ainsi que les côtés de l'abdomen; pattes fortes, ponctuées avec une teinte verte; tibias antérieurs dilatés et bilobés antérieurement.

Je n'ai pas remarqué l'*Anisoplia agricola* dans les environs de Santigny, mais il est très commun dans certaines localités de la France plus méridionales et se trouve à Paris. Il est très probable que sa larve vit dans la terre en rongeant les racines dès végétaux comme ses congénères.

---

134. — LA BRUCHE DE LA VESCE.

(*Bruchus nubilus*, Schœn.)

La vesce est une plante de grande culture que l'on ne voit que dans les champs. Elle produit un excellent fourrage pour les bœufs, les vaches et les chevaux, et ses graines servent à la nourriture des pigeons et des volailles. Ces graines sont rongées par un petit insecte du genre Bruche qui y cause quelquefois de grands dégâts. On trouve cette bruche toute formée dans les vesces dès le 15 août, et c'est alors qu'elle commence à en sortir pour se répandre dans la campagne. Elle doit passer l'automne et l'hiver pour venir pondre au printemps sur les jeunes gousses des vesces, ce qui exige que plusieurs femelles se cachent dans des abris et survivent aux rigueurs de la saison froide. Il est probable que des individus tardifs restent dans les semences pendant l'hiver et ne prennent leur essor qu'au printemps, pour assurer la conservation de l'espèce. On ne trouve qu'une seule larve dans le même grain dont elle consomme presque toute la substance farineuse pour sa nourriture et sa croissance. La larve grandit assez rapidement puisqu'elle accomplit toutes ses évolutions, c'est-à-dire ses changements en chrysalide et en insecte parfait, dans l'espace de trois à quatre mois. La bruche de la vesce se comporte à l'égard de cette graine comme la bruche du pois à l'égard de ce légume. Toutes les bruches ont les mêmes mœurs, et si l'on observe des différences entre elles, c'est dans l'époque de l'apparition de l'insecte, dans le temps de la ponte, qui est celui où la fleur tombe et la gousse commence à se montrer et dans le moment où la larve a acquis toute sa croissance, qui coïncide avec celui de la maturité de la semence.

L'espèce qui attaque la vesce a reçu le nom de *Bruchus nubilus*, et en français celui de *Bruche de la vesce.*

1. *Bruchus nubilus*, Schœn. — Longueur, 2 mil. 1/2. Il est noir, ovalaire; la tête est noire, penchée, rétrécie en arrière; les antennes sont formées de onze articles, les cinq premiers menus et fauves, les autres plus gros et noirs; le corselet est noir, convexe, arrondi sur les côtés, bisinué en arrière, couvert d'une pubescence caduque, avec une tache de poils blanchâtres devant l'écusson; les élytres sont noires, plus larges que le corselet, près de deux fois aussi longues, en carré dont les angles sont arrondis, striées et marquées de taches de poils blanchâtres; l'extrémité de l'abdomen est découverte et garnie de poils blanchâtres courts et serrés. Les pattes antérieures sont fauves avec la base des cuisses noire; les autres sont noires avec les tibias et les tarses moyens fauves.

Cet insecte ne fait aucun mal aux fourrages, car il n'attaque que les semences; en les faisant manger en vert on détruit une multitude de larves et l'espèce ne se trouve plus que dans la partie de la prairie conservée pour graines. Lorsqu'on s'aperçoit que les semences sont attaquées il faut immédiatement les passer au four, ce qui fait périr les larves et les insectes parfaits qu'elles contiennent. Quant à la partie des graines conservées pour la semence, on doit la passer à l'eau et ne semer que les grains tombés au fond du vase; ceux qui surnagent doivent être mis au four et donnés aux volailles.

La Bruche de la vesce a un ennemi naturel qui s'oppose à sa trop grande multiplication et qui la fait momentanément disparaître lorsqu'elle est devenue par trop abondante : c'est le *Pteromalus varians*, N. de E , décrit à l'article de la Bruche de la lentille.

135. — L'APION DU TRÈFLE.

(*Apion apricans*, Schœn.)

L'Apion du trèfle exerce des déprédations sur les graines de cette plante fourragère et en détruit une immense quantité. Il ne cause aucun dommage à la plante elle-même qui se récolte, se conserve et s'emploie pour la nourriture des bestiaux comme si elle était intacte, mais la partie de la prairie conservée pour porter graine trompe souvent l'espérance du laboureur, qui n'y récolte pas sa semence.

Vers l'époque du 20 juin, lorsque le trèfle est en pleine fleur, on remarque fort souvent des têtes ou capitules qui commencent à défleurir, à se faner et à se noircir; si tous les fleurons ne sont pas atteints par cette altération, il s'en trouve un nombre plus ou moins considérable sur le capitule et l'on est porté à croire que la plante est fécondée, que les semences sont complétement formées, qu'elles commencent à mûrir et que la récolte est prochaine. Mais si l'on ouvre une de ces têtes, on remarque qu'elle renferme des petites larves blanches qui mangent les graines tendres et vertes, à peine formées; elles percent le calice ou l'enveloppe de cette graine, elles y introduisent leur tête ou y entrent en entier et en rongent la semence, après quoi elles en sortent pour attaquer une nouvelle graine voisine de la première, ainsi de suite jusqu'à ce qu'elles aient pris tout leur acroissement. Il suffit de trois ou quatre larves pour manger toute les semences d'une tête. Dès que la semence est détruite, le fleuron correspondant se fane, se dessèche et meurt comme si cette semence était arrivée à sa maturité.

Cette larve, parvenue au terme de sa croissance, a 2 mil. de longueur. Elle est blanche et se tient courbée en demi cercle; sa tête est jaunâtre, ronde et armée de deux dents brunâtres; elles est privée de pattes et son corps, qui est mou et glabre, est ridé en travers. Dès qu'elle n'a plus à grandir elle se change en chrysalide dans le capitule même, l'insecte parfait commence à éclore à la fin de juin et continue à paraître jusque vers le 15 juillet. Il fait partie de l'ordre des Coléoptères, de la famille des Porte-bec ou Curculionites, de la tribu des Attélabites et du genre *Apion*. Son nom entomologique est *Apion apricans*, Schœn., et son nom vulgaire *Apion du trèfle*.

1. *Apion apricans*, Schœn. — Il a 3 mil. de longueur, rostre compris. — Il est noir ; ses antennes sont noires, insérées au milieu du rostre ou bec qui est menu, cylindrique, arqué, plus long que la tête et le corselet ; celui-ci est ponctué, plus étroit en devant qu'en arrière ; les élytres sont ovalaires, un peu plus larges que le thorax et plus longues que ce dernier et la tête, réunies, striées et arrondies à l'extrémité ; les cuisses sont jaunes et les tibias ainsi que les tarses noirs.

On ne sait pas comment l'insecte se conserve pendant l'hiver et s'il a une seconde génération avant cette saison rigoureuse. Il est probable qu'il se réfugie sous la mousse, sous les feuilles, dans les fissures où le froid l'engourdit et que rappelé au mouvement par la chaleur du printemps il s'accouple et va pondre sur les têtes du trèfle non encore épanouies.

On ne connaît aucun moyen de s'opposer aux ravages de l'Apion du trèfle, mais il a des ennemis naturels qui lui font une guerre acharnée et s'opposent à ce qu'il se multiplie au point de détruire cette plante fourragère. Le premier est un Ichneumonien de la sous-tribu des Braconites et du genre *Calyptus*, formé d'une partie des *Eubadizon* de Nées d'Esembeck, dont le nom est *Calyptus macrocephalus*.

XCIII. *Eubadizon (Calyptus) macrocephalus*, N. de E. — Longueur, 3 mil. Noir, luisant ; antennes filiformes, de la longueur du corps, noires ; tête de la largeur du corselet, transverse, noire ; corselet de la même couleur, à sutures finement ponctuées ; métathorax très rugueux ; abdomen subsessile, ovalaire, de la largeur et de la longueur du thorax, à premier segment rugueux en dessus, les autres lisses, luisants, tous noirs ; pattes robustes, avec la base des jambes jaunâtre ; ailes hyalines, à stigma grand et noir; deux cellules cubitales aux supérieures. La femelle est pourvue d'une tarière plus longue que le corps qu'elle peut plonger au fond des calices des fleurons du trèfle et au moyen de laquelle elle va déposer un œuf dans le corps des larves de l'Apion.

Un second parasite de ce curculionite est un petit Chalcidite du genre *Pteromalus*, appelé *P. pione*, dont la femelle parvient aussi à pondre ses œufs isolément dans les larves de l'Apion. Chaque œuf coûte la vie à l'une de ces larves, car le ver qui en sort la ronge intérieurement sans en rien laisser que le crâne écailleux trop dur pour ses dents; ce ver se change en chrysalide dans le capitule et l'insecte parfait prend son essor vers le 15 juillet.

XCIV. *Pteromalus pione*, Walk. — Il a 2 mil. de longueur. Sa couleur est un vert foncé; les antennes sont coudées, noires, filiformes, plus longues que la tête; celle-ci est verte et transverse; le corselet est ovalaire, de la même couleur; l'abdomen est séparé du corselet par un étranglement profond; il est de la longueur de la tête et du thorax, un peu moins large que celui-ci, lisse, luisant, vert à reflets cuivreux, ové-conique, terminé en pointe chez la femelle, ovalaire chez le mâle; les cuisses sont vertes; les tibias et les premiers articles des tarses sont jaunâtres; les ailes sont hyalines, de la longueur du corps.

---

136. — LE CHARANÇON DU BLÉ.

(*Sitophilus granarius*, Schœn.)

Cet insecte est connu depuis la plus haute antiquité. Les Romains le nommaient *Curculio* et en France on lui donne le nom de Charançon et de Calandre. Il est bien connu de tous les laboureurs et de tous ceux qui conservent le blé dans les magasins à cause des dégâts qu'il produit et des pertes qu'il occasionne. On le trouve dans les greniers, les granges et les magasins où il se multiplie quelquefois en nombre prodigieux. Il n'attaque ni le seigle, ni l'orge, ni l'avoine, ni aucune autre graine, il vit exclusivement de blé. On commence à le voir dès les premières chaleurs du printemps, à la fin d'avril ou au commencement de mai. La femelle, après avoir été fécondée par le mâle, entre dans un tas de blé, y pénètre à 5 ou 6 centimètres de profondeur pour y être tranquille, puis elle choisit le grain dans lequel elle veut pondre un œuf. Elle y fait un petit trou avec ses dents, ordinairement dans le sillon où la peau est plus tendre et le dirige obliquement sous la peau. Elle dépose un œuf dans le trou où il est collé par une humeur qui l'enduit à sa sortie.

Elle passe ensuite à un autre grain sur lequel elle exécute la même opération et continue ainsi jusqu'à ce qu'elle ait achevé sa ponte, ne déposant jamais qu'un seul œuf dans chaque grain. Au bout de quelques jours l'œuf éclot, et il en sort un petit ver qui ronge la farine située à sa portée. Il agrandit sa demeure à mesure qu'il croît, et lorsqu'il a pris toute sa taille il a consommé à peu près toute la farine. Il emploie un mois environ à parvenir à toute sa grandeur et il n'altère en aucune façon la couleur et la forme du grain, en sorte qu'à la vue il est impossible de reconnaître s'il est altéré, mais il est plus léger que le blé exempt du charançon. Si on le jette dans l'eau il surnage, tandis que le blé sain va au fond.

Ce petit ver rongeur a 3 mil de longueur. Il est blanc, mou, glabre ; sa tête est ronde et jaunâtre ; son corps présente des rides transversales qui indiquent les segments dont il est formé ; il n'a pas de pattes.

Parvenu à toute sa croissance, il se change en chrysalide dans son habitation et au bout de peu de temps il prend la forme d'insecte parfait, perce sa prison et se met en liberté. Il s'écoule de quarante à quarante-cinq jours entre la ponte et la sortie de l'insecte. Ce dernier fait partie de la famille des Porte-bec ou Curculionites, de la tribu des Erirhinites et du genre *Sitophilus* ; son nom entomologique est *Sitophilus granarius*, Schœn., et son nom vulgaire *Charançon du blé*, *Calandre du blé*.

1. *Curculio* (*Sitophilus*) *granarius*, Lin. — Il a 3 mil. de longueur. Sa forme est allongée; tout le corps est brun ; les antennes

sont coudées, terminées en massue ovalaire; le rostre est long, légèrement courbé, aminci à la base, plus épais à l'extrémité, presque de la longueur du corselet; la tête est arrondie; le corselet est de la longueur des élytres, fortement ponctué, rétréci en devant; les élytres sont de la largeur du corselet et de la même longueur, arrondies en arrière, à stries ponctuées; les pattes sont assez courtes et fortes, de la couleur du corps.

Dès que cet insecte a pris son essor, il s'accouple et la femelle va pondre dans les tas de blé; les générations se succèdent sans interruption pendant tout l'été et l'automne jusqu'à ce que le froid lui ôte l'activité nécessaire à la propagation de son espèce; c'est pourquoi on le voit constamment dans les greniers et les magasins pendant toute la belle saison. A l'état parfait il ronge aussi le blé, mais c'est sous la forme de larve qu'il est particulièrement dangereux. A l'approche de l'hiver il quitte les tas de blé et va chercher un gîte où il passe les temps froids; il se réfugie dans un trou de mur, une gerçure du bois ou du mortier et s'y engourdit jusqu'au retour du printemps qui le ranime, lui rend son activité et le met en état de propager son espèce et de recommencer ses ravages.

On a proposé, pour combattre ces dangereux ennemis, un grand nombre de moyens qui se sont trouvés inefficaces dans la pratique. On a indiqué l'emploi de plantes à odeur forte répandues dans la grange ou sur les tas de blé dans le grenier pour les éloigner, comme les hièbles, le chanvre etc., ce qui ne produit aucun effet. On a conseillé d'étendre au pinceau une couche de goudron chaud sur les murs des greniers et des granges, en lui donnant une hauteur plus ou moins considérable, comme 0,15 à 1m, à partir de leur base. Cette peinture peut dans les premiers jours empêcher les charançons de grimper le long des murs, mais elle ne les fait pas mourir et n'empêche par leur multiplication. On a recommandé de placer sur les blés infestés des toisons en suint qui les attirent, dans lesquelles ils s'introduisent, dont ils ne peuvent se dépêtrer et où ils périssent. Ce procédé peut en détruire un nombre assez considérable, si toutefois les charançons sont attirés par ces toisons, mais les larves n'ont pas à en souffrir, non plus que les femelles occupées à pondre. On a beaucoup préconisé les fumigations de soufre, de tabac, comme moyen de détruire ces insectes; ces fumigations peuvent les asphyxier pendant quelque temps après lequel ils reviennent à la vie, et comme elles ne pénètrent pas dans l'intérieur des tas elles sont sans efficacité contre ces insectes et donnent une mauvaise odeur au blé. Les criblages et les pelletages les éloignent un moment et les dispersent dans le grenier sur le plancher et sur les murs, mais ils reviennent bientôt dans le blé reposé. Lorsque l'on emploie ce procédé, il convient de laisser dans un coin un petit tas que l'on sacrifie et que l'on ne remue pas; les insectes troublés ailleurs s'y rendront pour pondre et lorsqu'ils y seront réunis en grand nombre on y versera de l'eau bouillante. Le procédé le plus efficace qui a été indiqué consiste à passer dans une étuve chauffée à 60° R. tout le blé charançonné. Cette chaleur tue les insectes parfaits, les larves et les œufs et ne détruit pas la faculté germinative du grain. Ce moyen est fort dispendieux et n'est pas à la portée des fermiers et des petits propriétaires; il a en outre l'inconvénient de ne pas atteindre les insectes répandus dans le grenier, qui se porteront bientôt sur le nouveau blé qu'on y répandra. Ce qui me paraît le plus sûr et le plus économique, c'est de réduire immédiatement en farine le blé attaqué par le charançon et de faire cette opération dès qu'on s'aperçoit de la présence de l'insecte; de nettoyer minutieusement le grenier et de rester un an sans y déposer de nouveau grain.

Les murs d'un bon grenier sont couverts d'un enduit lisse sans fissures; le plancher est bien joint, n'ayant ni trou ni fente où un insecte et un grain de blé puissent se cacher. Il faut en tout temps tenir les granges et les magasins à blé dans le plus grand état de propreté possible.

Le Charançon du blé a un ennemi naturel qui en détruit un grand nombre et qui en débarrasse quelquefois les greniers pour plusieurs années : c'est un petit Chalcidite du genre Ptéromale (*Pteromalus*), dont la femelle pond ses œufs dans les grains infestés; la larve du parasite dévore celle du Charançon, usurpe sa place où elle se transforme en insecte parfait qui sort de son berçeau pour aller pondre sur d'autres grains attaqués. On peut lui donner le nom de *Pteromalus tritici*.

XCXV. *Pteromalus tritici*, G. — Il a deux mil. de longueur. Il est entièrement d'un vert bleuâtre foncé, avec les antennes noires, les yeux rougeâtres, les ailes hyalines et les pattes blanchâtres.

Il est quelquefois si nombreux que les tas de blé et les sacs qui en renferment en paraissent verts. Dès qu'il se montre avec cette abondance on peut être assuré que le charançon va disparaître.

Le Charançon du blé porte aussi le nom de *Cosson*, et parmi les cultivateurs de la Bourgogne, celui de *Gousson*, qui en est une altération; ils nomment même Gousson tout insecte qui attaque le blé, quelle que soit son espèce.

—

137. — LE SILVAIN A SIX DENTS.

(*Sylvanus sex dentatus*, Fab.)

Ce petit coléoptère est fort commun dans les granges et les greniers, et on le trouve abondamment dans les criblures et les balayures. On a encore constaté sa présence dans le riz et dans les figues sèches.

1. *Sylvanus sex dentatus*, Fab. — Il est d'une longueur de 2 mil. 1/2. Il est très étroit, plat et de couleur ferrugineuse, brune; il est profondément et densément ponctué et est revêtu de poils jaunes, courts, couchés, épars; la tête est large, trigone; le chaperon paraît tronqué, demi-circulaire en devant et couvre la bouche; les antennes sont insérées sous les côtés réfléchis de la tête, épaisses, droites, pubescentes, presque aussi longues que la tête et le thorax, de onze articles dont les trois derniers forment une massue allongée; les yeux sont noirs, petits, hémisphériques; le thorax est ovale, un peu plus large que la tête au milieu; il porte trois petites rides sur le dos; à chaque côté sont six dents; l'écusson est petit;

les élytres sont longues, elliptiques, plus larges que le thorax avec quatre lignes légèrement élevées sur chacune, comprenant entre elles un double rang de points et une série de petites soies jaunes brillantes; elles couvrent deux grandes ailes; les pattes sont courtes, les cuisses fortes et les tibias en massue.

La larve est un petit ver jaunâtre, déprimé, long de 3 mil. On y voit une tête assez grande avec deux mâchoires pointues, deux petites antennes et douze segments transversaux; la queue est un peu conique; il est pourvu de six pattes articulées.

La chrysalide a 3 mil. 1/2 de longueur; elle est de la couleur de la larve; la tête est inclinée en bas; le thorax suborbiculaire avec trois carènes et quelques épines courtes sur les côtés; l'abdomen est formé de segments distincts, ayant ses côtés garnis d'épines courtes comme le thorax.

Cet insecte, qui paraît originaire de Surinam, est répandu dans l'Europe. Il s'engendre dans le riz, les différentes espèces de blé, dans les figues sèches et dans le sucre. On le trouve aussi sous les écorces des arbres. Cette dernière circonstance fait penser qu'il ne se nourrit pas de blé, ni d'autres matières végétales, et que sa larve et lui-même sont carnassiers et font la chasse aux petits insectes qui habitent dans les substances dont on vient de parler. On peut donc jusqu'à nouvel ordre le regarder comme un insecte utile dont le rôle est de dévorer les larves du charançon et celles d'autres petits insectes que l'on rencontre dans les greniers et les granges.

---

138. — LA CADELLE.

(*Trogosita mauritanica*, Fab.) (1).

Ce coléoptère se trouve dans le midi de la France, où sa larve est appelée *Cadelle*. Cette dernière est très destructive parce qu'elle perce les grains de blé de part en part, qu'elle passe à tra-

(1) Curtis, Farm Insects.

vers pour aller de l'un à l'autre, et qu'elle en gâte plus qu'elle n'en consomme. C'est à la fin de février, lorsqu'elle est parvenue à toute sa grosseur, qu'elle cause le plus de dommages. Elle a alors 15 mil. de longueur sur 2 de largeur. Son corps est blanchâtre et composé de douze segments distincts et rudes avec des poils courts et isolés; la tête est dure et écailleuse, noire, armée de deux mâchoires cornées, courbées et aiguës; les trois segments thoraciques portent en dessous chacun une paire de pattes courtes, écailleuses, et une paire de taches obscures; le segment anal est terminé par deux crochets cornés. Elle entre dans la terre ou s'enfonce dans la poussière pour se changer en chrysalide.

L'insecte parfait entre dans la famille des Xylophages et dans le genre *Trogosita*. Son nom entomologique est *Trogosita mauritanica*, et son nom vulgaire *Cadelle*.

1. *Trogosita mauritanica*, Fab. — Longueur, 8 mil.; largeur, 3 mil. Il est déprimé, ponctué, brun châtain; les antennes sont courtes, éloignées et insérées dans une profonde cavité devant les yeux; elles sont légèrement velues, de onze articles dont les quatre derniers forment une massue comprimée; la tête est large, semi-orbiculaire, échancrée au sommet; les yeux sont petits, noirs et ne touchent pas le thorax qui est plus large que la tête, un peu orbiculaire, plus large en devant, arrondi à la base, les côtés légèrement rebordés, les angles antérieurs avancés et courbés, les postérieurs aigus; l'écusson petit, demi ovale; les élytres plus larges que le thorax, duquel elles sont séparées par un cou étroit, près de trois fois aussi longues, un peu rétrécies à la base, avec neuf stries finement ponctuées sur chacune, les intervalles ponctués et transversalement striés; les ailes modérément grandes; les six pattes courtes, les antérieures les plus robustes; les cuisses très courtes et fortes; les tibias courts, comprimés, principalement les antérieurs; les tarses de quatre articles.

L'insecte parfait nous rend service, car il est carnassier et détruit la *Tinea granella*. On ne sait pas encore où la femelle dépose ses œufs.

Il est assez probable que la larve du *Trogosita mauritanica* est elle-même carnassière ; la forme de ses mâchoires semble l'annoncer, et comme on trouve l'insecte parfait sous les écorces d'arbre, c'est une nouvelle présomption en faveur de cette opinion. Suivant Latreille on le rencontre aussi dans les noix et dans le pain ; on en doit conclure qu'il se nourrit de substances animales et végétales indifféremment. Si la larve est réellement carnassière, elle pourrait bien se rendre dans les tas de blé pour y chercher des insectes et s'introduire dans les grains pour y dévorer les larves des charançons, et dans ce cas elle serait utile au lieu d'être nuisible.

---

139. — L'AIGUILLONNIER.

(*Saperda marginella*, Fab.)

Dans le département de la Charente, autour de Barbézieux et probablement sur beaucoup d'autres points de la France, il existe une maladie particulière aux blés sur pied, connue sous le nom de *l'aiguillon*. Quand le blé approche de sa maturité, tous les épis des tiges attaquées tombent au moindre vent et ces tiges restent droites comme des aiguillons ; on dit alors que le blé est aiguillonné.

La maladie de l'aiguillon est produite par un insecte de l'ordre des Coléoptères, de la famille des Longicornes, de la tribu des Lamiaires et du genre *Saperda*. Ce petit Longicorne se montre dans mois de juin, quand les blés sont épiés et en fleur. Alors la femelle perce un petit trou dans la tige près de l'épi et y introduit un œuf; elle continue sa ponte en ne confiant qu'un seul œuf à la même tige. L'œuf descendu ou tombé au premier nœud du chaume donne bientôt naissance à un petit ver ou larve qui monte le long du tuyau jusqu'à la base de l'épi et ronge circulairement ce tuyau, ne laissant intact que l'épiderme. L'épi ainsi isolé ne reçoit plus de sucs nourriciers et reste vide de grains, se dessèche quand les graines approchent de leur maturité et tombe au premier vent. Cette larve, après avoir affaibli ainsi l'intérieur de la tige près de l'épi, descend dans le chaume, perce successivement ses nœuds et va se loger au bas de la tige, à une hauteur de 5 à 8 centimètres au-dessus du sol, afin d'y passer l'hiver blottie dans une poussière de détritus et de ses excréments. Elle est arrivée à tout son accroissement et placée dans ce gîte quand le blé est mûr, à l'époque de la moisson.

Au commencement du mois de juin de l'année suivante, elle se métamorphose en chrysalide et peu de jours après en insecte parfait qui remonte dans le tube, perce un trou avec ses mandibules et se met en liberté pour recommencer le cerle de son existence.

Cet insecte est désigné par le nom de *Saperda gracilis*, Kreuz., et plus généralement par celui de *Saperda marginella*, Fab., et comme le genre *Saperda* a été divisé en plusieurs autres, il est placé aujourd'hui dans le genre *Agapanthia*.

1. *Saperda* (*Agapanthia*) *marginella*, Fab. — Longueur, 7 à 10 mil. Menue, allongée, noire, couverte d'une pubescence cendrée ; antennes noires, une fois et demi aussi longues que le corps, s'amincissant de la base à l'extrémité, formées de douze articles, garnies de quelques poils en dessous ; tête inclinée en arrière ; face couverte de duvet cendré, avec un enfoncement longitudinal sur le front ; yeux noirs, échancrés ; thorax cylindrique, une fois et demi aussi long que large, noir, portant une bande de poils jaunâtres sur le milieu et une ligne des mêmes poils sur les côtés ; écusson petit, garni de poils jaunâtres ; élytres un peu plus larges que le corselet, cinq à six fois aussi longues, linéaires, arrondies à l'extrémité, couvertes d'une pubescence cendrée et d'une ligne de petits poils jaunâtres le long de la suture et des côtés ; pattes courtes, fortes, noires, couvertes d'une pubescence cendrée, ainsi que le dessous du corps.

Le moyen proposé pour combattre cet insecte consiste à arracher le chaume après la moisson et à le brûler sur place, ce qui fera périr les larves dans leurs gîtes. On pourrait encore couper les blés très bas, près de terre ; on emporterait alors les larves dans la grange où elles seraient écrasées par le battage.

140. — LE CRIOCÈRE DE L'ORGE.

(*Crioceris melanopa*, Fab.)

Quoique ce petit insecte soit peu nuisible à l'orge et à l'avoine, dont sa larve ronge les feuilles, il est cependant convenable d'en dire un mot, parce qu'un cultivateur curieux peut désirer savoir ce que signifient ces petites masses globuleuses, un peu allongées, visqueuses ou sales qu'il voit fréquemment sur les feuilles d'orge et d'avoine vers la fin de mai ou dans le mois de juin. Ces petites masses luisantes sont des larves ovalaires, d'une couleur rougeâtre très pâle, ayant une petite tête écailleuse, douze segments sur le corps et six pattes écailleuses attachées sous les trois premiers. L'anus est placé en dessus entre le dernier et l'avant-dernier segment et la matière qui en sort se répand sur le dos de la larve et l'enveloppe bientôt en entier. Dans le temps où les feuilles sont très tendres, les excréments sont liquides et visqueux, et l'on distingue, à travers la couche de mucus qui l'enduit, la forme et la couleur de la larve ; mais lorsqu'elles ont acquis de la consistance et que cette larve a besoin d'une nourriture plus solide, elle rend des excréments en grains mous et verdâtres, qui restent sur son dos et lui font un toit protecteur.

Ayant pris tout son accroissement à la fin de juin, elle descend de dessus les feuilles et entre dans la terre ; elle s'y enfonce à une petite profondeur et se construit une coque ovale avec des parcelles de terre liées par une salive visqueuse, ayant soin d'enduire de cette matière l'intérieur de sa cellule, afin qu'il soit lisse et doux ; elle s'y transforme en chrysalide et ensuite en insecte parfait qui sort de terre et prend son essor au commencement du mois d'août.

Cet insecte fait partie de l'ordre des Coléoptères, de la famille des Eupodes, de la tribu des Criocérides et du genre *Crioceris*. Son nom entomologique est *Crioceris melanopa*, Lin., et son nom vulgaire *Criocère de l'orge.*

1. *Crioceris melanopa*, Lin.— Longueur, 5 mil.; largeur, 2 mil. 1/2. Antennes filiformes, noires, de onze articles ; tête noire ; corselet cylindrique, rouge, un peu plus long que large ; élytres deux fois aussi larges et trois fois et demi aussi longues que le corselet, bleues, à stries ponctuées, arrondies à l'extrémité ; dessous bleu, ponctué ; pattes fauves, à cuisses renflées, avec les tarses d'un noir bleu.

Cet insecte causant peu de dommage, on n'a guère à s'en préoccuper.

---

141. — LA CASSIDE NÉBULEUSE.

(*Cassida nebulosa*, Lin).

M. Bazin, propriétaire au Ménil-Saint-Firmin (Yonne), a découvert en 1846 un nombre considérable de larves fort remarquables de la Casside nébuleuse, vivant sur les feuilles de betterave rouge. Elles se tiennent sur le revers des feuilles qu'elles rongent en petits espaces ronds et qu'elles criblent de trous.

Ces larves sont d'un joli vert taché de blanc et les côtés du corps sont armés d'épines-barbelées. Elles sont ovales, déprimées ; elles ont une petite tête écailleuse, munie de deux dents et pourvue de trois petits yeux en ligne oblique comme des petits tubercules, et de quatre autres plus élevés au-dessus ; chaque côté est garni de six épines aiguës en forme de soies. A l'extrémité du corps sont deux queues droites que l'animal couche sur son dos dans le repos, pour soutenir la peau chiffonnée de sa dernière mue et les excréments qu'il rend, se formant de la sorte un abri contre le soleil qui le garantit en même temps de la piqûre des parasites ; mais ces queues se rabattent et s'étendent lorsqu'il marche ; les six pattes thoraciques dont il est pourvu sont cachées sous le thorax.

Lorsque les larves se changent en chrysalides, elles se fixent contre le revers de la feuille sur laquelle elles ont vécu et se dépouillent de leur peau au bout de deux ou trois jours. Cette chrysalide est plus remarquable que la larve. Elle est ovale, déprimée, avec le corselet en forme de large bouclier cachant la tête, ciliée sur les bords, portant deux taches blanches sur le dos ; les segments du corps sont découpés sur les côtés en dents de scie et le dernier est épineux en forme de queue fourchue. Elle est d'un vert vif et luisant, avec les bords du thorax et de l'abdomen blanchâtres et deux raies jaunâtres sur le dos. En moins de quinze jours elle se transforme en insecte parfait.

Celui-ci est un Coléoptère de la famille des Eupodes, de la tribu des Cassidaires et du genre *Cassida*. Son nom entomologique est *Cassida nebulosa*, en français *Casside nébuleuse*.

1. *Cassida nebulosa*, Lin. — Longueur, 6 mil. A sa naissance elle est verte, mais elle devient graduellement couleur de tan en dessus et noire en dessous ; sa forme est elliptique ; la tête petite est cachée sous un large corselet demi-circulaire qui est marqué de petites impressions et de deux taches à la base ; les antennes, insérées sur le devant de la tête, sont composées de onze articles légèrement épaissis et noirâtres à l'extrémité ; les élytres sont ovales, convexes, avec un bord plat et cinq doubles lignes de points sur chacune ; elles sont parsemées de taches noires éparses ; les ailes sont amples ; les pattes courtes, les tarses formés de quatre articles, avec une paire de crochets.

Les larves sont quelquefois victimes d'un petit parasite de la tribu des Chalcidites et du genre *Pteromalus* dont le nom n'a pas été déterminé et qui se développe au nombre d'une trentaine d'individus dans une seule chrysalide.

—

142. — LE COLASPE BARBARE.

(*Colaspis barbara*, Fab.)

L'un des insectes les plus nuisibles à l'agriculture est assurément le *Colaspe barbare*, qui dévaste les luzernes dans le midi de la France. Cet insecte ne remonte pas jusque dans le centre et le nord et paraît confiné dans les départements méridionaux. Il se nourrit, ainsi que sa larve, des feuilles de luzerne et se multiplie prodigieusement au point que les champs de luzerne en paraissent tout noirs. Au bout de peu de temps toutes les feuilles sont dévorées et il ne reste plus que les tiges desséchées impropres à la nourriture des bestiaux. Il se montre dès les premiers jours de mai pour s'accoupler; bientôt la femelle, gonflée d'œufs, ne peut plus voler et se traîne à grand peine, tant son abdomen a pris de développement. Elle pond environ 500 œufs dans l'espace de dix à douze jours. Les petites larves, dès qu'elles sont écloses, se répandent sur les feuilles et se mettent à les ronger; leurs dégâts augmentent avec leur taille et, joints à ceux produits par les pères et mères, ils ont bientôt anéanti la récolte. C'est pendant le mois de juin que se fait le ravage et il n'y a plus de récolte à espérer après cette époque. La luzerne, dans les années où le Colaspe abonde, ne donne qu'une seule coupe en mai, ce qui est un très-grand dommage pour les cultivateurs.

La larve de cet insecte, parvenue à toute sa croissance, est longue de 6 mil. sur 2 de largeur; elle est noirâtre, formée de douze segments sans compter la tête qui est ronde, écailleuse, noire, armée de deux mandibules; elle est pourvue de six pattes thoraciques noires; tout son corps est glabre.

Je ne l'ai pas observée moi-même et je ne trouve rien d'écrit sur ses métamorphoses et sur les moyens employés par l'insecte pour se conserver d'une année à l'autre.

L'insecte parfait est un Coléoptère de la famille des Eupodes, de la tribu des Chrysomélines et du genre *Colaspis*. Son nom entomologique est *Colaspis barbara*, et son nom vulgaire *Colaspe barbare* ou *de Barbarie*.

1. *Colaspis barbara*, Fab. — Longueur, 5 mil.; largeur, 3 mil. Ovalaire, noir, luisant. Antennes de la moitié de la longueur du corps, filiformes, de onze articles, roussâtres à la base sur la moitié de leur étendue, noires dans le reste; tête noire, ponctuée; bords

du chaperon fauves ; corselet transversal, droit en devant, arrondi sur les côtés et en arrière; écusson petit; élytres un peu plus larges que le corselet, arrondies en dessus, embrassant les côtés de l'abdomen, trois fois aussi longues que le thorax, à bord extérieur d'un brun ferrugineux, ponctuées, chagrinées; pattes noires, à tarses roussâtres.

On fait la chasse à cet insecte et à ses larves dès qu'il se montre en employant une poche de toile attachée à un cerceau de 30 ou 35 centimètres de diamètre, fixé au bout d'un bâton. On promène cet instrument, semblable à un filet d'entomologiste, sur le champ de luzerne, on le fait agir en fauchant et les insectes tombent dans la poche; on les verse dans un sac et on continue à en ramasser jusqu'à ce qu'on ait parcouru tout le champ. On écrase ensuite les larves et les insectes parfaits. On doit recommencer cette opération pendant plusieurs jours consécutifs. Les poules sont avides des larves et peuvent en détruire un grand nombre; elles n'épargnent pas les insectes eux-mêmes.

On n'a pas observé les parasites qui les attaquent et leur font la guerre pour la nourriture de leurs larves.

---

143 et 144. — LES THRIPS.

(*Thrips decora et cerealium*, Halid.)

On voit souvent sur le blé, dans les champs, depuis le moment où se montre l'épi, au mois de juin, jusqu'à l'époque de la moisson, de très petits insectes noirs, allongés, agiles, n'ayant pas plus de 2 mil. de longueur sur 1/3 mil. de largeur, qui courent rapidement et qui se cachent volontiers entre les écailles renfermant les grains; ils sont en nombre plus ou moins considérable sur chaque épi, et l'on trouve parmi eux, entre les écailles, des petites larves d'un rouge de sang, atténuées du côté de la queue, ayant une tête distincte et six pattes. Ces larves produisent des insectes noirs. Il est probable que les unes et les autres se nourrissent aux dépens du blé en suçant la sève qui arrive au grain, mais on n'en est pas parfaitement sûr. Si réellement ils sont *suceurs*, comme on le suppose, ils ne font pas un tort considérable aux récoltes et on peut les placer à côté des pucerons, sous le rapport des dégâts qu'ils produisent.

La larve de ce petit insecte, observée à Santigny, a 8 mil. de longueur. Elle est d'un rouge de sang; la tête est petite, séparée du premier segment par une suture peu marquée; elle porte deux antennes de cinq articles terminées par une pointe formant peut-être un sixième article; le corps contient douze segments dont les trois premiers sont les plus grands; les autres diminuent graduellement de largeur jusqu'au dernier qui est terminé par une petite queue noire; les six pattes thoraciques sont noires.

L'insecte parfait, observé le 12 août suivant, se rapproche beaucoup du *Thrips decora*, et je le décrirai sous ce nom avec un point de doute.

1. *Thrips decora*? Halid. — Longueur, 1 mil. 1/2. Noir; antennes filiformes, de la longueur du thorax, droites, de sept articles, le dernier terminé en appendice sétiforme, le premier noir, les troisième et septième presque entièrement blanchâtres, tous les autres blanchâtres à la base, noirs à l'extrémité; tête et thorax noirs, luisants; abdomen de la longueur de la tête et du thorax, légèrement renflé au milieu, un peu resserré à la base, terminé par une petite queue droite, lisse, luisant, noir; pattes noires, à cuisses antérieures renflées; les quatre ailes blanches, de la longueur de l'abdomen, à bords garnis d'une longue frange de poils.

Il prend sa nourriture au moyen d'un suçoir formé de trois soies qui sortent d'une fente située sous la tête.

On lit dans le *Farm insects* de M. Curtis les observations suivantes, communiquées par Kirby (1) à Marsham : « J'ai examiné un grand nombre d'épis dans lesquels se trouve cet insecte à tous ses états, entre la valve intérieure de la corolle et le grain. Il se tient

(1) Kirby, célèbre entomologiste anglais.

dans le sillon longitudinal du grain, dans le bout duquel il semble enfoncer son bec ; il suce probablement la sève sucrée qui gonfle le grain et, en le privant d'une partie de cette sève nourricière, il le fait contracter et devenir ce que les fermiers appellent *pungled* (raccorni). Si votre correspondant de l'Hertfordshire entend parler du même insecte, il se trompe en assurant qu'il ne gâte qu'un grain. J'ai vu moi-même des épis dont le quart des grains étaient détruits ou matériellement attaqués. Ce qui est singulier, c'est que lorsque j'en trouvais deux sur le même grain, l'un était ailé et l'autre aptère, formant les deux sexes. J'ai rencontré une grande espèce (*Thrips aculeata*) sur laquelle j'ai fait la même observation. »

La larve du *Thrips physapus* est jaune ; elle a six pattes qui, avec la tête et les antennes sont noires et blanches ; quelquefois elle est entièrement jaune ; elle est très agile, et lorsqu'on enlève le grain qui la porte, elle s'échappe aussitôt. La chrysalide est blanchâtre, avec les yeux noirs et les ailes apparentes ; elle est très lente et paresseuse dans ses mouvements.

On voit souvent une poudre de couleur orange dans les grains sur lesquels l'insecte a été trouvé ; je suppose que ce sont ses excréments.

Tous les fermiers que j'ai consultés s'accordent à dire que les blés les derniers semés sont les plus exposés aux dégâts de cet insecte, tandis que les premiers faits en souffrent peu ou point du tout ; ce que je regarde comme très probable, parce que le blé, parvenu à une certaine dureté (ce qui arrive aux premiers semés), n'est plus susceptible de se crisper. Linné dit de cet insecte *qu'il rend vides les épis de seigle.*

Voici, d'après M. Curtis, la description de ce Thrips.

2. *Thrips cerealium*, Haliday ; *Thrips physapus*, Kirby. — La larve et la chrysalide sont semblables à l'insecte parfait, mais plus petites. La larve est d'un jaune foncé avec la plus grande partie de la tête et deux taches sur le protborax brunes ; les antennes et les pattes sont alternativement cerclées de pâle et de brun. La chrysalide est d'un jaune pâle avec les antennes, les pattes, les

fourreaux des ailes blanchâtres, cette dernière couleur atteignant le milieu de l'abdomen; les yeux sont d'un rouge brun. L'insecte parfait est lisse, luisant, couleur de poix, quelquefois noir, déprimé, d'une longueur de 1 mil. 1/2. Le mâle est aptère et la femelle ailée.

La tête est ovée, tronquée, convexe en dessus avec un sillon au milieu; les yeux sont écartés, ovales, latéraux; le cou n'est pas contracté; les antennes, insérées devant les yeux, sont plus longues que la tête, filiformes, de neuf articles; la face est obliquement inclinée en bas, terminée par les *trophi* qui forment une sorte de bec qui se termine aux hanches antérieures; le thorax est presque carré, quelquefois un peu plus étroit en devant, avec quatre points imprimés, deux de chaque côté; l'écusson est court, un peu lunulé; l'abdomen est long, étroit, lisse, composé de neuf segments; l'extrémité est ovée ou conique, garnie de soies; le dernier segment est armé de deux épines latérales chez le mâle et pointu chez la femelle; les quatre ailes sont aussi longues que le corps, étroites, horizontales, incumbentes et parallèles dans le repos, mais courbées en dehors et ne se rencontrant pas; les supérieures sont coriaces, brunes, avec la base pâle, ciliées de longs poils, ayant trois nervures longitudinales; les inférieures sont un peu plus courtes, membraneuses, transparentes et également ciliées; les pattes sont écartées, les antérieures très courtes et robustes chez la femelle; les tibias antérieurs couleur de paille dans le même sexe, avec une protubérance sur les côtés et un crochet courbé à l'extrémité; les autres sont simples; les tarses très courts, de couleur paille, bi-articulés, terminés par une glande.

Cette espèce parait différente de celle qui a été observée à Santigny, par la couleur de la larve et par la description de l'insecte parfait.

M. Curtis dit qu'il a souvent observé ces insectes courant sur la tige et sur les épillets du blé, en grand nombre, en compagnie de la Cécydomyie du froment, pendant le mois de juin, et en compagnie du Puceron du blé, pendant le mois d'août, et qu'en ouvrant la feuille qui enveloppe la tige de l'orge, pour rechercher le

Chlorops de cette céréale, ainsi que ses parasites, il a trouvé des groupes de larves oranges et des Thrips noirs à l'état parfait; les premières se trouvaient aussi dans les épis, au milieu du grain qui commençait à paraître.

On voit quelquefois des Thrips en nombre prodigieux de la même espèce posés sur des roses ou sur d'autre fleurs, qui en paraissent grises; on les voit aussi voler en essaim sur les pêchers et les autres fruits en espaliers, sur les melons, sur les chassis, etc. Une espèce particulière cause un grand dommage aux olives, en Italie.

—

145 et 146. — LE PUCERON DU BLÉ.

(*Aphis granaria*, Kirb.)

On trouve assez fréquemment des familles de Pucerons sur les épis de blé depuis le 20 juin jusqu'à la mi-juillet et même un peu plus tôt et un peu plus tard. Ils enfoncent leur petit bec dans les épillets pour en sucer la sève et par là ils peuvent nuire à la croissance du grain. Les familles sont plus ou moins nombreuses et formées de pucerons ailés en petit nombre, et de pucerons aptères, beaucoup plus abondants, pressés les uns contre les autres; parmi ces derniers on en voit de toutes les tailles depuis les plus petits qui viennent d'être pondus, jusqu'aux mères gonflées, occupées à pondre. Cette espèce a été nommée *Aphis granaria* par Kirby, et c'est sous ce nom qu'elle est décrite par M. Curtis. Son nom vulgaire est *Puceron du blé.*

1. *Aphis granaria*, Kirby. — *Aptère.* Longueur, 2 mil 1/2. Vert; les yeux, l'extrémité des antennes, l'extrémité des cuisses et des tibias, les cornicules, noirs; bec noirâtre dépassant les hanches postérieures.

Ailé. Longueur, 2 mil. 1/2, avec les ailes 4 mil. Tête et thorax d'un fauve testacé, abdomen vert; ailes hyalines avec une bande d'un testacé brunâtre le long de la côte, entre le bord et la nervure sous-costale; antennes, pattes, bec, cornicules comme dans l'individu aptère.

Ce puceron est la proie d'un petit parasite de la tribu des Ichneumoniens, de la sous-tribu des Braconites et du genre *Aphidius* appelé *Aphidius avenæ* par M. Haliday.

XCVI. *Aphidius avenæ*, Halid. — Longueur, 3 mil. Les antennes sont noirâtres, filiformes, à peine aussi longues que le corps, composées de 21 articles; la tête et le thorax noirs, lisses, luisants, la première ovale, les yeux petits, les stemmates grands, formant un triangle sur le vertex; le thorax avec un double sillon sur le dos de la partie antérieure; le collier très court et très étroit; l'écusson demi-ovale; le post-écusson, l'abdomen, ainsi que les cuisses, portant quelques poils blanchâtres; le pédicule un peu long, étroit, rugueux et noir, avec la base ferrugineuse; l'abdomen brun, lisse, luisant, en fuseau; le bord du segment voisin du pédicule et une tache épanchée sur le dos, de couleur d'ocre; les ailes transparentes, irisées, pubescentes; les supérieures avec une grande cellule cubitale interne, imparfaitement fermée à l'extérieur, produisant deux nervures rudimentaires; les autres cellules manquent; le stigma grand, d'un brun jaunâtre, formant une côte épaisse près de l'extrémité; les hanches et les cuisses, excepté la première paire, couleur de poix; leurs tibias obscurcis par la même couleur; les tarses de cinq articles, noirâtres.

Cette espèce est sortie d'une grosse femelle testacée, trouvée sur un épi de blé au milieu de juillet.

Une autre espèce, appelée Puceron de l'avoine, vit sur le seigle, sur le blé printanier, sur l'orge et sur l'avoine, ce qui lui a valu de la part de quelques entomologistes le nom de Puceron des céréales (*Aphis cerealis*, Kalt.)

2. *Aphis avenæ*, Fab. *Femelle aptère.* — Verte, rouge, brune ou jaune; front convexe au milieu avec un lobe distinct de chaque côté; antennes noires, presque aussi longues que le corps; cor-

nicules noires, longues de 1/4 de l'abdomen; genoux, tarses et extrémité des tibias noirs.

Femelle ailée. Brune, rarement verte; abdomen avec un rang de points noirs de chaque côté; extrémité jaune, ailes vitreuses, à nervures d'un jaune pâle.

---

147. — LE CÉPHUS PYGMÉE.

(*Cephus pygmæus*, Lat.)

Si vous traversez un champ de blé ou de seigle, huit ou quinze jours avant la moisson, vous pouvez remarquer un nombre plus ou moins considérable de tiges qui portent des épis blancs et droits, s'élevant au-dessus des autres et qui paraissent avoir atteint leur maturité. Ils présentent un constraste frappant avec les plantes voisines qui sont encore vertes et dont les épis remplis de grains sont courbés vers la terre, tandis que les autres sont vides ou ne contiennent qu'un petit nombre de grains maigres et déformés.

En fendant longitudinalement avec soin le chaume ou la tige portant l'épi blanc et droit, vous remarquez qu'elle contient une poudre jaunâtre formée par les débris de la plante qui a été rongée intérieurement; secondement, que les nœuds de la paille sont perforés; troisièmement qu'il existe au-dessous de l'un des nœuds une larve occupée à manger la partie médullaire de la plante.

Cette larve est blanche et porte six pattes rudimentaires; sa longueur varie de 3 à 15 mil., selon son âge; sa tête est ronde, hémisphérique, brune, cornée et armée de deux fortes mâchoires. On la trouve au commencement de juin; elle est placée dans l'intérieur de la tige, plus inférieurement et plus près de la terre, selon qu'elle est plus âgée et que la maturité du blé est plus avancée. Finalement, quelques jours avant la moisson, elle se retire près des racines et construit dans l'intérieur de la paille un cocon de soie transparente dans laquelle elle s'enferme pour passer l'hiver après avoir pris soin de couper la paille circulairement à l'intérieur, à environ 14 ou 28 mil. au-dessus de la terre, afin que l'insecte parfait n'éprouve aucune difficulté à sortir de sa prison. En conséquence de cette section la paille se casse au pied et tombe à terre lorsque le vent devient un peu fort. Le champ présente alors la même apparence que s'il avait été traversé en tous sens par des chasseurs ou des animaux.

Longtemps après la moisson et pendant l'hiver on peut trouver les larves dans leurs cocons, au milieu des racines des éteubles. Vers la fin de mai ou lorsque le blé et le seigle commencent à épier et avant la floraison, la larve se métamorphose et donne naissance à une mouche à quatre ailes. Ces mouches se répandent d'elles-mêmes dans les champs ensemencés en blé et en seigle pour pondre leurs œufs sur les tiges, au-dessous de l'épi.

Cette mouche est rangée dans l'ordre des Hyménoptères, dans la famille des Tenthrédines ou Porte-scie et dans le genre *Cephus*. Son nom entomologique est *Cephus pygmæus*.

1. *Cephus pygmæus*, Lat. — Longueur, 9 mil. Il est svelte et noir ; la tête et les antennes sont noires ; les mandibules et les palpes jaunâtres, ces derniers noirs à l'extrémité ; le corselet noir ; l'abdomen cylindrique, plus long que la tête et le thorax, noir, ayant le bord postérieur des quatrième, sixième et septième segments jaune ; les pattes antérieures et intermédiaires jaunes, à cuisses noires ; les postérieures noires avec les articulations grisâtres ; les ailes hyalines à nervures noires. La tarière de la femelle fait un peu saillie à l'extrémité du dernier segment de l'abdomen.

Cet insecte nuisible aux moissons a un ennemi naturel qui en détruit un grand nombre ; c'est un Ichneumonien du genre *Pachymerus*, désigné par le nom de *P. calcitrator*, Grav. La femelle pond ses œufs dans les larves du *Cephus*, cachées dans l'intérieur des tiges de blé où elle sait les découvrir et les atteindre avec sa tarière.

XCVII. *Pachymerus calcitrator*, Grav. — Longueur, 6 à 9 mil. Les antennes sont noires en dessus, fauves en dessous, de la moitié de la longueur du corps ; la tête est noire ainsi que le thorax ; l'abdomen est presque de la longueur de la tête et du thorax ; le premier segment est allongé, aminci en pédicule, noir ou couleur paille, ou noir avec l'extrémité fauve ; le deuxième est fauve ou a le disque brun ; le troisième est fauve et rarement son bord est brun ; le quatrième est noir ou fauve ; les suivants sont noirs, quelquefois bordés de blanchâtre ; les pattes antérieures sont grêles, les hanches noires, les cuisses fauves en dedans, noires en dehors ; les intermédiaires noires avec le bord interne fauve ; les tibias fauves, quelquefois bruns en dehors ; les tarses intermédiaires, rarement aussi les antérieurs brunâtres ; les pattes postérieures plus robustes ont les hanches presque de la longueur des cuisses qui sont renflées, noires ; les tibias rarement noirs avec la base brune, souvent bruns ou brun ferrugineux ; les tarses bruns ; les ailes hyalines à nervures, stigma, écailles alaires, bruns. La tarière de la femelle longue comme le tiers ou le quart de l'abdomen.

Tout ce qui précède, concernant le *Cephus pygmæus*, est pris dans le *Farm Insects* de M. Curtis qui lui-même l'a emprunté à un mémoire de M. Guérin Menneville sur les *Insectes nuisibles au froment*, *au seigle*, *à l'orge et à l'avoine.*

Je n'ai jamais eu l'occasion d'observer moi-même les habitudes du *Cephus*, quoique j'en aie eu bien des fois le désir et que j'aie remarqué beaucoup d'épis blancs dans les champs, dont la tige était sciée circulairement à une certaine hauteur au-dessus du sol, variable de moitié aux deux tiers ou aux trois quarts à partir de l'épi. Je n'ai jamais découvert de larve dans la paille exactement vide du haut en bas, probablement parce que je m'y suis pris trop tard et que cette larve s'était réfugiée entre les racines et dans la terre. Mais j'ai surpris plusieurs fois l'insecte pondant sur les tiges de blé entre l'épi et le premier nœud.

On voit aussi dans les blés, à la même époque, c'est-à-dire vers le temps où ils entrent en fleur, le *Cephus tabidus*, un peu plus grand que le *pygmæus*, ayant l'abdomen taché de jaune sur les côtés, dont les habitudes sont très probablement semblables à celles que l'on vient de décrire et qui n'est pas moins nuisible aux récoltes, car il n'est guère moins nombreux que le *pygmæus*.

On ne connaît aucun moyen efficace et pratique de combattre ces insectes, car proposer d'arracher toutes les éteubles après la moisson est tout à fait impraticable et coûterait beaucoup plus que le dommage causé par les insectes ne vaut.

—

148. — LE BOMBYX DU TRÈFLE.

(*Bombyx trifolii*, Lin.) (1)

Il convient de mentionner une grande chenille qui produit un beau Lépidoptère de la famille des Nocturnes, de la tribu des Bombycites et du genre *Lasiocampa*, c'est le *Bombyx trifolii*.

1. *Bombyx* (*Lasiocampa*) *trifolii*, Lin. — La tête est courte; les yeux petits; les antennes, insérées à la partie postérieure de la tête, formant une forte soie; elles ressemblent à deux belles plumes chez le mâle, garnies de deux rangs de rayons; chez la femelle, la soie est simplement crénelée. Il n'a pas de trompe, mais on distingue deux palpes velus. Le mâle est plus petit que la femelle; le corselet est gros, non crêté; l'abdomen est atténué à l'extrémité et ouvert chez le mâle; chez la femelle il est épais et ovale étant généralement rempli d'œufs; les ailes sont arrondies et entières et lorsqu'elles sont pliées elles forment un toit sur le dos.

Ce papillon varie beaucoup pour la couleur, depuis le gris ferrugineux jusqu'au brun; la femelle est toujours plus pâle; les ailes supérieures sont plus foncées à la base, avec une ligne ondée couleur de chair vers le bord postérieur et une tache blanche près du milieu; les inférieures sont d'une couleur uniforme; les pattes sont velues, courtes. La largeur du mâle, les ailes étendues, est de 6 centimètres; la femelle est plus grande.

Il est quelquefois très abondant et fait son apparition dans les mois de juillet et d'août, et même en septembre. Le mâle est très

(1) Curtis, Farm Insects.

ardent et vole rapidement en plein jour à la recherche des femelles qui restent cachées dans les herbes jusqu'à ce qu'elles aient été fécondées ; alors elles se débarrassent des œufs qui les remplissent et meurent.

Les œufs sont pondus isolément ; ils sont un peu globuleux, lisses, d'un gris jaunâtre, taché de gris. Les petites chenilles qui en sortent sont hérissées de poils noirs ; elles changent de couleur à chaque mue et finissent par devenir grandes, velues, longues de près de 7 centimètres 1/2. Elles ont six pattes pectorales, huit abdominales et deux anales ; elles sont d'une couleur enfumée, pâle ou ocreuse ; les yeux larges semblent couvrir la tête ; le cou est d'un rouge jaunâtre ; les stigmates sont rougeâtres.

Parvenues à toute leur croissance, chacune se file un cocon d'une toile de soie lâche au milieu des feuilles sèches ou des fragments d'herbes répandus sur le sol, ou bien elle s'enfonce dans la terre à 15 centimètres de profondeur et se change en chrysalide dans un cocon solide, ovale, couleur d'ocre brun, où elle passe l'hiver. Au printemps suivant, l'insecte étant perfectionné, brise sa prison et se met en liberté ; les mâles paraissent deux ou trois jours avant les femelles. Il y en a quelques uns qui se montrent à la fin d'août provenant de chenilles écloses en mars et ayant acquis toute leur taille au commencement de juillet.

Si les chenilles du Bombyx du trèfle étaient restreintes à la nourriture de cette seule plante, leur ravage serait très considérable, car elles sont quelquefois en très-grand nombre sur une pièce de peu d'étendue ; mais il y a peu de larves qui usent d'aliments aussi variés. On a la certitude qu'elles se nourrissent bien de différentes herbes telles que les trèfles blancs et rouges, le plantain, la ronce, le genêt, etc.; elles vivent aussi sur le chêne, le hêtre, le frêne, le saule, les épines noires et blanches ; elles sont ce qu'on nomme polyphages.

La chenille du Bombyx du trèfle est atteinte par un grand Ichneumonien dont la larve la ronge intérieurement et la fait périr. Cet Ichneumonien fait partie du genre *Peltastes* et se nomme *P. dentatus*, Grav.

XCVIII. *Peltastes dentatus*, Grav. — Longueur, 15 mil.; envergure, 24 mil. Noir, fortement ponctué; antennes longues, fortes, droites, atténuées aux deux extrémités; ocreuses en dessous; chaperon jaune; thorax avec huit points jaunes devant l'insertion des ailes et deux à la base de l'écusson qui est bordé de jaune en arrière; abdomen allongé, un peu déprimé, à peine rétréci à la base, avec quatre points jaunes sur le premier et le deuxième segments, les autres étant bordés de jaune; ailes d'un ferrugineux obscur; le stigma et les nervures plus vives; pattes jaunes, la première paire plus pâle; les cuisses postérieures rayées, noires en dedans.

On voit cet Ichneumonien voler en plein jour dans les bois de sapins. Il est sorti d'une chrysalide du *Bombyx trifolii*.

—

149. — LE BOMBYX DE LA LUZERNE.

(*Bombyx medicaginis*, Borkh.) (1)

Le Bombyx de la luzerne est probablement une variété du B. du trèfle, résultant de la différence de la nourriture qui a influé sur la nuance de la couleur et sur les marques qu'on voit sur les ailes. Le mâle est d'un châtain obscur; l'abdomen est plus clair; les yeux sont cendrés; les ailes supérieures sont tachetées de poils ocreux épars; on y voit une bande sinuée et abrégée près de la base, et une autre bande, au-delà du milieu, légèrement dentée au bord interne, d'une couleur ocreuse, et une tache blanche sur le disque approchée du bord extérieur. Les ailes inférieures sont plus pâles, mais un peu plus foncées près du corps avec une ligne courbe, pâle, obscure, transversale au milieu; les antennes sont d'un couleur d'ocre faible.

Les caractères qui distinguent le *Bombyx medicaginis* du *Bombyx trifolii* sont la bande abrégée près de la base des ailes supérieures et la raie transversale obscure des ailes inférieures; la

(1) Curtis, Farm Insects.

largeur de l'espace parallèle au bord postérieur des premières ailes est aussi plus grande.

Les chenilles de cette variété ont été trouvées en juin ; elles ont continué à vivre sur la bruyère, le gazon, la luzerne, jusqu'au commencement de juillet, époque où elles ont acquis toute leur croissance et se sont changées en chrysalides ; les insectes parfaits se sont montrés dans le mois d'août suivant.

La chenille du Bombyx de la luzerne, comme celle de beaucoup de Lépidoptères, est attaquée par les parasites ; l'un de ses ennemis est une très petite mouche de l'ordre des Hyménoptères et du genre *Telenomus* mais dont je ne puis dire le nom. On sait qu'il pique les œufs du Bombyx du chêne (*Lasiocampa quercûs*) et qu'il pond un œuf dans chacun ; les petites larves qui éclosent trouvent assez de nourriture dans ces œufs pour y prendre toute leur croissance.

Le petit parasite qui pond ses œufs dans les œufs du *Bombyx quercûs* est probablement le *Teleas phalænarum*, N. de E. ou le *Teleas ovulorum*, qui n'en diffère peut-être pas.

XCIX. *Teleas phalænarum*, N. de E. — Longueur, 1 mil. Antennes presque de la longueur du corps, noires, à massue de cinq articles distincts ; le dernier court, aigu ; corps tout noir ; thorax un peu pubescent et opaque ; abdomen de la longueur de la tête et du thorax, ovalaire, un peu plat, à premier et deuxième segments subtilement ponctués et opaques ; anus obtus, brillant ; ventre très luisant ; tarière et parties sexuelles du mâle paraissant comme une petite pointe ; hanches noires ; pattes d'un noir de poix ; les tibias antérieurs presque en entier, les postérieurs à la base et les tarses d'un testacé pâle ; ongles bruns ; ailes obscurément hyalines.

---

150. — LA NOCTUELLE DU BLÉ.

(*Agrotis tritici*, Lin.)

Le blé est exposé à la voracité d'une chenille qui commence à l'attaquer dans les champs dès le moment de la floraison, c'est-à-dire dès le commencement de juillet, et qui continue à le ronger jusqu'à l'époque de la moisson et même dans la grange où on la transporte avec les gerbes. Elle entame le grain dans le sillon et y perce un trou pour atteindre la substance intérieure dont elle fait sa nourriture. Cette substance ayant la consistance du lait, puis ensuite celle de la bouillie, lui convient dans son premier âge ; plus tard, à l'approche de la moisson, elle ronge la farine dans le grain devenu dur, et laisse des excréments grisâtres dans le voisinage ; les grains attaqués ne conservent quelquefois que la peau ; d'autres fois il y reste de la farine mêlée à des excréments. Cette chenille ne se contente pas d'un seul grain, qui serait insuffisant pour sa nourriture, elle en entame plusieurs, soit du même épillet, soit des épillets voisins. Elle grandit lentement, et au 24 juillet, à la veille de la moisson, elle n'a que 7 mil. de longueur. Elle est très vive, et dès qu'on la dérange et qu'on l'expose au jour elle se tourmente, marche rapidement et cherche à se cacher ; transportée dans la grange, elle y vit quelque temps, puis elle finit par disparaître sans que l'on sache au juste ce qu'elle devient. On suppose qu'elle s'échappe et qu'elle se cache dans la terre pour y vivre des racines, des plantes ou des feuilles basses ; ce qui est certain, c'est que renfermée dans une boite, avec des épis pleins de blé, elle périt en peu de temps.

Dans sa jeunesse cette chenille est blanchâtre et porte sur le dos quatre raies longididinales d'un jaune testacé et trois lignes blanches ; la tête est testacée, luisante ; les mâchoires et le labre sont bruns ; le corps est cylindrique et porte quelques points verruqueux surmontés d'un poil ; le premier et le dernier segment sont brunâtres ; elle est pourvue de seize pattes blanches. En grandissant, les couleurs deviennent plus foncées, les raies testacées deviennent presque brunes ; les stigmates sont marqués par des points noirs sur une raie blanche.

Suivant Linné, cette chenille, ou une chenille semblable, se transforme dans un papillon qu'il a nommé *Noctua tritici*, et qui est passé dans le genre moderne *Agrotis*, pour devenir l'*Agrotis tritici*.

1. *Agrotis tritici*, Dup. — Elle est d'une grandeur moyenne et ressemble à l'*Agrotis segetum*. Les antennes du mâle sont un peu pectinées; la tête et le corselet sont cendrés; l'abdomen est blanchâtre; les ailes supérieures sont cendrées et ont une ligne plus claire, à quelque distance de la base, bordée d'obscur, sur laquelle s'appuie une tache allongée, noire, plus claire dans son milieu. La première tache ordinaire est petite, oblongue; l'autre est presque réniforme formée par un anneau noir: sous cette tache est une ligne blanchâtre bordée supérieurement de noir; entre cette ligne et le bord on voit une rangée de traits noirs. Les ailes inférieures sont blanches.

Je ne suis pas parvenu à élever la chenille jaune rayée de blanc qui vit, dans sa jeunesse, sur les épis de blé, et je n'ai pas obtenu le papillon dans lequel elle se transforme; je m'en suis rapporté sur son espèce à l'assertion de Linné, appuyée sur celle de Bierkander qui est un observateur exact et judicieux. Dans le but d'avoir des renseignements précis sur ce sujet, je me suis adressé à M. le docteur Boisduval, l'un de nos plus savants entomologistes, qui a eu la complaisance de m'écrire que les chenilles rayées de blanc que l'on trouve sous les javelles et que l'on transporte dans les granges ne mangent pas de blé; elles se cachent entre les glumes des épis et sous les javelles; elles disparaissent après leur seconde mue et vivent ensuite dans la terre à la manière des *Agrotis*; elles n'ont jamais produit à M. Boisduval que la *Luperina infesta* et surtout la *Luperina basilinea*. M. Curtis, dans le *Farm insects*, dit que la chenille rousse rayée de trois lignes blanches sur le dos, qui vit sur les épis, produit l'*Agrotis tritici*, mais il n'entre dans aucun détail sur les habitudes de cette chenille ce qui, indique qu'il n'a pas réussi à l'élever ou qu'il n'y a pas essayé. Dans cet état de la science, je me contente de rapporter les opinions des entomologistes et de donner la description des papillons qu'ils ont nommés.

2. *Luperina infesta*, Treits. — Largeur, 28 à 30 mil., lorsque les ailes sont étendues. Corps d'un gris brunâtre; antennes simples,

filiformes; corselet non crêté; ailes supérieures d'un gris brun nébuleux, ayant deux taches pâles dans leur milieu et trois lignes transversales ondulées, la seconde figurant à peu près une M et la troisième située près du bord terminal fortement dentelée; les inférieures d'un gris brunâtre, beaucoup plus pâles à leur base.

3. *Luperina basilinea*, Fab. — Largeur, 30 à 32 mil., lorsque les ailes sont étendues. Corps d'un gris brunâtre; antennes simples, filiformes; corselet non crêté. Ailes supérieures d'un gris ferrugigineux, plus foncé vers le milieu, avec les deux taches centrales jaunâtres, situées entre deux lignes transversales très ondulées, plus claires que le fond de l'aile et bordées de brun des deux côtés; une troisième ligne longe le bord terminal séparée de la frange par une ligne de petits points noirs; enfin, on remarque en outre une ligne horizontale noire, s'étendant de la base de l'aile à la première ligne transversale; les ailes inférieures sont d'un gris obscur, surtout vers l'extrémité.

---

151. — LA TEIGNE DES GRAINS.

(*Tinea granella*, Lin.)

Lorsque le blé a été battu et vanné, il est conservé dans le grenier jusqu'au moment de la vente ou de l'envoi au moulin. Pendant ce temps, il est exposé aux atteintes d'une petite chenille qui y produit de grands ravages si on ne met promptement obstacle à sa voracité.

Comme tous les insectes nuisibles, elle n'est vraiment dangereuse que quand elle existe en grand nombre, mais elle se multiplie rapidement, et dès qu'on en a vu quelques unes dans un grenier, il est très probable qu'on y en trouvera un grand nombre l'année suivante. Cette petite chenille se montre dans la première quinzaine du mois d'août. Elle se tient à la surface des tas de blé, et lie ensemble, avec des fils de soie, trois ou quatre grains entre lesquels elle se cache et se construit un tuyau de soie blanchâtre d'un tissu très mince qui est enveloppé et protégé par ces grains. Elle habite ce fourreau dont elle sort en partie pour attaquer le grain le plus à sa portée qu'elle lie aussi à son fourreau; elle le perce à un bout et en mange la farine; elle y pénètre de plus en plus profondément et en consomme la substance. Si elle n'est pas rassasiée, elle entame un autre grain. Il n'est pas rare de voir presque tous les grains situés à la surface d'un tas de blé liés les uns aux autres et former un tapis de un ou deux centimètres d'épaisseur qu'on peut lever d'une seule pièce ou en plusieurs lambeaux.

Cette petite chenille parvient à toute sa taille dans la deuxième quinzaine d'août. Elle a alors 6 mil. de long. Elle est cylindrique, blanchâtre; la tête est d'un fauve marron, avec les mâchoires noirâtres; le premier segment porte en-dessus une grande tache d'un fauve pâle et les autres des points verruqueux de chacun desquels sort un poil; elle est pourvue de seize pattes.

Les auteurs ne sont pas d'accord sur le lieu qu'elle choisit pour se métamorphoser; les uns disent qu'elle se retire dans son fourreau et y subit son changement; d'autres ont constaté qu'elle reste dans le grain qu'elle a vidé; enfin, d'autres affirment qu'elle quitte son fourreau, grimpe le long des murs et se réfugie dans un petit creux, dans une gerçure pour effectuer ce changement. J'ai pu constater par l'observation que l'on trouve quelques chenilles dans les grains de blé qu'elles ont rongés, attendant leur métamorphose, et que l'on voit une multitude de ces insectes monter le long des murs des greniers lorsqu'ils ont pris tout leur accroissement. On voit aussi beaucoup de dépouilles de leurs chrysalides sortir à moitié des fissures des enduits, des gerçures des charpentes; ce qui prouve que la masse s'éloigne des tas de blé pour se métamorphoser. On est encore à même de constater que si l'on remue avec la pelle un tas de blé infesté on déchire les fourreaux, désunit les grains qui les couvrent et que les chenilles s'enfuient et grimpent le long des murs. Si elles sont parvenues au terme de leur croissance elles ne descendent pas et se cachent dans les trous des enduits; si elles ont encore besoin de nourriture elles reviennent au tas de blé. Quoiqu'il en soit, elles passent l'hiver à l'état de chrysalide et le papillon s'envole dans le mois de juin ou le mois de juillet suivant.

Il entre dans la famille des Nocturnes, dans la tribu des Tinéites et dans le genre *Tinea*. Son nom entomologique est *Tinea granella* et son nom vulgaire *Teigne des grains*.

1. *Tinea granella*, Lin. — Elle est d'un cendré obscur. Les antennes sont courtes et filiformes; la tête est couverte de longs poils jaunâtres; les ailes supérieures sont grises ou cendrées irrégulièrement, tachées et ponctuées de brun; les inférieures sont entièrement noirâtres. Elle porte ses ailes relevées en queue de coq à l'extrémité.

On ne connait pas de moyen simple et efficace de s'opposer aux dégâts de cette petite chenille. On peut surveiller le moment où elle grimpe le long des murs et l'écraser, ce qui diminuera le nombre des papillons pour l'année suivante; on peut la forcer à y monter en remuant le blé. On peut essayer un procédé qui a réussi dans la ville de Moissac (Tarn-et-Garonne.) Il consiste à renfermer dans le grenier quelques petits oiseaux du genre Bergeronnette (*Motacilla verna*, *Motacilla flava*), si on peut s'en procurer, en ayant soin de fermer les fenêtres avec un chassis en canevas. Ils auront bientôt mangé les petites chenilles qu'ils ont l'adresse de saisir dans les tas de grains et d'enlever les papillons qui volent dans le grenier. On peut aussi, et c'est le plus sûr, envoyer le grain au moulin dès qu'on s'aperçoit de la présence de la chenille, nettoyer scrupuleusement le grenier et n'y pas laisser un grain de blé ou de seigle, si cela est possible, balayer les murs et n'y pas emmagasiner du blé ou du seigle au moins pendant un an.

La Teigne du grain attaque aussi le seigle et se comporte à l'égard de cette céréale comme on vient de l'exposer à l'égard du blé.

—

152. — L'ALUCITE DES CÉRÉALES.

(*Butalis cerealella*, Dup.)

L'Alucite des céréales, ou simplement l'Alucite, est un très petit papillon qui diffère beaucoup de la Teigne des grains par les couleurs et par la manière dont il porte ses ailes dans le repos, par la forme de ses palpes et par les mœurs de la chenille dont il provient; ces différences ont engagé les entomologistes à le placer dans un genre particulier dont on fera connaître le nom plus loin. Je n'ai pas observé moi-même ce petit papillon et ne me suis pas aperçu de sa présence à Santigny, soit parce qu'il n'y existe pas, soit parce qu'il n'y a pas exercé des dégâts notables qui auraient attiré l'attention sur lui. Il se montre en été un peu de temps avant la moisson et s'accouple le soir au coucher du soleil sur les épis de blé, de seigle, d'orge ou d'avoine. La femelle pond ses œufs sur les épis et en place un sur la pointe du grain entre les écailles ou balles qui l'enveloppent. Elle n'en dépose qu'un seul sur le même grain et disperse les autres sur l'épi qu'elle a choisi ou sur d'autres. Ces œufs sont très petits et rouges. Ils éclosent au bout de quelques jours, soit dans les champs, si la moisson n'est pas faite, soit dans le gerbier si elle est rentrée dans la grange, soit dans le grenier si le blé y est déposé.

La petite chenille se tient d'abord couchée dans le sillon du grain et se recouvre d'une très fine toile de soie, puis elle perce le grain et engage sa tête dans le trou; elle mange la farine et approfondit son excavation dans laquelle elle est bientôt cachée. Le petit trou par lequel elle est entrée est bouché par ses excréments en forme de poussière. Lorsqu'elle a pris tout son accroissement, elle a consommé toute la farine du grain dont elle a respecté l'écorce, ce qui empêche de reconnaître sa présence à la vue simple, mais si on le presse entre ses doigts, on le sent fléchir et si on le jette dans l'eau il surnage. Au moment de son complet accroissement elle a 6 mil. de longueur. Elle est cylindrique, blanche, rase; sa tête est un peu brune et elle est pourvue de seize pattes dont les huit intermédiaires sont si petites qu'on les distingue à peine. Avant de se changer en chrysalide, elle a soin de tracer un petit cercle sur l'écorce du grain et de le couper tout autour pour se ménager une sortie lorsqu'elle sera devenue papillon, mais elle ne détache pas entièrement ce couvercle qui sera soulevé par sa chrysalide. Après cette opération, elle s'enferme dans un petit cocon de soie, laissant ses excréments en dehors, et attend le moment de sa métamorphose en chrysalide et en insecte parfait, qui ne tarde pas beaucoup. Ce moment arivé, la chrysalide se pousse en avant, enfonce le couvercle avec sa tête, sort à moitié de sa prison et le papillon se dégage de ses langes et prend son essor. Il s'accouple aussitôt et la femelle va pondre sur les grains de blé conservés dans le grenier et produit une génération de chenilles qui passent l'hiver dans ces grains à l'état de chrysalide et qui se transforment en insectes parfaits au printemps suivant. Les grains semés qui contiennent des chenilles ou des chrysalides ne germent pas et les insectes se conservent dans la terre pour en sortir au temps marqué par la nature pour leur naissance. La génération de ces papillons nés dans les greniers au printemps s'envole par les fenêtres et va gagner la campagne ; la génération née à l'automne reste dans les greniers. Le temps qui s'écoule entre la ponte et la sortie du papillon est de trente jours environ lorsque le temps est constamment chaud ; ce qui permet à l'insecte d'avoir deux ou trois générations dans l'année.

Ce petit papillon fait partie de la famille des Nocturnes, de la tribu des Tinéites et du genre *Butalis*. Son nom entomologique est *Butalis cerealella*, et son nom vulgaire l'*Alucite des céréales* ou simplement l'*Alucite*.

1. *Butalis cerealella*, Dup. — Longueur, 5 à 6 mil. Il est d'une couleur grise cendrée ; ses antennes sont simples, filiformes ; ses palpes longs, recourbés, s'élevant au-dessus de la tête comme deux cornes ; ses ailes sont couchées sur le dos et parallèles au plan de position. Les supérieures sont d'une couleur pâle briquetée plus

ou moins claire et luisante, quelquefois pâles cendrées. Les inférieures sont cendrées et frangées à leur bord interne.

On ne connaît pas de moyen efficace, pour s'opposer aux dégâts causés par cet insecte. On recommande de passer à l'étuve chauffée à 70° R. le grain attaqué par l'Alucite, ce qui fera périr les chenilles et les chrysalides qu'il renferme ; mais ce procédé dispendieux, qui exige des appareils spéciaux, n'est pas à la portée des petits fermiers et petits propriétaires. On recommande aussi de ne semer que du blé sain éprouvé par l'eau. Mais si les champs voisins sont infestés les papillons viendront sur celui qu'on croyait préservé par cette précaution.

Réaumur fait mention d'une très petite mouche parasite qui sort des grains de blé renfermant une chenille ou une chrysalide au nombre de trente individus pour un seul insecte. On ne sait à quelle espèce il se rapporte ; on peut seulement conjecturer que c'est un Chalcidite.

Les parasites sont en définitif le remède naturel, le seul efficace contre ce petit papillon si dangereux, et il est à regretter qu'on ne connaisse pas ces auxiliaires qui nous rendent sans frais le service de le détruire.

L'Alucite attaque, comme on l'a dit, l'orge, l'avoine, le maïs et agit sur ces céréales comme sur le blé.

—

153. — LA CÉCYDOMYIE DU FROMENT.

(*Cecydomyia tritici*, Lat.)

La Cécydomyie du froment est l'un des ennemis les plus dangereux qui existent dans notre pays et il produit parfois les plus grands dégâts dans les champs de blé. Lorsque cette espèce se multiplie extraordinairement, elle amène la cherté du pain et quelquefois la disette. Le Charançon, la Teigne et l'Alucite détruisent une quantité très considérable de froment, mais on peut s'apercevoir de leur présence dans le grenier et sauver une bonne partie de la récolte en faisant moudre immédiatement. On n'a pas cette ressource avec la Cécydomyie, car elle attaque le blé dans les champs et s'oppose à la formation du grain ; elle n'empêche pas la moisson de croître et de montrer la plus belle apparence, mais elle détruit le grain dans les épis qui sont presque vides quand on les transporte dans la grange.

Cet insecte paraît au moment de l'épiage du blé. Si l'on regarde avec attention un champ de blé, au coucher du soleil, au moment ou l'épi se dégage de sa gaîne de feuilles, on voit une multitude de petits moucherons jaunes, à longues pattes, s'élever de terre et voltiger entre les tiges, se poser sur les épis, s'y tenir collés et faire sortir de l'extrémité de leur abdomen un long tuyau membraneux qu'ils engagent entre les écailles ou balles du grain. Ils restent longtemps immobiles dans cette position et pondent dans la capsule où le grain doit se former ou croître, depuis deux ou trois œufs jusqu'à vingt et plus. Ces œufs sont très petits, d'une couleur jaunâtre. Il en sort au bout de peu de jours des petits vers d'un jaune très pâle, qui se colorent de plus en plus en grandissant et finissent par prendre la couleur orange. Ils sucent pour se nourrir la sève destinée au grain et s'opposent à son développement. S'il n'y a que deux ou trois vers dans une case le grain se forme, mais il est petit, maigre, irrégulier ; s'il y en a quinze ou vingt, le grain ne se forme pas et la case reste vide, c'est-à-dire qu'elle ne renferme que les vers. Dans certaines années où la Cécydomyie sévit, on trouve la moitié ou les deux tiers des cases vides ; par conséquent la moitié ou les deux tiers de la récolte sont perdus.

La Larve de la Cécydomyie, qui commence à se montrer vers le 20 juin, a pris tout son accroissement au 15 juillet. Elle a alors 2 mil. de longueur. Elle est d'un jaune orange, un peu déprimée, glabre, privée de pattes ; sa tête est conique, molle, et peut rentrer dans le premier segment ; le nombre des segments est de douze y compris la tête, tous à peu près égaux en largeur et en longueur. Ayant acquis toute sa taille et n'ayant plus besoin de manger, elle sort de son berceau et s'élance à terre par un saut brusque et tombe sans se blesser. Elle entre dans le sol, se cache dans un petit trou et s'enferme dans un léger cocon de soie blanche où elle se change en chrysalide. Elle passe dans la terre l'été, l'automne et l'hiver, et se transforme en insecte parfait au commencement de l'été suivant, au moment où le blé épie, c'est-à-dire vers le 15 juin. Il y a des larves qui restent plus longtemps dans les épis et qui s'y trouvent pendant la moisson. On les transporte dans la grange avec les gerbes et il est probable que celles qui ne sont pas écrasées par l'opération du battage se métamorphosent dans le mois de juin comme celles qui sont entrées dans la terre. Ces dernières remuées par la charrue, roulées avec les mottes qui les renferment, se conservent généralement. Il est vraisemblable qu'il en périt beaucoup mais la fécondité de ce petit insecte est si grande qu'il en reste assez pour dévaster la contrée.

L'insecte parfait ou la Cécydomyie fait partie de l'ordre des Diptères, de la famille des Némocères, de la tribu des Gallitipulaires et du genre *Cecydomyia*. Son nom entomologique est *Cecydomyia tritici* et son nom ordinaire *Cécidomyie du froment.*

1. *Cecydomyia tritici*, Lat. — Longueur, 1 mil. 1/2. Elle est d'un jaune pâle ; les antennes sont brunes, filiformes, de la longueur du corps, formées de douze articles, à court pédicule ; les yeux sont noirs ; tout le corps est d'un jaune pâle un peu plus foncé que la couleur paille ; les pattes sont longues, menues, d'un blanc jaunâtre ; les ailes transparentes, lavées de jaune, sont couchées horizontalement sur le dos et dépassent l'abdomen. Le mâle est noirâtre avec les pattes jaunes et les antennes plus longues que celles de la femelle.

On ne connaît aucun moyen de s'opposer à la multiplication de cette espèce et de se préserver de ses ravages ; mais elle a des ennemis naturels qui parviennent à nous en délivrer. On remarque vers l'époque de la floraison du blé des petits moucherons noirs qui se promènent sur les épis, qui se glissent entre les épillets ou qui se tiennent immobiles ; ils ont 1 mil de longueur, sont pourvus de quatre ailes et d'antennes relativement longues ; ils pondent leurs œufs dans les larves de la Cécydomyie qu'ils percent avec leur tarière, fine comme un cheveu. Cette tarière est cachée dans l'abdomen et n'en sort qu'au besoin. Chaque œuf coûte la vie à une Cécydomyie puisqu'il en sort une larve qui dévore celle de cette tipulaire.

Les petites larves parasites se changent en chrysalides sous la peau de la larve qu'elles ont dévorée et se métamorphosent en insectes parfaits au temps de l'épiage des blés, au moment même où paraissent les Cécydomyies. Lorsque l'on voit les épis couverts de ces petits moucherons on peut être assuré que la Cécydomyie ne paraîtra pas l'année suivante ou au moins qu'elle sera en petite quantité, et que ses dégâts seront peu considérables.

Ces petits moucherons font partie de l'ordre des Hyménoptères, de la famille des Pupivores, de la tribu des Oxyuriens et du genre *Platygaster*.

On en distingue plusieurs espèces également recommandables.

C. *Platygaster muticus*, N. de E. — Longueur, 1 mil. Il est noir ; premier article des antennes fauve, épais, les autres menus, terminés par une massue quadriarticulée ; tête et thorax noirs ; écusson ové-conique ; abdomen aplati en dessus, noir, lisse, luisant, arrondi à l'extrémité ; pattes fauves ; cuisses et tibias postérieurs en massue, bruns ; ailes hyalines.

CI. *Platygaster scutellaris*, N. de E. — Longueur, 1 mil. 1/3. Noir; antennes noires, terminées en massue brusque quadriarticulée ; tête et thorax noirs ; écusson conique, terminé par une épine aiguë ; abdomen de la longueur du thorax, à pédicule très court, aplati en dessus, noir, très lisse ; pattes fauves, cuisses et tibias en massue ; les postérieurs brunâtres à l'extrémité ; aile hyalines.

CII. *Platygaster (Inostemma) punctiger*, N. de E. — Longueur, 1 mil. Noir; antennes noires, terminées en massue fusiforme, de quatre articles ; tête et thorax noirs ; écusson élevé, obtus ; abdomen un peu plus long que le corselet, convexe, obtus, très noir, lisse, luisant; pattes antérieures et base des postérieures d'un roux brun; ailes hyalines, ayant une petite nervure partant de la base terminée par un bouton.

Un autre ennemi de la Cécydomyie est un grand Ichneumonien qui pond ses œufs dans les épillets remplis de vingt larves environ de cette Tipulaire. On peut le voir fréquemment posé sur les épis la tête en bas, ayant sa longue tarière enfoncée entre les glumes. Chaque œuf de cet insecte coûte la vie à vingt larves au moins de Cécydomyie. Il entre dans le genre *Coleocentrus* de la tribu des Ichneumoniens. Je lui ai donné le nom de *Coleocentrus spicator*.

CIII. *Coleocentrus spicator*, G. — Il a 13 mil. de longueur sans la tarière, et en la comptant, 21 mil. Il est noir; les antennes sont noires ainsi que la tête; la bouche est fauve; on voit deux lignes jaunes sur le corselet devant les ailes et deux points jaunes sous leur origine; l'abdomen tient au corselet par un pédicule épais, très court, présentant un simple étranglement; on y distingue une nuance fauve sur le milieu des troisième et quatrième segments; les pattes sont fauves, sauf les tibias postérieurs qui sont noirâtres; les ailes sont moins longues que l'abdomen et légèrement lavées de jaune.

La Cécydomyie ne disparaît jamais complétement des campagnes, mais elle n'est dangereuse que dans le temps où elle se multiplie considérablement. Elle met trois, quatre ou cinq ans à atteindre son maximum de population; ses parasites emploient environ deux, trois ou quatre ans à la réduire à son état normal.

—

154 — L'OSCINE DÉVASTANTE.

(*Oscinis vastator*, Curt.)

Je dois encore parler d'une petite mouche très nuisible aux récoltes, appelée *Oscinis vastator*, par M. Curtis, qui l'a décrite dans le *Farm insects* et qui en dit ce qui suit:

« Les plantes de blé qui me furent envoyées le 19 juin furent placées dans un pot à fleur, et après leur mort mises dans un bocal où je vis une petite mouche noire qui en était sortie le 5 juillet; je ne suis pas certain si ces plantes étaient du blé ou de l'orge. Celles que je reçus le 23 juin avaient les feuilles extérieures vertes et les intérieures jaunes ou brunes, et en tirant ces dernières elles s'arrachèrent, laissant voir qu'elles étaient rongées sur un demi pouce de long; la tige que javais arrachée était jaune et sèche, et en dedans je découvris une petite larve jaune et brillante; quoiqu'elle n'eut pas de pattes elle rampait bien, même sur une lame de verre. La tête est amincie et armée de deux crochets noirs qu'on aperçoit à travers le premier segment thoracique; j'y comptai douze segments dont le dernier arrondi avec deux petits tubercules. Le 29 juin, quelques unes de ces larves s'étaient transformées en pupes dans la tige, occupant la même place qu'elles avaient eue dans leur premier état; et le 20 juillet je trouvai dans le bocal deux petites mouches noires qui étaient mortes et de la même espèce que celle du 5 juillet dont il est parlé plus haut.

Cette petite mouche entre dans la tribu des Muscides, dans la sous-tribu des Hétéromyzides et dans le genre *Oscinis*. Son nom entomologique est *Oscinis vastator*. Olivier lui a donné le nom de *Tephritis hordei*.

1. *Oscinis vastator*, Curt. — Longueur, 1 mil. 1/2. Brillante, d'un noir verdâtre; antennes noires, courtes, comprimées, à palette demi-orbiculaire, surmontée d'une soie pubescente; tête noire avec un grand triangle brillant sur le sommet; face lisse, non concave comme chez le chlorops; yeux écartés, noirs (mort); thorax aussi large que la tête, en carré ovalaire, avec une impression sur le disque; écusson demi-ovale, terminé par deux soies et finement rugueux; abdomen court, moins large que le thorax, ové-conique, formé de cinq segments; ailes hyalines dépassant beaucoup l'abdomen; balanciers à massue jaune; pattes grêles, asssez longues, avec la base et l'extrémité des quatre premiers tibias ferrugineuses et la base du premier article de tous les tarses de la même couleur.

Il paraît que cet *Oscinis* est un ennemi plus redoutable que le *Chlorops tæniopus*, car les dix ou douze tiges que j'ai ouvertes étaient remplies de poussière à la base, et toutes les portions des jeunes épis étaient consommées ; la destruction était complète. »

Il est sorti des tiges de l'orge renfermant les pupes de l'*Oscinis vastator*, un petit parasite qui fait partie de la tribu des Ichneumoniens, de la sous-tribu des Braconites et du genre *Sigalphus*, dont le nom entomologique est *Sigalphus caudatus*, N. de E.

CIV. *Sigalphus caudatus*, N. de E. — Longueur, 21/2 à 5 mil. De couleur noire, brillant ; la tête est presque ronde ; les antennes sont aussi longues que le corps, filiformes, menues, formées de 20 ou 21 articles ; le thorax est ovale, bossu, à sutures profondes, l'abdomen est plus large que le thorax, un peu plus long, elliptique, avec trois segments égaux, dont les deux premiers et la base du troisième sont joliment striés en long, dont l'extrémité est lisse ; le ventre est concave et la tarière plus longue que l'animal ; les ailes sont hyalines avec les nervures et le stigma couleur de poix, la cellule radiale est oblongue et il y a deux cellules cubitales; les pattes sont couleur de poix ; les antérieures ferrugineuses, excepté la base des cuisses et des tarses: la base des autres tibias est ferrugineuse.

—

155. — LE CHLOROPS LINÉÉ.

(*Chlorops lineata*, Guér.)

On a observé que le blé nouvellement semé présentait, avant et après l'hiver, une altération causée par une larve située au-dessus de la racine, qui mange les feuilles centrales de la plante, les fait jaunir et bientôt périr. Ces larves se changent en mouches du genre Chlorops à la fin d'avril ou dans le mois de mai. Elles s'accouplent à la fin de ce mois ou au commencement de juin, et la femelle se met à pondre ses œufs sur la tige du blé, qui alors montre son épi. L'œuf est déposé au bas de l'épi au point où la tige est dégagée de sa gaine de feuilles. Au bout de quinze jours, il sort de ces œufs une larve oblongue, jaune, apode, qui se nourrit en rongeant une partie de la surface de la paille, qui est alors très tendre, et trace un sillon extérieur de 2 mil. de large sur 1 mil. 1/2 de profondeur au plus, mais qui ne pénètre pas jusqu'au canal intérieur de la tige. Ce sillon s'étend de la base de l'épi jusqu'au premier nœud avec quelques exceptions, comme lorsque la larve périt ou arrive à toute sa croissance avant d'avoir atteint ce point.

Lorsqu'elle est près d'arriver à ce nœud, elle a pris juste sa taille; elle se transforme alors en pupe et se fixe généralement vers le milieu du sillon qu'elle a creusé. Dans le mois de septembre suivant, le chlorops éclot et existe pendant plusieurs semaines jusqu'à ce qu'il ait pondu ses œufs sur le seigle ou le blé nouvellement semé.

Cette petite mouche fait partie de la tribu des Muscides, de la sous-tribu des Hétéromyzides et du genre *Chlorops*. Son nom entomologique est *Chlorops lineata*, en français *Chlorops linéé*.

1. *Chlorops lineata*, Guer. — Longueur, 3 mil. Jaunâtre; antennes noires; une tache triangulaire noire sur le vertex; cinq raies longitudinales noires sur le corselet; abdomen jaune avec des bandes et deux points à la base bruns; anus jaune; pattes jaunes; tarses antérieurs noirs, les intermédiaires et les postérieurs jaunes avec les deux derniers articles noirs.

Ces détails sont tirés du *Farm Insects* de M. Curtis qui les a pris lui-même dans un mémoire de M. Herpin et dans une notice de M. Guérin-Meneville sur *Quelques insectes nuisibles au froment, au seigle, à l'orge*, etc. Ce dernier pense que le *Chlorops lineata* est la mouche appelée *Musca lineata* par Fabricius, *Oscinis lineata* par Latreille, *Oscinis pumilionis* par Olivier, *Chlorops nasuta* par Macquart, *Chlorops tæniopus* par Meigen, et *Chlorops glabra* par Westwood. Il est tout-à-fait différent du *Chlorops lineata* de Macquart.

La larve du *Chlorops lineata* est atteinte, dans son gîte, par un parasite dont la larve, vivant dans l'intérieur de celle de la mouche, la dévore et la fait périr. Ce parasite est un Ichneumonien de la sous-tribu des Braconites et du genre *Alysia* désigné sous le nom d'*Alysia olivieri* par M. Guérin.

CV. *Alysia olivieri* (1), Guér. — Longueur, 6 mil. Noir, un peu luisant; les antennes sont noirâtres, de la longueur du corps, filiformes; la tête est noire, cubique, avec les angles arrondis; les mandibules fauves à extrémité noire; le thorax ovalaire, un peu moins large que la tête, noir; le métathorax rugueux en arrière; l'abdomen noir, aussi long que la tête et le thorax, aminci à la base en pédicule épais, élargi ensuite et arrondi à l'extrémité; les pattes antérieures sont d'un fauve pâle, avec les tarses noirs; les intermédiaires et les postérieures sont noires avec la base des cuisses, celle des tibias et des tarses fauves; les ailes sont hyalines, à nervures et stigma noirs; les supérieures ont une cellule radiale lancéolée et deux cellules cubitales, la première fermée et recevant la nervure récurrente à son extrémité.

---

156. — LE CHLOROPS A PIEDS ANNELÉS.

(*Chlorops tæniopus*, Meig.)

Le *Chlorops tæniopus* est considéré par M. Guérin comme une simple variété du *Chlorops lineata* dont on vient de parler. Voici ce qu'en dit M. Curtis dans le *Farm Insects* : « Je dois maintenant décrire la première espèce que j'ai pu observer moi-même, laquelle produit la maladie appelée, dans le comté d'Oxford, la *Goutte* du blé et de l'orge à cause de l'épaississement de la tige qui devient trois fois plus grosse que d'ordinaire. »

Cette mouche se rapporte à l'ordre des Diptères, à la famille des

(1) *Alysia nigra*, Oliv. — *Cælinius niger*, N. de E.

Muscides et au genre *Chlorops*, ainsi appelé à cause des yeux vert des insectes qui y rentrent; elle est nommé *Chlorops tæniopus*, par Meigen, ou *la mouche du blé* à pieds rubanés ou à pieds annelés.

1. *Chlorops tæniopus*, Meig. — Longueur, 3 mil. Envergure, 7 mil. Elle est couleur de paille ou jaune pâle; les antennes sont portées en avant, mais tombantes, noires, petites, comprimées; le troisième article est presque orbiculaire et surmonté d'une soie naissant près de la base; la tête est assez large, hémisphérique; la face est lisse; le profil convexe; les yeux sont éloignés, orbiculaires, verts (vivant), noirs (mort); le thorax est ové-carré, convexe, aussi large que la tête, portant trois raies noires sur le dos; les latérales atténuées en arrière; de chaque côté de celles-ci est une ligne noire, courte, ne s'étendant pas jusqu'aux épaules, et il y a là un point noir de chaque côté de la poitrine; l'écusson est demi-circulaire, jaune, avec un petit point brun de chaque côté au bord de la base; quelquefois on y voit deux lignes convergentes, couleur de rouille, et le bord postérieur est relevé par une tache noire transversale; l'abdomen est à peine plus long que le thorax et de la même largeur; il est ové-conique, déprimé, formé de cinq segments, d'un noir verdâtre pâle, avec les bords plus foncés, formant quatre bandes noires, lorsque l'insecte est vivant, et une petite tache de chaque côté de la base du premier. Les ailes sont transparentes et dépassent beaucoup l'abdomen; les balanciers sont blancs; les pattes sont couleur d'ocre; les tarses antérieurs noirs avec les deuxième et troisième articles ocreux, les intermédiaires et postérieurs avec les deux derniers articles seulement noirs.

M. Curtis doute beaucoup que cet insecte ne soit qu'une simple variété du *Chlorops lineata*. Il ajoute que, le 7 août 1841, un de ses amis l'informa qu'en allant dans un champ de petit blé, dans le comté de Surrey, il fut péniblement frappé de voir une multitude de tiges et d'épis qui étaient attaqués et défigurés. Le blé avait été transplanté, les tiges étaient altérées, et il y avait dans elles des pupes d'insectes cachées par les feuilles.

En examinant les trois tiges qui accompagnaient la communication, j'observai, dit M. Curtis, un canal brun, irrégulier, commençant un peu au-dessus du nœud, et s'étendant jusqu'à la base de l'épi, et dans ce canal une pupe d'un brun brillant, d'où je conclus que l'œuf avait été déposé lorsque le blé était plus jeune, peut-être en mai ou en juin, et que la larve avait vécu en creusant son chemin en descendant jusqu'à 1 pouce ou 1 pouce 1/2 du nœud où elle s'est trouvée enveloppée par les feuilles et protégée par elles, et où elle s'est bientôt changée en pupe.

J'ai fendu la tige longitudinalement, et j'ai trouvé que le canal formé par l'insecte ne pénétrait pas jusqu'au milieu, mais qu'il avait occasionné un épaississement correspondant au dedans de la paille. J'avais sept pupes qui paraissaient toutes mortes, excepté une qui a donné le *Chlorops tæniopus*.

La même mouche attaque aussi l'orge, mais apparemment à une époque plus printanière, car, le 2 juillet 1844, je reçus deux plantes qui étaient fortes et paraissaient vertes et en bonne santé, mais en dépliant les feuilles, je trouvai celles du centre jaunes, mortes et rongées, et la tige détruite. A un pouce du nœud, il y avait une pupe d'un brun brillant, plus petite que la précédente; dans l'autre, une pupe semblable, mais à un ou deux pouces plus haut, adhérant à la face interne de la feuille extérieure; dans cette plante le jeune épi d'orge était mangé et devenu brun à l'extrémité. Mon correspondant a constaté que dans son voisinage il n'y avait pas un champ d'orge dans lequel un mètre carré fut exempt de cette maladie.

Trois semaines après il m'envoya une grande quantité de plantes attaquées, ayant l'apparence goutteuse, en m'informant que cette maladie parait lorsque l'orge commence à pousser ses tiges et que si l'une est infestée, les autres du même pied paraissent étonnées. Je ne crois pas qu'une tige attaquée par un de ces insectes puisse jamais produire un épi.

Les larves de ce Chlorops sont attaquées par deux espèces de parasites, le premier est l'Ichneumonien décrit précédemment sous le nom d'*Alysia olivieri*, par M. Guérin, que M. Curtis rapporte au *Cœlinius niger*, N. de E.

Le second parasite sorti des mêmes tiges de blé et d'orge est un joli Chalcidite du genre *Pteromalus* nommé *Pt. micans* et primitivement appelé par Olivier *Chalcis micans*.

CVI. *Pteromalus micans*, Oliv. — Longueur, 3 mil. La tête et le thorax sont d'un beau vert plus ou moins nuancé de bleu ou de jaune ; la première est transverse ; les yeux sont bruns ; les antennes, longues comme la tête, insérées au milieu de la face, filiformes, coudées, formées de treize articles; les troisième et quatrième très petits, les trois derniers formant une massue allongée, le thorax est oblong, plus étroit que la tête ; l'écusson est grand, arrondi, convexe ; l'abdomen est noir, lisse, luisant ; la base et les côtés sont d'un vert métallique ; le dos violet, moins long que le thorax, à côtés parallèles, rétréci à la base, terminé en pointe ; les ailes transparentes ; les pattes grèles, d'un jaune d'ocre ; les hanches vertes ; les cuisses couleur de poix, les antérieures avec l'extrémité et une bande en-dessous couleur d'ocre, les autres terminées par la même nuance ; les tarses noirâtres.

---

157 et 158. — LE CHLOROPS DE L'ORGE.

(*Chlorops herpini*, Guer., et *vittata*, G.)

Le Dr Herpin, qui s'est beaucoup occupé des insectes nuisibles aux céréales, a trouvé des larves dans les épis de l'orge, qui en attaquent les grains et qui nuisent sensiblement à cette plante. Il en a obtenu une espèce particulière de mouche du genre Chlorops, à laquelle M. Guérin-Meneville a donné le nom de *Chlorops herpini*. Cette mouche ressemble à celle qui est appelée *Chlorops glabra*, par Meigen et *Mouche jaune à bandes noires* par Geoffroy, mais elle diffère de l'une et de l'autre ; elle est constamment plus petite que le *Chlorops lineata* dont il a été parlé précédemment et fort distincte.

1. *Chlorops herpini*, Guér. — Longueur, 3 mil. Elle est jaunâtre; la tête est jaune et marquée de deux taches noires triangulaires placées l'une devant l'autre; les antennes sont noires ou jaunes avec le bord supérieur ainsi que la soie noirs; le corselet est ovalaire avec trois larges raies noires sur le dos; l'écusson est jaune et le sous-écusson est noir; les flancs et la poitrine présentent quatre taches noires; l'abdomen est ovoïde, terminé en pointe, de la longueur de la tête et du thorax, de la largeur de celui-ci, jaune; le premier segment porte une tache brune de chaque côté, quelquefois réunies par une bande obscure; les premier, deuxième et troisième segments ont leur bord postérieur brun plus ou moins obscur, avec une faible tache de chaque côté, entre les bandes; l'anus est noir; les pattes sont jaunes et les tarses noirâtres; ailes hyalines.

La larve est longue de 4 mil. 1/2. Blanche, allongée, presque cylindrique, atténuée du côté de la tête qui renferme un crochet buccal noir; les stigmates antérieurs sont saillants, terminés par une couronne de petits tubercules; le dernier segment porte en dessous un tubercule mamelonné et, en arrière, deux petits tubes qui forment les stigmates postérieurs.

La pupe est brune, un peu moins longue que la larve, arrondie, un peu plus étroite à l'extrémité postérieure qu'à l'antérieure qui est ridée, avec deux petites pointes à cette extrémité et deux autres presque imperceptibles au bout antérieur.

Ce Chlorops est atteint par les mêmes parasites que les précédents, c'est-à-dire par l'*Alysia olivieri* (*Cœlinius niger*) et le *Pteromalus micans*.

On voit par ce qui précède que les Chlorops sont des petites mouches nuisibles aux céréales, puisque leurs larves vivent dans les tiges du blé, du seigle, de l'orge et de l'avoine et empêchent la formation des épis, ou dans les épis dont elles rongent les grains. Elles sont très nombreuses en espèces et quelquefois excessivement nombreuses en individus de chaque espèce. Dans les abris où elles se cachent pour passer l'hiver, on en peut voir des milliers réunies, soit au plafond d'appartements inhabités, dans la campagne, soit dans les lierres qui tapissent de vieilles murailles. On n'a pas encore signalé toutes les espèces dangereuses, car le 28 juin 1856, j'ai trouvé, dans un épi de blé déformé et dans la case d'un épillet, vide de grain, une pupe de diptère qui m'a donné un Chlorops le 17 juillet suivant. Je l'ai désigné sous le nom provisoire de *Chlorops vittata.*

2. *Chlorops vittata*, G. — Longueur, 3 mil. Jaune; antennes jaunes, à troisième article noir en dessus et en dehors ; yeux verts ; tête jaune, à points noirs sur le vertex; thorax jaune, marqué de trois larges raies noires sur le dos, celle du milieu s'étendant sur l'écusson; sous-écusson noir; abdomen jaune, ayant les premier, deuxième, troisième et quatrième segments marqués de trois taches noirâtres; dessous jaune, avec un point noir de chaque côté du prothorax, un autre sur les côtés du mésothorax, un troisième à la base des hanches postérieures; ailes hyalines, de la longueur de l'abdomen; pattes jaunes, avec les crochets des tarses noirs.

On ne connaît pas de moyen préservatif contre ces petites mouches, ni contre leurs larves dont la présence ne se décèle que quand le mal qu'elles ont produit est irrémédiable.

---

159. — LE CHLOROPS DU NAIN.

(*Chlorops pumilionis*, Bierk.)

En 1839, Audouin appela l'attention de la Société entomologique sur une larve de Diptère très nuisible aux récoltes. Elle se tient à la base de la tige des seigles, près du collet, et c'est là qu'elle subit ses métamorphoses. Des agriculteurs de Grignon remarquèrent avec étonnement, au mois de mars, que les tiges du seigle qu'ils avaient semé, pendant l'automne de l'année précédente, devenaient monstrueuses à leur base, et que ce développement excessif avait arrêté la croissance des parties supérieures.

Audouin ayant été averti par M. Boyer, professeur d'agriculture à la ferme modèle de Grignon, reconnut bientôt la larve dont on a parlé, laquelle se transforme en un petit Diptère désigné sous le nom de *Musca pumilionis* et dont il présenta des individus à la Société, ainsi que sa pupe et sa larve et la plante dont cette dernière se nourrit.

Cette petite mouche a été observée pour la première fois par Bierkander, entomologiste suédois, qui en parle ainsi :

Au mois de mai de la présente année, j'aperçus, parmi les seigles, des chaumes nains de un à trois pouces de longueur; en les examinant on reconnaissait qu'à leur première articulation il y avait intérieurement un petit ver, cause de cette singulière croissance. Ce ver est blanc, d'une longueur de 2 lignes; il a dix anneaux; la tête pointue, noire à son extrémité et ayant la forme d'un V. Il commence vers le 25 mai à se changer en chrysalide. La pupe est jaune et brillante et a un peu plus d'une ligne de longueur; elle est plate et annelée. Ces pupes commencent à produire des mouches vers le 12 juin.

L'insecte parfait a un peu plus d'une ligne de longueur; sa tête est jaune et ses yeux noirs; il porte à la nuque un triangle noir; les antennes noires sont un peu *noueuses* et il en sort quelques poils; le corselet est noir sur le dos et marqué de deux petites lignes jaunes dans le sens de la longueur; au bas, près de l'abdomen, est une tache jaune en forme de croissant; le corselet est jaune en dessous; les pieds de devant portent deux taches noires; l'abdomen est noir en dessus, jaune en dessous et composé de quatre anneaux; les balanciers sont blancs; les ailes brillent de rouge et de vert et dépassent peu le corps; la partie des pieds voisine du corps est grisâtre, et l'extrémité noire.

On pourrait appeler cette mouche *Musca pumilionis* (la Mouche du nain).

On ignore encore si les œufs sont déposés dans la tige du seigle. Le 23 avril les vers étaient encore petits et ils avaient acquis tout leur développement le 25 mai.

Bierkander donne le conseil d'arracher les pieds de seigle attaqués et de les brûler; c'est aussi ce qu'Audouin avait recommandé aux agriculteurs de Grignon ; par ce moyen on diminue le nombre des mouches de la génération prochaine et l'on peut diminuer un peu les dégâts à venir.

—

160. — L'AGROMYZE PIED NOIR.

(*Agromyza nigripes*, Meig.)

Lorsque l'on parcourt un champ de luzerne pendant le mois d'août, il arrive, dans certaines années, qu'on remarque un grand nombre de feuilles tachées de blanc ; la tache est irrégulière et occupe la moitié, plus ou moins, de la feuille ; si l'on examine avec beaucoup d'attention, on aperçoit une petite raie blanche qui aboutit à la tache, et en présentant la feuille au jour, on distingue une petite larve, logée entre les deux membranes très minces qui la forment, occupée à manger la substance renfermée entre elles et à agrandir la tache blanche. C'est cette petite larve qui a fait la raie blanche, en partant de son extrémité dès le moment de son éclosion, pour s'avancer jusqu'au point où commence la tache, et en rongeant ensuite autour d'elle pour se construire un vaste logement. Selon le moment, on pourra remarquer un grand nombre de feuilles minées renfermant une larve dans chaque tache, ou n'en renfermant que dans quelques unes. Ces larves croissent rapidement, car elles mangent presque sans interruption, et mettent peu de jours à prendre toute leur taille. Etant arrivées à ce point, elles sortent de leur habitation en perçant l'une des deux membranes et se laissent tomber à terre dans laquelle elles s'enfoncent un peu ; elles se changent bientôt en pupes et les mouches s'envolent environ trois semaines après.

La petite larve mineuse, parvenue à toute sa croissance, a 2 mil. 1/2 de longueur. Elle est blanche, molle, glabre, apode, terminée en pointe du côté de la tête qui renferme une double soie noire, écailleuse, courbée en crochet à son extrémité. L'animal fait sortir, à sa volonté, ce crochet de sa bouche et l'y fait rentrer ; il s'en sert comme d'une pioche pour détacher sa nourriture et la porter dans sa bouche. La pupe a presque 2 mil. de longueur. Elle est d'un brun jaunâtre, cylindrique, un peu arquée, avec des segments peu distincts sur le corps et deux petites pointes à chaque bout.

La petite mouche entre dans l'ordre des Diptères, dans la sous-tribu des Hétéromyzides et dans le genre *Agromyza*. Son nom entomologique est *Agromyza nigripes* que l'on rend en français par *Agromyze pied noir*.

1. *Agromyza nigripes*, Meig. — Longueur, 2 mil. Elle est noire, luisante ; la tête, le thorax et l'abdomen sont entièrement noirs ; les antennes, noires ; les yeux d'un brun rougeâtre ; le vertex est brun ; il y a quelques poils sur le sommet de la tête ou vertex et sur le dos du thorax ; l'abdomen est ovoïde, de la longueur du corselet, ové-conique ; les pattes sont noires ; les ailes hyalines, à nervures noires, dépassent beaucoup l'abdomen ; les balanciers sont blancs.

La femelle est pourvue d'une petite queue cornée avec laquelle elle perce la membrane supérieure de la feuille de luzerne et elle pond un œuf dans la plaie ; puis elle passe à une autre feuille où elle fait la même opération continuant ainsi jusqu'à ce qu'elle ait achevé sa ponte. Ce sont ces œufs qui donnent naissance aux petites larves mineuses et, comme il ne faut qu'un mois environ pour l'évolution de l'insecte, il en résulte qu'il y a probablement plusieurs générations pendant l'été. Lorsqu'il est très nombreux il gâte les luzernes qui ne donnent qu'un fourrage peu nourrissant.

On ne connaît aucun moyen efficace de s'opposer aux ravages de cette petite mouche. On peut couper la luzerne dès que les taches commencent à se montrer et la faire manger avant qu'elle soit détériorée.

SUPPLÉMENT.

INSECTES NUISIBLES AUX ARBRES FRUITIERS.

161. — LA GALLINSECTE DU NOISETIER.

(*Lecanium coryli*, Ill.)

La Gallinsecte du noisetier se trouve quelquefois sur les noisetiers francs, que l'on cultive dans les jardins, et lorsqu'elle s'y multiplie considérablement elle leur fait beaucoup de tort; on voit alors les branches et les rameaux sur lesquels elle s'est établie perdre de leur vigueur, ne produire que des pousses faibles et un feuillage maigre et jaunâtre, se dessécher peu à peu et mourir après une ou deux années de cette maladie. Je n'ai pas suivi cet insecte pendant tout le cours de sa vie, et je suis réduit à conjecturer que ses développements sont les mêmes que ceux des Gallinsectes du pêcher et de la vigne, ce qui est d'autant plus admissible que Réaumur, qui a observé un grand nombre de ces petits animaux, résume leur histoire dans celle de la Gallinsecte du pêcher. On ne connait pas le mâle de la Gallinsecte du noisetier qui vraisemblablement diffère peu des mâles connus de ce genre.

Le nom entomologique de cette espèce est *Lecanium coryli*, et son nom vulgaire *Gallinsecte du noisetier*. La femelle observée le 1er juin se présente sous l'aspect suivant :

1. *Lecanium coryli*, Ill. — Longueur, 6 mil. 1/2; largeur, 6 mil. Elle est presque demi-sphérique, cependant un peu moins haute que large; sa couleur est jaunâtre, luisante, avec des taches

noirâtres qui se fondent insensiblement avec le fond. On ne voit aucune trace d'incision transversale sur le corps indiquant des segments, ce qui est le caractère distinctif des *Lecanium*. Le corps est arrondi à un bout et légèrement échancré à l'autre bout ; l'extrémité arrondie est un peu plus étroite que l'autre. On ne distingue ni pattes, ni antennes. Tout le contour du corps, joignant la branche sur laquelle l'insecte est fixé, présente une petite ligne blanche de duvet sécrété par l'insecte.

Les noisetiers envahis par cette Gallinsecte sont souffrants et ont besoin de secours. On devra les cultiver au pied, y apporter de la terre neuve ou des amendements, les arroser s'ils en ont besoin, les émonder et enlever les branches chargées de ces insectes. En leur rendant de la vigueur on les débarrassera de ces parasites.

---

162. — LA GALLINSECTE DE L'ORANGER.

(*Lecanium hesperidum*, Burm.)

Cette Gallinsecte se jette sur tous les orangers, sur ceux que l'on élève en caisse dans le centre et le nord de la France et que l'on conserve dans les serres appelées orangeries, et sur ceux qui croissent en pleine terre dans le midi ; elle attaque aussi les citronniers, les limoniers et même les myrtes. Elle est très dangereuse pour ces arbres qu'elle affaiblit d'abord, qu'elle rend languissants et qu'elle fait périr ensuite. Le feuillage des arbres attaqués devient jaunâtre ; les pousses sont faibles et les fruits, privés de nourriture, n'arrivent ni à leur volume, ni à leur maturité. Il est vraisemblable que le développement de cette espèce est le même que celui de la Gallinsecte du pêcher.

Son nom entomologique est *Lecanium hesperidum*, et son nom commun *Gallinsecte de l'oranger*.

1. *Lecanium hesperidum*, Burm. — *Femelle* : Longueur, 2 mil. Elle est ovale, brune, un peu luisante ; elle a six pattes en dessous

et une échancrure à sa partie postérieure. Lorsqu'elle a fait sa ponte, elle est brunâtre, en forme de bouclier, ayant le dos plus élevé et d'une couleur plus obscure, et de chaque côté, près du bord antérieur, deux lignes rayonnantes blanchâtres.

Mâle : Il est pourvu de deux ailes, et son corps est terminé par quatre filets blanchâtres, dont deux beaucoup plus longs que les deux autres.

Le 14 juillet, j'ai trouvé sur un myrte (*Myrtis communis*) une Gallinsecte qui s'établit à l'aisselle des feuilles et à l'enfourchure des branches. Elle est à peu près ronde, presqu'en demi-sphère, de couleur noirâtre, un peu échancrée au bout postérieur et arrondie à l'autre bout qui est un peu plus étroit. La surface du corps n'est pas parfaitement lisse, mais elle paraît légèrement rugueuse; elle ne présente aucune trace de segments, et son diamètre est de 3 mil. Elle avait fait sa ponte, et sa peau desséchée formait une calotte qui recouvrait exactement une multitude de petits œufs ovales d'un blanc-rougeâtre.

Les moyens de combattre la Gallinsecte de l'oranger consistent à donner de la vigueur à la végétation des orangers en renouvelant la terre des caisses, en l'amendant convenablement, en les arrosant à propos, en les émondant pour les débarrasser des branches faibles et malades, en écrasant les insectes avec une spatule ou la main, en passant sur leur place un pinceau trempé dans le vinaigre. On doit écraser les femelles avant qu'elles aient fait leur ponte ou au moins avant que les petits soient sortis de dessous elles et se soient répandus sur les feuilles et les branches.

Les taches noires que l'on voit sur les feuilles et sur les branches des orangers, des citroniers, etc., ne sont pas dues aux Gallinsectes qui vivent sur ces arbres; elles sont une moisissure, une végétation parasite, une plante cryptogame qui s'y développe lorsqu'ils sont affaiblis et malades. Ces taches sont des forêts microscopiques dont les arbres s'entrelacent et couvrent en entier l'espace qu'ils occupent. On donne à cette maladie le nom de Morfée à Nice et en Italie, ou celui de *Fumagine* qui a été admis par quelques naturalistes. Les orangers nourrissent les Gallinsectes et la Morfée parce qu'ils sont malades, et ces deux parasites concourent ensemble à les détruire, à accélérer leur mort, afin qu'on les remplace par des sujets bien portants.

La fumagine ou morfée envahit aussi les figuiers et les oliviers pour la même cause et doit être traitée par les mêmes moyens.

---

163. — LA GALLINSECTE DU FIGUIER.

(*Coccus ficus caricæ*, Oliv.)

La Gallinsecte du figuier a été étudiée par Olivier, qui donne sur elle les détails suivants. Elle se tient sur les rameaux et les parties les plus tendres de l'arbre; elle y est quelquefois en quantité prodigieuse, mais on en trouve peu sur les grosses branches. Elle achève de prendre son accroissement vers le milieu du mois du mai. Elle est quelquefois si renflée que les liens qui l'attachaient aux branches sont rompus. Elle commence à pondre à la fin de mai et les œufs éclosent à la fin de juin; les petits qui en sortent sont rougeâtres; ils ont deux antennes et six pattes et marchent avec assez de vitesse; ils se répandent sur les feuilles et les rameaux. Ils sont extrêmement minces, et le manteau ou la coque qui les couvre dépasse le corps des deux côtés et se termine en petites lames blanches et légères. Au bout de quelques jours ils deviennent grisâtres; leur coque s'étend en tous sens et on ne voit plus leurs antennes. Il naît aussi des tubercules blanchâtres tout autour de leur corps et deux sur le dos. Au commencement du mois d'août, une partie considérable des Gallinsectes abandonne les feuilles pour se retirer sur les branches et sur les figues; les tubercules que l'on remarquait sur les côtés et sur le dos s'effacent peu à peu en diminuant de longueur et sont recouverts par la coque qui devient plus épaisse. Les Gallinsectes commencent à se fixer invariablement à la fin du mois de septembre; si on les détache alors, on voit sur l'épaisseur de la coque qui touche l'arbre quatre raies cotonneuses d'un blanc éclatant qui servent à les retenir ; elles prennent alors une forme remarquable ; on y observe tout autour huit pièces égales en forme de trapèze, trois de chaque côté et une à chaque bout ; on voit sur le milieu des points blancs qui sont les extrémités des tubercules qui se trouvaient sur les insectes au mois d'août. Elles ont, pendant tout l'hiver et une partie du printemps, la forme d'un demi-ovoïde aplati, avec une échancrure à l'extrémité la plus grosse pour la sortie des petits ; elles sont grisâtres pendant tout ce temps, et dans quelques endroits d'un violet faible. Au commencement du mois de mai elles commencent à se gonfler et leur hauteur égale leur grand diamètre. Celles qui s'attachent aux figues croissent plus rapidement que les autres. On n'ose guère manger les figues fraîches qui en sont attaquées, parce qu'on ne peut pas les cueillir sans écraser quelques-uns de ces insectes desquels il sort une matière rougeâtre très rebutante.

Ces Gallinsectes produisent les plus mauvais effets sur les figuiers ; elles les dessèchent en pompant la sève de ces arbres et occasionnent l'extravasion d'une grande partie de ce fluide ; aussi ceux qui en sont infestés perdent leurs feuilles de meilleure heure que les autres ; le nombre des figues diminue ; les fruits tombent pour la plupart sans mûrir ; les feuilles et les branches se couvrent de taches noires ; l'écorce se détache et s'écaille, et l'hiver finit par faire périr les arbres malades.

Le nom entomologique de cette espèce est *Coccus ficus caricæ*, et son nom vulgaire *Gallinsecte du figuier* ou *Cochenille du figuier*.

1. *Coccus ficus caricæ*, Oliv. — *Femelle* : Elle est ovale, cendrée, marquée à sa partie supérieure d'une ligne circulaire d'où partent plusieurs lignes qui vont aboutir à la circonférence. En hiver et à la fin de l'été sa couleur est rougeâtre.

Mâle : Il est inconnu.

On doit employer, contre cet insecte, les moyens déjà indiqués pour redonner de la force à la végétation par les amendements, les labours, les arrosements, par l'enlèvement des branches faibles, ou malades; on prendra le soin d'écraser les insectes et de passer sur eux un pinceau trempé dans le vinaigre, dans l'essence de térébenthine, la lessive, la décoction de tabac, etc. Si on parvient à rendre de la vigueur à l'arbre, les Gallinsectes disparaîtront ainsi que les taches noires des feuilles et des branches qui constituent la morfée ou fumagine.

—

164. — LA MOUCHE A SCIE DU POIRIER.

(*Lyda pyri*, Schr.)

Vers la mi-juillet on trouve quelquefois sur les poiriers, particulièrement sur ceux en quenouille que l'on cultive dans les jardins, une nichée de fausses chenilles ou larves de tenthrédines de couleur jaune d'ocre, qui se tiennent les unes contre les autres, distribuées en différents groupes sous des fils de soie formant un nid d'un tissu très clair à travers lequel on les voit fort bien. Ordinairement, et surtout lorsqu'elles sont inquiétées, elles font venir à leur bouche une goutelette de liquide brun qu'elles sont prêtes à cracher. Si on les dérange, elles sortent du nid et se laissent pendre à un fil de soie tiré de leur filière, et lorsqu'elles sont rassurées elles remontent le long du fil et rentrent dans leur habitation. Ces larves construisent leur nid autour d'un bouquet de feuilles qu'elles veulent manger, et quand elles l'ont dévoré elles se transportent auprès d'un autre bouquet de feuilles voisin du premier et l'enveloppent d'une nouvelle toile pour le ronger à leur aise. Elles continuent ainsi jusqu'à ce qu'elles aient pris leur entier accroissement, descendant graduellement jusqu'aux branches inférieures; alors elles se suspendent à un fil de soie et l'allongent jusqu'à ce qu'elles soient arrivées à terre. Elles s'enfoncent dans le sol et y restent jusqu'au moment où, devenues insectes parfaits, dans le mois de mai ou de juin suivant, elles prennent leur essor pour s'accoupler et aller pondre sur les poiriers. Ces larves ne marchent pas; si elles veulent se transporter d'un point à un autre de leur nid, elles se laissent glisser le long des fils qu'elles ont tendus. Si on les sort de leur nid et qu'on les pose sur une feuille de papier, elles se tiennent sur le dos et, élevant la partie antérieure du corps, elles tendent quelques fils autour d'elles. Elles ne vivent pas exclusivement sur le poirier; je les ai trouvées sur l'aubépine (*Mespilus oxyacantha*). Elles laissent leurs excréments dans leurs toiles.

Cette larve, observée le 16 juillet, époque de son entier accroissement, a 25 mil. de longueur. Elle est d'un jaune d'ocre uniforme et un peu déprimée. La tête est noire et luisante; elle porte deux antennes coniques, notablement longues, placées chacune sur un tubercule plat, formées de cinq articles et annelées de noir et de jaune. Les mandibules sont noires et les palpes annelés. On voit une tache noire, luisante, de chaque côté du premier segment et une autre plus petite de la même couleur en avant du point d'attache des pattes antérieures. Les six pattes écailleuses sont très petites et jaunes; il n'y en a pas d'abdominales; de chaque côté du dernier segment sort un appendice en forme de petite corne conique composé de trois articles. Le vaisseau dorsal et les côtés du dos semblent former trois raies un peu plus obscures.

Ces larves, qui doivent passer dans la terre dix à onze mois avant de se transformer en chrysalides, sont très difficiles à élever en captivité, et je n'ai pu parvenir à en obtenir l'insecte parfait; d'autres ont été plus heureux, car on trouve leur histoire complète dans l'ouvrage de M. Géhin sur les *Insectes nuisibles au poirier*, qui la rapporte d'après Nordlinger lequel les a observées avec succès. Suivant cet entomologiste, la larve en question est polyphage et on la rencontre sur un très grand nombre d'arbres différents; dans les jardins elle vit ordinairement sur les poiriers en quenouille ou en espalier. Les œufs d'où proviennent ces larves sont pondus par la femelle au nombre de 40 à 60, déposés sur la surface inférieure des feuilles et rangés en lignes; ils sont allongés, jaunes, assez gros et recouverts d'un enduit glutineux. Quelques jours après la ponte, les petites larves éclosent et se mettent à filer une toile claire qui embrasse une certaine longueur de branche et se mettent à ronger les feuilles qui se trouvent dans leur nid; elles changent de peau en grandissant et mettent quatre à cinq semaines à prendre leur croissance. A mesure que les feuilles comprises dans leur toile se consomment, elles allongent leur réseau pour en prendre de nouvelles; elles sont très voraces. Pendant les instants de repos elles se séparent et se suspendent, au moyen de leurs pattes, aux fils qui composent la toile commune; ou, si on les inquiète, elles sortent du nid et restent au dehors suspendues à un fil jusqu'à ce que le danger soit passé. Si le nid de ces larves est près de terre, elles filent un tuyau par lequel elles descendent jusqu'au sol dans lequel elles s'enfoncent de 8 à 10 centimètres et où elles se construisent une coque soyeuse pour y passer l'hiver. Elles ne se transforment en chrysalides que peu de temps avant de paraître à l'état d'insectes parfaits.

Cet insecte fait partie de la famille des Hyménoptères Porte-scie, de la tribu des Tenthrédines et du genre *Lyda*. Son nom entomologique est *Lyda pyri*, et son nom vulgaire *Mouche à scie du poirier*.

1. *Lyda pyri*, Schr. — Longueur, 11 mil.; envergure, 20 mil. Antennes sétacées d'un gris-noirâtre sale, à base jaune, d'un grand nombre d'articles; une tache jaune, cordiforme, sur le front de la femelle; mandibules bidentées; corselet profondément et grossièrement ponctué; abdomen d'un noir-bleuâtre, ayant le bord visiblement denté en dessous; pattes antérieures et moyennes, ainsi que les hanches et un anneau bien marqués en noir.

Dans le mâle, tout le devant de la tête est noir comme le reste du corps; l'abdomen est d'un jaune-brun avec une tache obscure.

Cette description n'est pas complète, puisqu'on ne dit pas quelle est la couleur de la tête, ni celle du corselet. On peut y ajouter les caractères du genre *Lyda*, qui sont : abdomen déprimé; ailes supérieures pourvues de deux cellules radiales dont la première est circulaire, et de quatre cellules cubitales à peu près égales dont les deuxième et troisième reçoivent chacune une nervure récurrente; les quatre tibias postérieurs munis de trois épines au milieu.

Suivant M. Schmidtberger, plusieurs parasites vivent aux dépens des larves de la *Lyda pyri*, notamment la larve de l'*Ophion mercator*, Grav.

Tels sont les renseignements que M. Géhin donne sur cette Mouche-à-scie. On se débarasse assez facilement de ses larves, qui sont très apparentes, en enlevant le nid qui les renferme et les écrasant.

---

165. — LA MOUCHE A SCIE DU PÊCHER.

(*Lyda......?*)

On trouve sur le pêcher, à la fin du mois de juin, une larve de Tenthrédine du genre *Lyda*, qui se cache dans une feuille roulée en long et en tuyau cylindrique retenu par des fils de soie; il y en a plusieurs dans le voisinage les unes des autres, mais dans des feuilles différentes; elles se nourrissent des feuilles de pêcher. Sortie de son habitation cette larve se tient couchée sur le dos ou sur le côté et se met aussitôt à tendre quelques fils de soie au-dessus d'elle tant en long qu'en travers. Elle a la propriété de lancer assez loin, lorsqu'on la prend, des gouttelettes d'un liquide vert qui jaillissent d'un organe que je n'ai pas reconnu. A l'époque citée plus haut, cette larve a 10 mil. de longueur, elle est légèrement atténuée aux deux extrémités, cylindrique, formée de douze segments, sans la tête qui est d'un noir luisant; on y voit deux antennes coniques, d'une longueur notable, de quatre articles, dont le basilaire est vert et les autres noirs. Le premier segment est noir en dessus; le dernier porte deux taches de la même couleur, et de chaque côté de sa base, une petit corne charnue, conique, verte à la base, noire à l'extrémité. Elle n'a que six pattes thoraciques, annelées de vert et de noir; les trois segments qui les portent présentent en dessous des petites taches noires transversales.

Ces larves, déposées dans une boite sur de la terre, avec des feuilles de pêcher pour leur nourriture, se sont cachées sous ces feuilles sans y toucher ; elles sont entrées dans la terre au bout de cinq à six jours ; puis elles sont remontées à la surface, se sont mises sur le côté, se sont courbées en arc de cercle et sont mortes dans cette position. J'ignore à quelle espèce du genre *Lyda* elles auraient donné naissance.

Latreille fait mention d'une espèce du même genre dont les larves vivent en société sur l'abricotier dont elles rongent les feuilles ; elles en lient plusieurs ensemble avec de la soie blanche ; chacune d'elles se file en outre un petit tuyau dont elle se couvre le corps, et toutes ces larves sont renfermées en commun dans un paquet de feuilles qu'elles ont liées.

Comme ces larves sont incapables de marcher, elles se glissent dans leur tuyau en contractant et allongeant leurs anneaux. Lorsqu'elles veulent aller plus avant sur les feuilles, elles allongent leur tuyau en y ajoutant des fils de soie. Mais ce qu'elles ont de plus singulier c'est que, lorsqu'elles veulent changer de place, elles se mettent sur le dos et glissent en avant ou en arrière. Lorsqu'elles veulent descendre de dessus les feuilles elles se suspendent à un fil de soie qui s'allonge à mesure qu'elles s'éloignent de la feuille, et elles remontent sur le même fil auquel elles font des boucles de distance en distance qui leur servent d'échelons. Si on ôte une larve de son nid et qu'on la pose sur une feuille, elle se met d'abord sur le dos, fait autour d'elle une espèce de voûte avec des brins de soie qu'elle attache au plan de position et qui forme des boucles ; la larve en marchant fait toucher les anneaux de son corps à ces boucles qui l'aident à avancer.

Latreille ne donne pas la description de cette larve ; il n'en indique pas même la couleur, en sorte qu'on ne peut savoir si elle est la même que celle qui vit sur le pêcher. Il se tait également sur l'espèce de *Lyda* qu'elle produit.

On ne connaît pas d'autre moyen de détruire ces larves, que de les chercher sur les arbres dont elles rongent les feuilles et de les écraser.

—

166. — LA MOUCHE DE L'ORANGE.

(*Ceratis hispanica*, de Brême.)

Les oranges, comme nos cerises, sont exposées à être atteintes par un insecte dont la larve vit dans leur pulpe et l'altère profondément et les fait tomber de l'arbre avant leur parfaite maturité. On en trouve rarement de verreuses chez nos marchands parce qu'on ne leur expédie pas les fruits gâtés, mais elles ne sont pas rares dans les pays de production comme l'Espagne, le Portugal, l'Algérie, etc. On reconnait les oranges atteintes à une petite tache noirâtre, à peu près circulaire, de deux ou trois centimètres de diamètre, qu'elles portent sur l'écorce, et à un petit trou au centre de ce cercle. Si on ouvre le fruit pour en examiner l'intérieur, on voit que la pulpe située sous l'écorce altérée et noirâtre, désorganisée, décomposée, presqu'en putréfaction, est d'un aspect repoussant. La partie gâtée s'étend à l'intérieur sur un ou deux centimètres de profondeur. Au centre de cette masse corrompue se trouve une petite larve que l'on reconnait, à son aspect, pour appartenir à une Muscide, et l'on constate qu'elle ressemble à celle de l'*Ortalis cerasi*. Celle que j'ai examinée à l'époque du 26 janvier était arrivée au terme de sa croissance. Elle a 7 à 8 mil. de longueur, selon son extension. Elle est de forme conique, blanche, molle, glabre, apode et luisante; les segments sont un peu séparés. On distingue, à l'extrémité pointue, deux petits crochets noirs, cornés, qui se prolongent dans l'intérieur du premier segment du corps et ressemblent à deux petits crins. La larve peut les faire sortir de la cavité qui les renferme et les y faire rentrer à sa volonté; elle s'en sert pour piocher sa nourriture et la porter dans sa bouche; l'extrémité opposée présente, sur sa face postérieure, deux petits tubercules jaunes, écailleux et ronds, percés chacun de trois très petits trous qui sont les stigmates de cette extrémité. Il est vraisemblable qu'elle tient ses stigmates appliqués au trou de l'écorce lorsque son corps est plongé dans la pulpe, afin de pouvoir respirer.

Lorsque la larve est arrivée au terme de sa croissance ou est près de l'atteindre, l'orange tombe à terre; elle sort alors de sa demeure et se cache dans le sol où elle se change en pupe. L'insecte parfait est éclos chez moi le 2 mars; il provenait de la larve que j'ai décrite.

Il se range dans la famille des Athéricères, dans la tribu des Muscides, dans la sous-tribu des Téphritides et dans le genre *Ceratitis*. Son nom entomologique est *Ceratitis hispanica*, et son nom vulgaire *Mouche de l'orange*.

1. *Ceratitis hispanica*, de Brême. — Longueur, 5 mil. Les antennes sont ocreuses, surmontées d'une soie noire; la face et la trompe sont ocreuses; le vertex est de la même couleur avec une bande blanche médiane, une ligne transversale brune et les stemmates noirs; le derrière de la tête est blanc avec une grande tache noire au-dessus du trou occipital; le thorax est de la largeur de la tête, d'un noir luisant en dessus, orné de plusieurs bandes et lignes blanches diversement contournées; l'écusson est arrondi, d'un noir luisant, entouré à sa base d'une ligne jaune arquée, descendant verticalement sur l'extrémité du prothorax; le sous-écusson est d'un gris blanchâtre; l'abdomen est rétréci à la base, s'élargissant brusquement pour s'atténuer et s'arrondir à l'extrémité, de la longueur du thorax et plus large que lui, de couleur d'ocre foncé, traversé par deux bandes d'un gris bleuâtre; les ailes sont hyalines, traversées par quatre bandes; la première près de la base, ocreuse; la deuxième, au milieu, nuancée d'ocre et de noir; la troisième, le long de le côte, depuis la deuxième jusqu'à l'extrémité de l'aile, ocreuse, portant trois points sur les bords et une grande tache noire à son extrémité; la quatrième, entièrement noire, oblique sous la troisième; des traits et des points noirs à la base de l'aile; les balanciers sont ocreux, ainsi que les pattes; le dessous du thorax est blanc; la tarière est formée de deux segments, le premier plus large à la base qu'à l'extrémité, d'un brun fauve à la base, noirâtre à l'extrémité; le deuxième plus petit, de même longueur, d'un brun fauve.

Le mâle est semblable à la femelle que l'on vient de décrire, mais il s'en distingue par une soie blanche, très fine, terminée par une palette noire, laquelle soie est insérée sur une élévation ou tubercule allongé existant de chaque côté du front. Sa tête est ornée de deux soies à palette dont on ignore l'usage.

La femelle étant pourvue d'une tarière, perce la peau de l'orange avec cet instrument et pond un œuf dans le trou qu'elle a fait. Il sort de cet œuf une larve qui produit le désordre signalé plus haut.

EXPLICATION DES TERMES ENTOMOLOGIQUES.

A

ABDOMEN ou VENTRE. La troisième des grandes divisions d'un insecte s'étendant du corselet jusqu'à l'extrémité du corps. Il est formé d'anneaux s'emboîtant les uns dans les autres ou séparés par une membrane.

ACÉRÉ. Qui est terminé par une pointe piquante.

ACUMINÉ. Qui est pointu.

ADHÉRENT. Attaché l'un à l'autre, mais pouvant se séparer sans déchirement.

ADOSSÉ. Lorsque l'abdomen tient au thorax par un pédicule très court, un point, on le dit adossé.

AIGRETTE. Qui a une touffe d'écailles ou de poils imitant une aigrette.

ANTENNE A AIGRETTE. Celle qui se termine par un article en forme de palette et portant une soie latérale nue ou garnie de poils.

AIGUILLON. Appendice anal, rétractile, servant d'arme pour piquer, caché dans l'intérieur de l'abdomen, formée d'une gaîne et de deux soies barbelées à l'extrémité, versant dans la blessure un liquide vénimeux qui occasionne une vive douleur et une inflammation.

AILE. Organe du vol formé de deux membranes collées l'une sur l'autre, entre lesquelles rampent les nervures ou veines, qui, par leurs intersections forment des figures appelées cellules. On nomme BASE la partie de l'aile qui s'articule avec le corselet; le BOUT de l'aile est la partie opposée à la base. On lui donne aussi le nom de SOMMET, ANGLE EXTERNE, ANGLE ANTÉRIEUR; au-dessous de celui-ci se trouve L'ANGLE INTERNE ou postérieur, qui, dans les secondes ailes ou ailes inférieures, prend le nom D'ANGLE ANAL. Le bord qui s'étend de la base à l'angle externe s'appelle BORD EXTERNE, BORD ANTÉRIEUR ou simplement la côte. Le bord qui s'étend de la base à l'angle interne se nomme BORD INTERNE;

le bord qui va de l'angle externe à l'angle interne est le bord postérieur. La surface centrale prend le nom de disque.

ALLONGÉ. Qui est long par rapport à sa largeur : ÉLYTRE ALLONGÉE lorsqu'elle dépasse sensiblement l'abdomen.

AMINCI. Qui va en diminuant de grosseur de la base à l'extrémité ou depuis le milieu jusqu'à l'extrémité.

ANAL. Qui tient à l'anus; APPENDICE ANAL, pièce de forme variée qui tient à l'anus; SEGMENT ANAL, le dernier segment de l'abdomen.

ANGLE. Partie saillante comprise entre deux lignes droites ou à peu près droites; le sommet peut être arrondi : les ANGLES ANTÉRIEURS et POSTÉRIEURS du corselet; les ANGLES HUMÉRAUX des élytres.

ANGULEUSES (ailes). Lorsqu'elles ont divers angles saillants et rentrants qui dépassent le bord.

ANNEAUX. Suite de petits cercles formant l'abdomen des insectes.

ANNULAIRE. Qui a la forme d'un anneau.

ANTENNE. Filet articulé, mobile, de forme très variée, inséré sur la tête à une distance plus ou moins grande de la bouche. Les insectes parfaits ont toujours deux antennes.

ANTÉRIEUR. Partie située en avant d'une autre : le bord antérieur du corselet, d'un anneau.

ANUS. Ouverture destinée à la sortie des excréments et des organes génitaux.

APICAL. Qui tient à l'extrémité : l'angle apical est le même que l'angle externe.

APLATI. Qui est moins épais que large ; DÉPRIMÉ à la même signification.

APODE. Qui n'a point de pieds ou pattes.

APPENDICE. Toutes les parties saillantes d'un corps se nomment ainsi, pourvu qu'elles dépassent notablement la surface commune : appendice anal.

APPENDICULÉ. Garni d'appendices.

APTÈRE. Qui n'a pas d'ailes.

ARÉOLES ou Cellules. Espaces membraneux circonscrits par les nervures, sur les ailes des insectes.

ARQUÉ. Courbé en arc.

ARTICLES. Petites pièces formant, par leur assemblage, un corps ou une partie du corps : les articles des antennes, des palpes, des tarses, etc.

ARTICULATION. Jointure des articles ou des parties composant un corps ou une partie du corps, telles que l'antenne, la patte, etc.

ARTICULÉ. Composé de plusieurs articles ou ayant des articulations.

ATOME. Point coloré extrêmement petit.

ATTÉNUÉ. Qui diminue d'épaisseur : tête atténuée en avant; abdomen atténué à l'extrémité.

AVANCÉ. Saillant, porté en avant.

AVORTÉ. Qui ne s'est pas développé complétement ; aile avortée.

B

BALANCIER. Pièce semblable à un petit maillet, susceptible d'un mouvement très rapide, placée sous chaque aile d'un diptère. Ce petit filet est membraneux, formé d'une TIGE plus ou moins longue et terminé par un bouton ovale, ou arrondi, ou triangulaire. Tous les diptères sont pourvus de deux balanciers.

BARBU. Qui a des poils notablement longs, réunis en bouquet.

BASE. La partie par laquelle un membre, un organe est attaché au corps ou à une autre partie : la base de l'abdomen touche le corselet ; la base du corselet touche l'abdomen ; la base de la cuisse touche la hanche ; la base d'un anneau touche l'anneau précédent.

BEC. Organe dont sont pourvus certains insectes pour prendre leur nourriture. Il est formé d'une pièce cylindrique ou conique, courbée sous la poitrine dans le plus grand nombre, menue, assez dure, ou coriacée, ordinairement de trois ou quatre articles, creusée en gouttière en-dessus pour recevoir trois ou quatre soies capillaires, de consistance d'écaille, servant de suçoir. On donne quelquefois le nom de BEC au prolongement aminci de la tête des Curculionites, auquel est consacré le terme de rostre.

BIDENTÉ, TRIDENTÉ, etc.. Terminé par deux ou trois dents.

BIPECTINÉ. En forme de peigne des deux côtés.

BOSSU. Élevé et très-convexe, synonyme de gibbeux.

BOUCHE. Organe servant à prendre la nourriture. Elle est formée de deux mandibules et deux mâchoires, d'une lèvre supérieure et d'une lèvre inférieure ; de quatre ou six palpes chez les insectes broyeurs ; d'un bec articulé ou d'une trompe membraneuse renfermant plusieurs soies, formant un suçoir, chez les insectes suceurs, ou enfin d'une langue cartilagineuse roulée en spirale.

BOUCLIER (en). Lorsque les bords du corselet s'avancent sur la tête et dépassent ce dernier de chaque côté, on dit que le corselet est en bouclier.

BOURDONNEMENT. Bruit que les insectes font entendre en volant.

BOUTON (en) ou en Massue. Qui finit brusquement par un renflement arrondi.

BRACHIALES (nervures). On nomme ainsi les nervures qui partent de la racine de l'aile et se dirigent dans le sens de sa longueur jusqu'à leur rencontre avec les nervures transversales.

BRANCHUES (antennes). Celles qui portent deux ou trois rameaux longs et velus et qui ressemblent à une petite branche garnie de trois ou quatre rameaux.

BRISÉES (antennes). Celles dont le premier article est fort long et fait un angle avec la tige; on les appelle aussi COUDÉES parce qu'elles présentent un coude formé par le premier article de la tige.

BROYEURS. On appelle ainsi les insectes dont la bouche est armée de mandibules et de mâchoires qui servent à broyer et mâcher leurs aliments.

C

CACHÉE (tête). Quand elle est entièrement recouverte par la partie antérieure du thorax.

CALLEUX. Paraissant formé d'une substance sèche, épaisse, différente du reste.

CANALICULÉ. Ayant un sillon ou une espèce de canal longitudinal.

CAPITÉE (antenne). Lorsque les articles terminaux se renflent subitement pour former la massue.

CAPUCHON (en). Lorsque le bord antérieur du thorax se relève et forme une sorte de capuchon recouvrant plus ou moins la tête.

CARÉNÉ. Creusé en gouttière dans le milieu.

CELLULE. On donne ce nom à une petite excavation pratiquée dans le bois ou dans la terre, dans laquelle une larve est établie pour vivre ou pour se changer en chrysalide. On le donne encore aux alvéoles construites par les abeilles dans leurs ruches. Son emploi le plus fréquent est pour désigner un espace circonscrit par des nervures sur les ailes des Hyménoptères et des Diptères. On distingue les CELLULES BRACHIALES formées à la base de l'aile, s'étendant jusque vers le milieu; la CELLULE RADIALE, formée à l'extrémité de l'aile à partir du stigma entre le bord externe et la nervure radiale; les CELLULES CUBITALES, situées sous la radiale entre celle-ci et la nervure cubitale; elles sont au nombre de deux à quatre; les CELLULES DISCOÏDALES, placées au centre de l'aile. Cette nomenclature ne s'applique qu'aux Hyménoptères. Pour les Diptères on reconnaît la CELLULE COSTALE, la MÉDIASTINE et les BASILAIRES formées à la base de l'aile depuis la côte jusqu'aux bord interne, et les CELLULES POSTÉRIEURES situées à l'extrémité de l'aile.

CHAGRINÉ. Parsemé de petits tubercules très rapprochés, imitant la peau de chagrin.

CHAPERON. On désigne ainsi la partie antérieure de la tête située au-dessus de la bouche. Le chaperon déborde quelquefois la tête en avant et sur les côtés.

CHÉLIFORME. Qui a la forme d'une pince.

CHRYSALIDE. On donne le nom de chrysalide à l'état intermédiaire par lequel passent les insectes avant d'arriver à leur état parfait. La chrysalide est immobile, ne prend pas de nourriture, tous ses membres sont repliés et appliqués contre le corps, les ailes sont rudimentaires.

CICATRICE. On appelle ainsi une tache élevée ou enfoncée dont la surface est chiffonnée, imitant une cicatrice.

CILIÉ. Garni de poils raides, longs, rangés sur une seule ligne ou sur plusieurs lignes parallèles.

CLYPÉIFORME, CLYPEACÉ. Qui a la forme d'un bouclier.

CŒUR (en) Se dit du corselet ou d'une autre partie lorsque le bord antérieur est échancré au milieu avec les angles arrondis et le bord postérieur plus étroit, imitant un cœur tronqué à sa pointe.

COLÉOPTÈRE. Insecte ayant des ailes membraneuses, recouvertes par des plaques coriaces ou crustacées en forme d'ailes. Coléoptères signifie AILES A ÉTUI.

CONCOLORE. Qui est de la même couleur qu'une autre partie à laquelle on compare.

CONICO-RENVERSÉ, OBCONIQUE. En forme de cône ayant la partie la plus grosse en haut.

CORBEILLE. Enfoncement bordé de poils raides et courts que l'on voit sur la face interne des tibias des abeilles, des bourdons, etc.

CORDIFORME. En forme de cœur ou de triangle, dont les angles de la base sont arrondis et le sommet tronqué.

CORIACÉ Qui a la consistance du cuir.

CORNÉ. De la consistance de la corne.

CORNÉE. Première membrane de l'œil ; sa surface est formée de facettes hexagonales.

CORNICULES. Petites cornes cylindriques, membraneuses, creuses qui se voient au nombre de deux à l'extrémité de l'abdomen des pucerons.

CORNU. Qui porte des cornes pointues ou mousses.

CORSELET ou THORAX. Seconde des grandes divisions d'un insecte, comprise entre la tête et l'abdomen, à laquelle sont attachées les ailes et les pattes.

COTE. Bord extérieur ou antérieur de l'aile ou de l'élytre.

COTES (à). Portant plusieurs lignes élevées, plus ou moins larges.

COU. Partie rétrécie en arrière de la tête ; portion musculaire qui attache la tête au corselet.

COURT. Une antenne qui a la longueur de la tête est courte ; moins longue que la tête, elle est très courte ; une élytre qui ne couvre que la moitié de l'abdomen est courte.

CRÉNÉ. Qui a des dents obtuses et arrondies.

CRÉNELÉ. Qui a des petites dentelures obtuses, arrondies.

CRÊTÉ. Se dit de l'arrangement des poils ou des écailles dressés, imitant une crête.

CROCHET. Petit ongle crochu ou griffe qui termine le tarse des insectes.

CROCHET ALAIRE. Petit crochet situé à la base des ailes inférieures de beaucoup de Lépidoptères nocturnes, servant à réunir ces ailes aux supérieures pendant le vol. Série de petits crochets ou crochetons disposés le long du bord antérieur des secondes ailes des Hyménoptères, servant à les réunir aux ailes antérieures pendant le vol.

CROISÉ. Lorsque les ailes supérieures et inférieures se croisent l'une sur l'autre.

CRUSTACÉ. Qui a la consistance d'une croute écailleuse.

CUBITALE (cellule ou nervure). Voir *cellule* ou *nervure*.

CUCULLÉ. Qui a la forme d'un capuchon.

CUILLERON. Lame membraneuse située sous les ailes des Diptères, couvrant le balancier ; elle est formée de deux pièces courtes, concaves, blanchâtres, ciliées sur les bords, tenant ensemble par l'un des bords, appliquées l'une sur l'autre dans le repos et s'étendant pendant le vol.

CUISSE. Partie de la patte fixée à la hanche au moyen du trochanter et attachée au tibia.

CUNIFORME. En forme de coin.

CYLINDRIQUE, Allongé et ayant le même diamètre partout.

D

DÉCHIRÉ. Qui a des sinuosités et des divisions inégales.

DÉGAGÉE (tête). Celle qui est entièrement hors du corselet et qui ne peut y rentrer.

DELTAIDE. Toute partie qui approche de la forme du triangle ou du DELTA grec.

DEMI-ÉLYTRE. Élytre dont une partie est membraneuse.

DEMI-SESSILE, SUBSESSILE. Si la base de l'abdomen, quoique beaucoup plus étroite que le corselet, a une largeur sensible.

DENT. Saillie triangulaire pointue.

DENTÉ. Qui est garni de dents. Ailes dentées, mandibules dentées, etc.

DENTISUGE. Qui porte des dents creusées en canal ayant la propriété de sucer.

DÉPRIMÉ. Plus ou moins aplati; dont la hauteur est moindre que le diamètre transversal.

DIAPHANE. Transparent, sans couleur, comme le cristal.

DICHOTOME. Ayant deux divisions qui se partagent elles-mêmes en deux.

DIGITÉ. Lorsque les divisions imitent les doigts d'une main par leur disposition.

DILATÉ. Lorsque les bords, les lobes, etc., sont grands et avancés hors des proportions ordinaires.

DIPTÈRE. Qui a deux ailes.

DISQUE. Il comprend le milieu de la surface et s'étend jusqu'au voisinage de la circonférence.

DIVARIQUÉES (ailes). Redressées sans se toucher; les inférieures étant presque horizontales et les supérieures verticales.

DIVERGENT. Lorsque les ailes forment postérieurement un angle rentrant, aigu, bien marqué, elles sont divergentes.

DORSAL. Ce qui tient au dos, ce qui en fait partie.

E

ÉCAILLE (alaire). Écaille très petite, cornée, arrondie, convexe en-dessus, concave en-dessous, qui recouvre et défend la racine des ailes supérieures. On l'appelle aussi TÉGULE.

ÉCAILLEUX. Qui a la consistance de l'écaille, parsemé de petites écailles.

ÉCHANCRÉ. Lorsqu'il y a une légère incision, une échancrure.

ÉCUSSON. Petite pièce triangulaire de la consistance des élytres, placée en arrière du prothorax et entre les élytres. Chez les insectes à ailes membraneuses, privés d'élytres, l'écusson est une pièce arrondie en demi-cercle ou en triangle arrondi à son sommet qui est située en arrière du mésothorax.

ÉLYTRE. Espèce d'ailes écailleuses ou coriaces, épaisses, colorées, recouvrant les ailes membraneuses pliées transversalement en-dessous et recouvrant en tout ou en partie l'abdomen. On leur donne quelquefois le nom D'ÉTUIS parce qu'elles forment avec le derme écaillleux du ventre une sorte d'étui qui renferme les ailes.

EMARGINÉ. Qui n'a point de rebord.

EMBROUILLÉ. Ayant des élévations et des dépressions qui se confondent entre elles de manière à être difficilement distinguées.

ENCHAINÉ. Portant une suite d'élévations interrompues, imitant une chaîne.

ENFONCÉ. Lorsque la tête est presque entièrement enfoncée dans le thorax elle est enfoncée.

ENSIFORME. Semblable à la lame d'une épée, large à la naissance, se terminant insensiblement en pointe.

ENTIER. Continu dans toute son étendue, sans troncature ni découpure.

ENTOMOLOGIE. Science qui traite des insectes. A leur état parfait, les insectes se reconnaissent à leurs six pattes et leurs deux antennes.

ÉPAULE. On donne ce nom à l'angle extérieur de la base des élytres.

ÉPÉE. Pièce inarticulée, allongée, en forme d'épée, qui termine l'abdomen de certains Orthoptères femelles.

ÉPERONS. Petites pointes ou épines qui se voient à l'extrémité interne des jambes d'un grand nombre d'insectes.

ÉPICRANE. Il occupe les parties supérieures et latérales de la tête dont il forme la plus grande partie.

ÉPINE. Appendice très saillant et très pointu.

ÉPINEUX. Armé d'épines.

ÉPISTOME. Pièce antérieure de la tête, servant d'attache au labre ; elle est la même que le chaperon; c'est la partie supérieure de l'ouverture buccale chez les Diptères.

ÉTALÉ, ÉTENDU. Lorsque les ailes sont étendues et ouvertes à peu près horizontalement.

ÉTUI ou ÉLYTRE. Voir ce dernier mot.

ÉVENTAIL (en). Lorsque des feuillets partant d'un point commun, en forme de rayons ou de digitations, s'ouvrent et se ferment à volonté.

EXTERNO-MÉDIANE (nervure). Voir *Nervure médiane*.

F

FACE. Partie antérieure ou supérieure de la tête depuis la bouche jusqu'au vertex.

FACETTE. Les yeux des insectes sont formés d'une multitude de petites facettes hexagonales qui sont autant de petites prunelles.

FALQUÉ. Un peu courbé au sommet, comme une lame de faux.

FARINEUX. Recouvert d'une poussière ressemblant à de la farine (à vue simple). Les ailes des Lépidoptères sont farineuses.

FASCIE. Toute bande colorée peut se nommer FASCIE.

FASCIÉ. Qui porte des bandes colorées.

FASCICULÉ. Se dit des poils lorsqu'ils sont ramassés en faisceau, en houppe.

FASTIGIÉ. Fait en pointe; qui va en pointe.

FAUX (en). Qui a la forme d'une lame de faux.

FENESTRÉ. Qui a des taches transparentes, blanchâtres.

FEUILLETÉE (antenne). Lorsque les articles se dilatent en lames minces plus ou moins allongées, comme des feuillets.

FILIFORME. D'une même épaisseur dans toute la longueur; ayant la forme d'un morceau de fil.

FILIÈRE. Mamelon situé sur la lèvre inférieure des chenilles par lequel sort la soie dont elles construisent leurs cocons.

FISSILE. Se dit de la massue des antennes formée de feuillets qui peuvent s'ouvrir et se fermer à volonté comme les feuillets d'un livre.

FLABELLÉ. En forme d'éventail. Synonyme de flabelliforme.

FLANCS. Les côtés verticaux ou inclinés du thorax.

FLÉCHI (voir brisé). On appelle tête fléchie celle qui est repliée en dessous, de manière à former un angle aigu avec le tronc.

FOLIACÉ. Grand, membraneux et mince, approchant de la figure d'une feuille.

FOSSETTE. Petit enfoncement; petite fosse.

FOUISSEUSES (pattes). Celles qui sont palmées ou digitées ou épineuses, propres à fouir la terre ou le bois décomposé.

FOURREAU. Gaine inarticulée renfermant la tarière ou gaîne articulée renfermant le suçoir. Le fourreau est dans le premier cas composé de deux demi-fourreaux qui se joignent exactement.

FRACTICORNES (insectes). Ceux dont les antennes sont brisées et forment un coude.

FRANGE. Poils qui entourent les ailes des Lépidoptères; bouquet de poils qui est au bout de l'abdomen de plusieurs insectes.

FRONT. Partie supérieure de la face s'étendant jusqu'au vertex.

FUNICULE. Partie de l'antenne comprise entre le deuxième article et la massue.

FUSEAU. Aminci aux deux extrémités et plus gros au milieu, imitant un fuseau.

G

GAINE ou FOURREAU. Voir ce dernier mot.

GÉMINÉ (point) ou DOUBLE. Formé de deux points rapprochés et isolés.

GIBBEUX. Renflé de manière à imiter une bosse.

GLABRE. Sans poils.

GLOBULEUX. Qui a la forme d'une boule.

GOUTTE. Point coloré, arrondi, plus grand que l'atôme, mais moins que la tache.

GRANULÉ. Parsemé de points élevés et rapprochés, pareils à ceux d'une peau de chagrin.

GRENU. Quand les articles d'une antenne sont presque ronds, elle est grenue ou moniliforme.

GRILLÉ. Lorsque les lignes élevées forment un treillis en se croisant.

H

HACHE (en) ou SÉCURIFORME. En forme de hache.

HANCHE. Pièce courte qui réunit la cuisse avec le corps au moyen du trochanter placé entre eux.

HÉMÉLYTRE. Élytre dont l'extrémité est membraneuse.

HÉMIPTÈRE. Insecte qui porte des hémélytres ou bien des demi-élytres.

HÉMISPHÉRIQUE. Ressemblant à la moitié d'une boule.

HÉRISSÉ. Couvert de poils courts, droits et peu serrés.

HÉTÉROMÈRE. Qui a cinq articles aux quatre tarses antérieurs et quatre aux postérieurs.

HEXAPODE. Qui a six pattes.

HISPIDE. Couvert de poils raides, épais, courts, semblables à de petites épines.

HOMOPTÈRES. Insectes hémiptères dont les quatre ailes ont la même consistance.

HUMÉRAL. Partie contiguë aux épaules.

HYALINE. Transparent comme le cristal.

HYMÉNOPTÈRES. Insectes ayant quatre ailes membraneuses parcourues par des nervures ou veines formant des cellules fermées d'une notable grandeur.

I

IMBRIQUÉ. Posé l'un sur l'autre en recouvrement comme les tuiles d'un toit.

IMPRIMÉ. Enfoncé légèrement dans la surface.

INCOMBANTES (ailes) ou en recouvrement. Croisées l'une sur l'autre et recouvrant le dos de l'insecte.

INCOMPLÈTE (cellule). Quand elle reste ouverte par l'absence d'un des côtés.

INARTICULÉ. Qui n'est pas composé d'articles mobiles.

INCLINÉES (ailes). Lorsque les ailes forment un toit dont les bords internes sont l'arête. Tête inclinée, celle qui forme un angle droit avec le thorax.

INÉGAL. Qui a des enfoncements et des élévations irréguliers et inégaux.

INFÉRIEURES (antennes). Lorsqu'elles sont insérées sous la tête.

INOCULAIRES (antennes). Lorsqu'elles sont insérées dans une échancrure des yeux.

INSECTE. Animal invertébré, articulé, pourvu de membres articulés, respirant par des stigmates, subissant des métamorphoses.

INSECTE PARFAIT. Celui qui a subi toutes ses métamorphoses et qui est en état de propager son espèce.

INSERTION. Place où une partie est attachée à une autre.

INTERNO-MÉDIAIRE (nervure). Chez les Diptères c'est la nervure voisine de la nervure anale; l'EXTERNO-MÉDIAIRE est située au-dessus; toutes les deux occupent le milieu de l'aile.

J

JAMBE ou TIBIA. La partie de la patte qui est articulée avec la cuisse.

JOUES (les). Les côtés de la tête situés entre la bouche et les yeux.

L

LABIAL. Qui tient à la lèvre, comme les palpes labiaux.

LABRE. On nomme ainsi la lèvre supérieure.

LACINIÉ. Comme déchiqueté, les découpures étant irrégulières, mais à peu près d'égale étendue.

LAINEUX. Couvert de poils fins, serrés, longs, frisant un peu à l'extrémité, comme de la laine.

LAMELLÉ. Formé de lamelles ou petites lames. Lorsque les articles d'une antenne sont minces, prolongés, et peuvent s'appliquer les uns sur les autres comme les feuillets d'un livre, elle est dite lamellée.

LANCÉOLÉ. Allongé et aminci en devant, comme un fer de lance.

LANGUETTE. Partie antérieure de la lèvre. Elle est ordinairement divisée en trois parties dont celle du milieu retient le nom de languette et les deux latérales portent celui de paraglosse. La forme de la languette varie beaucoup dans les différents ordres d'insectes.

LARVE. On désigne par ce mot l'état de l'insecte, depuis sa sortie de l'œuf jusqu'après sa première métamorphose.

LARVIPARE. Insectes qui pondent les larves au lieu d'œufs.

LÉPIDOPTÈRES. Insectes dont les ailes sont recouvertes de petites écailles leur donnant un air farineux.

LÈVRE SUPÉRIEURE ou LABRE. Pièce écailleuse située au-dessus des mandibules fermant la bouche en dessus. LÈVRE INFÉRIEURE, pièce opposée, fermant la bouche en dessous. Elle est composée de la languette et du menton.

LIGAMENTS. Petits muscles servant à attacher quelques parties entre elles.

LIGNE. Répond à ce qu'on entend par ligne ordinaire ; elle se trouve placée sur différentes parties du corps. Les lignes sont droites, ondulées, etc.

LINÉAIRE. Allongé et d'une même épaisseur, à bords parallèles, beaucoup plus long que large.

LISSE. Surface sans inégalité.

LOBE. Appendice court, arrondi et latéral.

LOBÉ. Qui a des avancements, des lobes.

LONG. Lorsque l'antenne dépasse un peu le corps elle est longue ; si elle est une ou deux fois plus longue, elle est TRÈS LONGUE.

L'élytre est longue quand elle dépasse l'extrémité du corps; de LONGUEUR MOYENNE lorsqu'elle se termine près de l'extrémité.

LUNULE. Tache en croissant.

LUNULÉ. En forme de croissant.

M

MACHOIRES. Les mâchoires sont au nombre de deux, placées sous les mandibules, agissant latéralement, d'une consistance moins dure que ces dernières, et portant un ou deux palpes chacune; elles servent à la mastication.

MACULAIRE (bande). Formée d'une suite de taches.

MACULE. Tache colorée sur l'aile ou (mais plus rarement) sur une autre partie du corps.

MANDIBULE. Pièce très dure, cornée, placée de chaque côté de la bouche, sous le labre, et recouvrant les mâchoires, servant à couper et à déchirer les aliments ou à les saisir.

MANDUCATION (organes de). On nomme ainsi les MANDIBULES qui déchirent la nourriture, les mâchoires qui la mastiquent, les PALPES qui la retiennent et la poussent dans la bouche, et les LÈVRES qui l'empêchent de tomber.

MARCHEURS (pieds). Pieds propres à la marche.

MARGINALE (nervure). La côte au bord antérieur de l'aile.

MARGINÉ. Replié et formant un bourrelet ou simplement BORDÉ. Lorsque les bords latéraux du thorax sont séparés du reste de la surface par une ligne enfoncée, ils sont bordés.

MARQUETÉ. Lorsque les taches de l'aile imitent une espèce de damier.

MASSUE. Extrémité de l'antenne formée par un épaississement graduel ou subit des articles terminaux.

MASSUE (en). En MASSUE, en BOUTON. Lorsque les antennes finissent par un renflement plus ou moins gros et plus moins brusque.

MAXILLAIRE. Qui tient à la mâchoire; palpe maxillaire.

MÉDIANE (nervure). Nervure longitudinale qui occupe le milieu de l'aile.

MÉDIOCRE. Qui a une longueur ou une qualité moyenne.

MEMBRANE. Partie mince, déliée, servant d'enveloppe à différentes parties du corps ou à les réunir entre elles.

MEMBRANEUX. On dit que les ailes sont membraneuses lorsqu'elles sont minces, presque toujours diaphanes ou simplement colorées extérieurement.

MEMBRE. On donne ce nom particulièrement aux pattes et aux ailes.

MENTON. Pièce qui tient à la lèvre et qui se réunit à la pièce appelée prébasilaire par une suture droite.

MÉSOTHORAX. Second segment du thorax auquel s'articule la première paire d'ailes et la deuxième paire de pattes.

METAMORPHOSE. Changement qu'éprouve un insecte en passant de l'état de larve à celui de chrysalide, nymphe ou pupe et de cet état à celui d'insecte parfait.

MÉTATHORAX. Troisième partie du thorax qui porte la deuxième paire d'ailes et la troisième paire de pattes.

MONILIFORME. A articles arrondis, imitant un collier de perles ou un chapelet.

MORDU. Inégalement divisé ou irrégulièrement tronqué.

MOUVEMENT (organes du). On nomme ainsi les ailes, les pattes et tous les organes qui servent au mouvement.

MUCRONÉ. Terminé par une pointe courte et mousse.

MUE. Changement de peau qui ne modifie pas la forme de l'insecte.

MURIQUÉ. Ayant des poils assez longs, élevés, presque épineux.

MUSCLES. Parties intérieures qui servent à mouvoir les membres et les différentes parties du corps.

MUSEAU. Saillie antérieure de la tête, plate, large et courte.

MUTIQUE. Lorsqu'il n'y a ni cornes, ni épines, ni poils.

N

NACELLE (en). ou BATEAU (en). Lorsque le corps est enfoncé en dessus et relevé sur les bords et aux extrémités.

NAGEURS (pieds) ou PATTES NATATOIRES. Ceux qui sont aplatis, élargis et ciliés sur les bords et faisant l'office de rames.

NÉBULEUSE. Si l'aile est parsemée de lignes petites, éparses, nombreuses, inégales, elle est nuée ou nébuleuse.

NERVULES. Petites nervures naissant d'autres nervures beaucoup plus grosses.

NERVURES. Espèces de veines qui parcourent la surface des ailes; elles sont comprises entre les deux membranes qui composent l'aile, creuses et renferment une trachée roulée en ressort à boudin. On les divise en NERVURES proprement dites, partant de la base de l'aile et n'atteignant ordinairement que le milieu de l'aile; en NERVULES naissant des nervures; les nervures et les nervules peuvent être longitudinales ou transversales ; RÉCURRENTES, n'étant que la continuation d'une nervure longitudinale qui, changeant de direction, se recourbe sur elle-même. Le terme de nervule est peu employé ; on se sert de celui de nervure pour toutes les veines de l'aile. On les distingue en :

1° NERVURE COSTALE ou MARGINALE ou simplement CÔTE s'étendant de la base de l'aile jusqu'au STIGMA ou CARPE ou POINT ÉPAIS.

2° NERVURE SOUS-COSTALE ou SOUS-MARGINALE naissant au-dessous de la costale dont elle est très voisine, et s'allongeant parallèlement pour aller se perdre dans le CARPE ou STIGMA.

3° NERVURE MÉDIANE ou EXTERNO MÉDIAIRE, dans les Diptères, naissant d'une bifurcation près de la base de la précédente, se dirigeant presque toujours en ligne droite jusqu'au milieu, et de là s'étendant plus loin, quelquefois jusqu'au bord postérieur.

4° NERVURE SOUS-MÉDIANE ou INTERNO-MÉDIAIRE; naît à la base de la précédente et au-dessous, mais à une grande distance ; elle va ordinairement aboutir au milieu du bord interne où elle se termine par une légère courbure.

5° NERVURE ANALE, plus grêle que les précédentes, se trouve comprise entre le bord interne et la sous-médiane.

Les NERVULES, auxquelles on donne communément le nom de nervures, ont aussi reçu des noms particuliers, en raison des places qu'elles occupent. La NERVURE RADIALE part du CARPE ou STIGMA et se dirige vers le sommet de l'aile. Elle donne son nom à la CELLULE RADIALE qui est quelquefois divisée en deux par une petite nervure. Une deuxième nervure, à peu près parallèle à la précédente, part de l'extrémité de la sous-costale ou du rameau qui unit celle-ci à la médiane, et se dirige au bord de l'aile un peu en-dessous du sommet ; on la nomme CUBITALE ; elle donne son nom aux cellules comprises entre elle et la radiale, lesquelles sont au nombre de deux, trois ou quatre. Les nervures longitudinales partant de la base de l'aile, comprenant entre elles des cellules apppelées HUMÉRALES ; au centre de l'aile, à la suite des précédentes, sont les cellules DISCOÏDALES ; et au bord postérieur les cellules postérieures.

NÉVROPTÈRES. Insectes ayant des ailes parcourues par des nervures nombreuses formant des cellules étroites, une sorte de réseau plus ou moins serré.

NOUEUX. Ayant des tubercules en forme de nœuds ; antenne noueuse, celle qui est formée d'articles plus gros séparés plus ou moins les uns des autres.

NUES (ailes). Lorsqu'elles n'ont ni écailles, ni poils.

NYMPHE ou CHRYSALIDE. Etat intermédiaire par lequel passe l'insecte avant de devenir adulte. Le terme de Nymphe est plus particulièrement employé pour désigner la chrysalide qui marche, prend de la nourriture et ne diffère de l'insecte parfait que par les ailes dont elle ne possède que les rudiments.

O

OBCONIQUE ou CONICO-RENVERSÉ. En cône ayant la pointe en bas.

OBLITÉRÉ. L'œil est oblitéré lorsque la pupille est à peine distincte.

OBLONG. Plus long que large et arrondi aux deux bouts.

OBSOLÈTE. Qui n'est pas apparent ; peu distinct.

OBTUS. Terminé en pointe mousse.

OCELLAIRE (point). Qui imite un œil ayant son centre d'une couleur différente du fond.

OCELLÉ. Qui porte une ou plusieurs taches en forme de yeux.

OCELLE. Tache en forme d'œil ; s'emploie quelquefois pour STEMMATE ou œil lisse.

OCCIPUT. Le derrière supérieur de la tête depuis le vertex jusqu'au trou occipital où passe le muscle qui réunit la tête au corselet.

ŒIL. Tache orbiculaire imitant un œil ; son point central est coloré différemment du reste et porte le nom de PUPILLE, PRUNELLE, le cercle qui l'environne IRIS ; il est quelquefois surmonté d'un arc qu'on nomme PAUPIÈRE ou LUNULE.

OMBILIQUÉ. Se dit d'une impression, d'un tubercule qui a une dépression dans son centre.

ONDÉ. En forme d'onde.

ONDULÉ (ligne). Ligne flexueuse.

ONGLET. Petite pièce mobile qui termine la mâchoire de quelques insectes.

ONGUICULÉ. Qui porte un ongle ou un crochet.

OPAQUE. Corps qui n'est pas transparent, ni translucide.

OPERCULE. On a donné ce nom à une larve écailleuse, plate, demi-circulaire, ou ovale, qui recouvre l'ouverture de la cavité renfermant les organes du chant des cigales mâles ; il y en a deux, une de chaque côté à la base de l'abdomen. — Toute partie ayant la forme d'un couvercle peut s'appeler opercule.

ORBICULAIRE. Qui a la forme ronde. ORBICULÉ a la même signification.

ORTHOPTÈRE. Insecte qui a des élytres molles et les ailes pliées en éventail.

OVAL. Oblong, rétréci aux deux bouts qui sont arrondis.

OVÉ. En forme d'œuf ou en OVAL plus rétréci à un bout qu'à l'autre.

OVIDUCTE. Appendice que les femelles portent à l'extrémité de l'abdomen, servant à déposer leurs œufs dans des trous assez profonds. L'oviducte a la forme d'un stylet, d'un sabre, d'une tarière, etc.

OVISCAPTE. Est à proprement parler la gaîne de l'oviducte, l'instrument corné qui perce le trou pour le dépôt des œufs. Dans le langage ordinaire on confond L'OVIDUCTE et L'OVISCAPTE, quoique ces deux organes soient très différents.

OVIPARES. Insectes qui pondent des œufs.

P

PALATINE (pattes en). Petites, repliées sur elles-mêmes de chaque côté du cou, impropres à la marche.

PALETTE (en). On désigne par cette expression le troisième article des antennes des mouches, qui est ovalaire, plus ou moins plat et surmonté d'une soie latérale, simple ou plumeuse.

PALMÉE (jambe). Lorsqu'elle est divisée latéralement à son extrémité en plusieurs pointes obtuses.

PALPES. Filet mobile articulé, attaché à la bouche des insectes. Celui qui tient à la mâchoire s'appelle PALPE MAXILLAIRE ; celui qui est fixé à la lèvre, PALPE LABIAL. Autrefois on l'appelait ANTENNULE.

PALPIGÈRE. Qui porte des palpes.

PARAGLOSSES. Nom que l'on donne à deux appendices que l'on trouve à la base de la languette.

PARASTIGMA. Petit espace rhomboïdal, opaque, coloré, placé avant le bout de l'aile entre les deux nervures marginales, dans les Libellules ou Demoiselles.

PATTES. Membres qui servent au mouvement sur terre ou dans l'eau. La patte est composée de la HANCHE, du TROCHANTER, de la CUISSE, du TIBIA ou JAMBE et du TARSE.

PECTINÉ. Ressemblant aux deux dents d'un peigne. — BIPECTINÉ, en peigne des deux côtés.

PECTORALE (lame). Petite pièce qui recouvre la base des pattes de quelques insectes. On donne ce nom à toute partie tenant à la poitrine.

PÉDIFORME. En forme de pied.

PÉDICELLE, On donne quelquefois ce nom au deuxième article d'une antenne.

PÉDICULE ou PÉDONCULE. Tige servant de support.

PÉDICULÉ ou PÉDONCULÉ. Qui est porté sur une tige, un pédicule.

PELOTES. Petites pièces ovales, membraneuses, que l'on remarque entre les crochets des tarses.

PÉNIS. Organe de la génération du mâle; il comprend les pinces et la verge.

PENTAMÈRE. Qui a cinq articles à tous les tarses.

PERFOLIÉ. Se dit d'une antenne dont les articles lenticulaires ou hémisphériques sont enfilés par le milieu et se touchent.

PERLÉ. Parsemé de points en reliefs et arrondis.

PÉTIOLÉ. Lorsque l'abdomen est attaché au corselet par un pédicule, très menu, filiforme; lorsqu'une partie est portée sur un pétiole ou pédicule. Une cellule pétiolée est celle qui tient à un pédicule.

PLAN, PLANE. Lorsque le disque est de niveau dans le même plan.

PLUMASSEAU. Amas de poils dont est garni un des côtés des jambes postérieures de plusieurs Hyménoptères, servant à ramasser le pollen des fleurs.

POILU. Couvert de poils longs, gros, peu nombreux, sans raideur.

POITRINE. Partie inférieure du thorax à laquelle sont attachées les pattes moyennes et postérieures.

POINT. Tache très petite, ronde, d'une couleur différente de celle des parties environnantes. — POINT ÉPAIS ou Stigma. — POINT CALLEUX. On appelle ainsi un tubercule écailleux, quelquefois coloré, qui existe de chaque côté du corselet des Hyménoptères, un peu en avant de la ligne des écailles alaires.

POINTILLÉ. Parsemé de petits points.

POLYPHAGE. Qui se nourrit de diverses substances végétales ou animales.

POLYPODE. Qui a un grand nombre de pattes.

PONCTUÉ. Parsemé de points enfoncés.

PRÉOCULAIRE. Inséré devant les yeux.

PRISMATIQUE. Qui a la forme d'un prisme à trois plans égaux ou presque égaux.

PROBOSCIDE, PROMUSCIDE. On donne ces noms à l'espèce de trompe qui forme la bouche des Hyménoptères et des Diptères, laquelle renferme des soies pour sucer les liquides dont ces insectes se nourrissent.

PROÉMINENT. Saillant.

PROTHORAX. La première partie du thorax, celle à laquelle sont attachées les pattes antérieures.

PUBESCENT. Couvert de poils fins, peu ou point serrés, courts, couchés, souvent peu apparents.

PUPIPARE. Insectes qui mettent au monde leurs petits sous forme de pupe.

PIGYDIUM. Dernier anneau de l'abdomen portant l'anus ou plutôt la face postérieure de cet anneau.

PYRIFORME. Qui a la forme d'une poire.

Q

QUEUE. Prolongement du dernier segment de l'abdomen, ou partie postérieure de la larve par opposition à la tête, ou bien encore appendices du dernier segment de l'abdomen, formant une queue.

R

RABOTEUX. Parsemé de points élevés, irréguliers, inégaux.

RACCOURCI. Qui a peu d'étendue.

RADIALE (nervure, cellule). Voir *Nervure* et *cellule*.

RADICULE: Pemier article qui sert de base à une antenne. On ne la compte pas en supputant le nombre des articles.

RAIE. Ligne d'une épaisseur moyenne entre la ligne véritable et la bande.

RAMEUSE (antenne). Celle qui est garnie de deux ou trois branches ou rameaux placés d'un même côté.

RAPPROCHÉES (antennes). Lorsque l'intervalle qui les sépare à la base est moindre que celui de l'antenné au côté de la tête.

RAVISSEUSES (pattes). Celles dont les cuisses sont creusées d'un sillon pour recevoir la jambe et armées, ainsi que cette dernière, d'une double rangée d'épines.

RAYONNANT. Partant d'un point commun en forme de rayon ou de digitation.

REBORD. Bord élevé et semblant quelquefois ajouté.

REBORDÉ. Relevé en bourrelet et replié.

RECOURBÉ. Courbé avec la pointe en haut.

RECTICORNES. Insectes dont les antennes sont droites, point brisées.

RÉCURRENTES (nervures). Petites nervures transversales qui semblent être le prolongement d'une autre nervure, laquelle a changé de direction brusquement pour se replier sur elle-même.

RENFLÉ. Lorsque l'antenne est plus grosse au milieu ou à l'extrémité, qu'elle est comme renflée.

RÉNIFORME. Qui a la forme d'un rein ou d'un haricot.

REPLIÉES (ailes). Pliées d'abord longitudinalement, puis repliées transversalement.

RÉTICULÉE. Formé d'un réseau de petites nervures ou de petites lignes.

RETIRÉ. Lorsque la tête est entièrement engagée dans le corselet.

RÉTRACTILE. Se dit de la tête qui peut se retirer à volonté dans le corselet.

RÉTUS. Très émoussé, ayant une entaille dans le sens de sa hauteur.

RÉUNI. Lorsque les antennes ont un article commun pour base.

REVERSES. Si le bord extérieur des ailes inférieures dépasse celui des ailes supérieures lorsque l'insecte est au repos.

RHOMBOIDE. Figure à quatre angles, dont deux aigus et deux obtus.

RIDÉ. Qui a des petits plis, des rides.

RONGÉ. Qui a des dents ou des échancrures inégales, comme si les bords eussent été rongés.

ROSTRE. Sorte de bec formé par le prolongement de la tête, portant des mandibules à son extrémité. — Gaine articulée naissant de l'extrémité de la tête, renfermant un suçoir de plusieurs soies.

ROTULE. Pièce qui réunit la hanche à la poitrine, sur laquelle cette dernière peut tourner.

ROULÉ. Quand les ailes repliées autour du corps lui forment un espèce de fourreau qui l'enveloppe en-dessus et sur les côtés.

RUBANÉ. Lorsque les yeux ont des bandes colorées de diverses nuances.

RUGUEUX. Parsemé de lignes élevées, irrégulières, se dirigeant en tous sens.

S

SABRE. Nom donné à l'Oviscapte recourbé de certains Orthoptères.

SAGITTÉ. Qui a la forme d'un fer de flèche.

SALTATOIRES (pattes). Celles dont les cuisses sont renflées et propres au saut.

SATINÉ. A poils courts, fins, ayant l'apparence du satin.

SAUTEURS (pieds). Lorsque les cuisses postérieures sont renflées.

SCAPE. Premier article de l'antenne.

SCARIEUX. D'une substance sèche, blanchâtre, cartilagineuse.

SCIE (en). A dentelures dont un des côtés est plus court et dont la pointe ne correspond pas au milieu de la base.

SCROBE. Sillon creusé dans le rostre des Charançons pour loger l'antenne.

SCUTELLAIRE. Ce qui tient à l'écusson ou lui est contigu.

SCUTELLÉ. Qui a un écusson.

SÉCURIFORME. En forme de hache ou de triangle aplati.

SEGMENTS. Parties de l'abdomen formant des anneaux séparés par un étranglement ou par une membrane qui les unit entre eux.

SESSILE. Qui porte directement sur le corps, sans tige ni pédoncule; ABDOMEN SESSILE, lorsqu'il tient au thorax par toute son épaisseur, qu'il n'en est pas séparé par un pédicule.

SÉTACÉ. Diminuant insensiblement d'épaisseur de la base à la pointe.

SÉTIFORME (antenne). En forme de soie de porc, rigide, diminuant de la base à l'extrémité où elle se termine en pointe allongée, aiguë.

SÉTIGÈRE. Qui porte des soies ou poils raides, épais, comme des soies.

SILLONNÉ. Qui a des lignes larges et enfoncées.

SIMPLE. Qui n'est pas composé; ANTENNES SIMPLES, qui n'ont ni dents, ni rameaux, ni barbes; YEUX SIMPLES, les STEMMATES ou YEUX LISSES; PATTES SIMPLES, qui n'ont pas d'appendices.

SIPHON. Tube renfermant des soies, par lequel certains insectes pompent leur nourriture.

SOIES. Filets cylindriques, minces, terminés en pointe fine.

SOLIDE (massue). Lorsqu'elle est formée d'une seule pièce.

SOMMET. Extrémité opposée à la base.

SOUDÉ. Attaché l'un à l'autre sans pouvoir être séparé.

SOUS-MARGINALE (nervure). Voyez *Nervure*.

SOUS-MÉDIANE (nervure). Voyez *Nervure*.

SOYEUX. Couvert de poils doux, couchés, brillants.

SPATULÉ. Elargi et arrondi au bout, en forme de spatule de pharmacie.

SPÉCULIFÈRE. Qui porte un miroir ou un espace brillant comme un miroir.

SPIRITROMPE. Trompe, roulée en spirale, des Lépidoptères.

SQUAMEUX. Parsemé ou couvert de petites écailles.

STEMMATES. Petits yeux lisses, luisants, placés sur le sommet de la tête de beaucoup d'insectes, indépendamment des yeux ordinaires.

STERNUM. Dessous de la poitrine entre les pattes.

STIGMA ou POINT ÉPAIS. Tache située vers le milieu de la côte des ailes supérieures des Hyménoptères.

STIGMATE. Ouverture par laquelle l'air s'introduit dans le corps des insectes pour entretenir la vie.

STRIÉ. Qui a des petites lignes enfoncées et parallèles.

STYLE. On donne ce nom à la soie qui surmonte le troisième article en palette des antennes des Muscides. Il est simple ou plumeux.

STYLET. On donne ce nom à la pointe allongée, conique, annulée, qui termine les antennes de certains Diptères.

SUB-OCULAIRE. Placé au-dessous des yeux.

SUCEURS. Insectes qui prennent leur nourriture par un bec ou une trompe, ou une langue.

SUPÉRIEURES (ailes). Ou ailes antérieures ou premières ailes.

SUTURE. Ligne suivant laquelle deux parties se touchent ou sont soudées ensemble.

T

TACHE. Partie circonscrite, de forme variable, plus ou moins grande, différemment colorée que le reste de l'aile.

TARSE. Dernière partie de la patte, attachée au TIBIA, formée de plusieurs articles, terminée par deux petits crochets.

TARIÈRE. Prolongement de l'abdomen ou queue, servant à préparer l'emplacement des œufs et à les y porter au moment de la ponte.

TÉGUMENT. On donne ce nom à la peau crustacée, coriacée ou molle, qui recouvre les insectes.

TENTACULE. Partie molle, vésiculeuse ou filiforme que certains insectes font sortir de leur corps à volonté.

TERMINAL. Qui tient à l'extrémité ou qui l'avoisine.

TÊTE. Première des grandes divisions d'un insecte, sur laquelle se trouvent les yeux, les antennes, la bouche, les mâchoires, les palpes, etc.

TÉTRAMÈRE. Qui a quatre articles à tous les tarses.

TÉTRAPODE. Qui a quatre pattes ambulatoires.

THORAX ou CORSELET. Seconde des grandes divisions d'un insecte sur laquelle sont insérées les ailes et les pattes; elle est placée entre la tête et l'abdomen. Le thorax est partagé en trois régions : le PROTHORAX en avant; le MÉSOTHORAX au milieu; le MÉTATHORAX en arrière.

TIGE de l'antenne; c'est la partie qui s'étend depuis le scape jusqu'à la massue s'il y en a une, et jusqu'à l'extrémité s'il n'y a pas de massue.

TOIT (ailes en). Lorsqu'elles recouvrent le corps à la manière d'un toit.

TOMENTEUX. Couvert de poils fins, courts, serrés et comme entrelacés. Synonyme de cotonneux.

TRACHÉE. Les trachées sont deux vaisseaux placés, un de chaque côté, tout le long du corps, jetant une infinité de ramifications. Ils servent à recevoir l'air par les stigmates et à le distribuer dans toutes les parties de l'insecte.

TRANSPARENT. Diffère de diaphane en ce que le corps transparent est ou peut être coloré.

TRANSVERSAL. Qui est plus large que long.

TRIANGULAIRE. Qui a la forme d'un triangle.

TRIMÈRE. Qui a trois articles à tous les tarses.

TROCHANTER. Petit article qui réunit la cuisse à la hanche.

TROMPE. Partie de la tête prolongée en tube, comme la langue roulée en spirale des Lépidoptères, l'organe de succion des Diptères. On a aussi employé ce mot pour désigner le rostre des Curculionites.

TRONC. On a désigné par ce nom le thorax ou le corselet des insectes.

TRONQUÉ. Coupé brusquement à son extrémité.

TUBERCULE. Point élevé, distinct, quelquefois assez gros, qui s'élève sur la surface.

TURBINÉ. Qui a la forme d'une toupie, d'un cône court, arrondi à la base, pointu au sommet.

U

UNI. Qui est plan, sans appendice ni tubercule, ni raboteux.

V

VALVES. Petites lames coriaces, formant étui pour renfermer la tarière de certains Hyménoptères.

VARIOLÉ. Lorsqu'une surface a des points enfoncés, larges, inégaux comme les marques de petite vérole.

VEINE ou NERVURE. Nom des vaisseaux qui parcourent les ailes membraneuses des insectes.

VELOUTÉ. A poils courts, serrés, perpendiculaires, ressemblant à du velours.

VELU. Couvert de poils longs, raides, serrés.

VENTEUSES. Petites pelotes membraneuses pouvant se dilater et s'affaisser à volonté, situées sous les tarses des insectes, par le moyen desquelles ils se collent au plan de position.

VENTRE. On donne ce nom au dessous de l'abdomen.

VERGE. Partie du pénis ; organe fécondateur.

VERSATILE. Quand la tête peut faire presque un tour sur elle-même.

VERMICULÉ. Présentant des excavations tortueuses, semblables à des pe ites galeries.

VERRUQUEUX. Qui a des élévations ressemblant à des verrues.

VERTÈBRE. Os qui composent l'épine du dos. Les insectes n'ont pas de vertèbres ; ce sont des animaux invertébrés.

VERTEX. Partie supérieure de la tête où se trouvent ordinairement les stemmates ou yeux lisses.

VÉSICULAIRE. Qui est vésiculeux, en forme de vessie.

VIBRATILES, VIBRANTES (antennes). Lorsque l'insecte peut les remuer avec beaucoup de vitesse ; AILES VIBRANTES, celles que l'insecte met en mouvement en marchant.

VITRÉ. Partie nue et transparente de l'aile d'un Lépidoptère.

Y

YEUX. Organes de la vision. Ils n'ont ni prunelles, ni paupières, sont immobiles et formés d'une multitude de petites facettes hexagonales qui remplissent les fonctions de prunelles ; Les YEUX LISSES ou STEMMATES sont deux ou trois points lisses, brillants, situés sur le vertex.

TABLE

DES INSECTES DESTRUCTEURS ET PROTECTEURS

§ 1er. — ARBRES ET ARBUSTES.

Abricotiers.

INSECTES DESTRUCTEURS.	INSECTES PROTECTEURS (1).
COUPE-BOURGEON. — Rhynchites conicus, Herbs.	
GUÊPES. — Vespa vulgaris, Lin. — crabro, Lin. — Polistes gallica, Lin.	Volucella zonaria, Meig. Volucella inanis, Meig.
MOUCHE A SCIE DU PÊCHER. — Lyda.	
NOCTUELLE PSI. — Acronycta Psi, Dup.	
TORDEUSES DES ARBRES FRUITIERS. — Teras contaminana, Dup.; — ciliana, Dup.	

Acacias.

HANNETON A CORSELET VERT. — Anisoplia horticola, Fab.	
HANNETON DES CHAMPS. — Anisoplia agricola, Fab.	

Amandier.

BOMBYX TÊTE BLEUE. — Diloba cœruleo-cephala, Dup.	Doria concinnata, Meig.
GALLINSECTE RONDE DU PÊCHER. — Lecanium amygdali, Blanch.	
PUCERON DE L'AMANDIER. — Aphis amygdali, Blanch.	

(1) Par le mot de *protecteurs* nous entendons parler des parasites des insectes qui attaquent les différents végétaux observés. La table qui suit a été rédigée par M. Monceaux. Secrétaire de la Société des Sciences de l'Yonne, lequel a bien voulu enrichir ce petit traité du nom des Mouches parasites attaquant les insectes que nous citons et décrites dans le grand ouvrage de feu le Dr Robineau-Desvoidy, ouvrage dont il poursuit la publication en ce moment.

GOUREAU.

Arbres forestiers.

Bombyx chrysorrhée ou le Cul-doré. — Liparis chrysorrhæa, Dup	Pimpla instigator, Grav.

Arbres fruitiers en général.

Bombyx chrysorrhée ou le Cul-doré. — Liparis chrysorrhæa, Dup.	Pimpla instigator, Grav.
Bombyx disparate ou la Spongieuse. — Liparis dispar, Dup.	Tachina Moreti, R.-D.
Bombyx feuille de chêne, Patte étendue et Tête bleue. — Lasiocampa quercifolia, Dup. — Orgya pudibunda, Dup. — Diloba cœruleocephala. Dup.	Carcelia amphion, R.-D.; — lucorum, Meig.; — cantans, R.-D.; — susurrans, R.-D.; — orgyæ, R.-D. Doria concinnata, Meig. Masicera lasiocampæ, R.-D. Zenillia aurea, R.-D.
Bombyx neustrien ou la Livrée.— Lasiocampa neustria, Dup.	Carcelia bombylans, R.-D. Tachina larvarum, Meig. Zenillia aurea, R.-D.
Coupe-Bourgeon. — Rhynchites conicus, Herbs.	
Fourmis.	
Grand Paon de nuit. — Saturnia pyri, Dup.	Sturmia atropivora, R.-D.
Guêpes. — Vespa vulgaris, Lin. — Crabro, Lin. — Polistes gallica, Lin.	Volucella zonaria, Meig. — inanis, Meig.
Noctuelle Psi. — Acronycta Psi, Dup.	
Petit Paon de nuit. — Saturnia carpini, Dup.	Phorocera assimilis, Fall. Scotia Saturniæ, Rob-Desv. Winthemya quadripustulata, Fab.
Pucerons des Arbres fruitiers. — Aphis laniger, H.; — persicæ, Morr.	Aphidius protæus, Wesm. — aphidum, Blanch. — (Ephedrus) parcicornis N. de E. Asaphes vulgaris, Walk. Ceraphron carpenterii, Curt. Coccinella bi-punctata, Lin. — septempunctata. Coruna clavata, Curt. Crabro (Crossocerus) apidium, S. F. Cynips fulviceps, Curt. — quercûs inferus, Lin. — erythrocephala, Jur.

— amygdali, Blanch.; — pyri, G.; — mali, de G.; — cerasi, Fab.; — pruni, Fab.; — ribis, Lin.	Hemerobius chrysops, Lin. — bi-punctata, Lin. — perla, Lin. Pemphredon (Diodontus) minutus, Jur. Pemphredon (Passalaecus) gracilis, Schuk. Pemphredon lugubris, Fab. Pemphredon (Cemonus) unicolor, Lat. Syrphus pyrastri, Meig. — ribesii, Meig. — vitripennis, Meig. — balteatus, Macq.
Pyrales de divers Fruits — Carpocapsa funebrana, splendana, fagiglandana, amplana, Dup.	Lissonota impressor, Grav.
Tordeuses des Arbres fruitiers. — Tortrix lævigana, Dup., — heparana, Dup.; — xylosteana, Dup.; — Teras contaminana, Dup.; — nyctemerana, Dup. — Penthina pruniana, Dup. — Aspidia uddmanniana, Dup.	Campoplex rufipes, Grav. Chelonus rugosulus, G. Cryptus assertorius, Grav. — fulvipes, G. Elachestus fenestratus, N. de E. Metopia bisignata, R.-D. Meteorus pallidus, Halid. Meteorus cinctellus, Halid. Microgaster perspicuus, Wesm. — gagates, N. de E. Pimpla scanica, Grav. — turionella, Grav. Senometopia Gouraldi, R.-D.

Aubépine.

Yponomeute du Pommier. — Yponomeuta malinella et padella, Dup.	Aneure cervus, G. Anomalon tenuicorne, Grav. Campoplex sordidus, Grav. Encyrtus fuscicollis, N. de E. Eurigaster pomariorum, R.-D. Ichneumon brunicornis, Grav. Mesochorus splendidulus, Grav. Pimpla scanica, Grav.
Hanneton a corselet vert. — Anisoplia horticola, Fab.	
Mouche a scie du Poirier. — Lyda pyri, Schr	

Berberis ou Vinetier (Epine-vinette).

HYLOTOME SANS NOEUD OU LA MOUCHE A SCIE BLEUE. — Hylotoma enodis, Fab.

Bouleau.

URBEC. — Rhynchites betuleti, Fab. — Rhynchites populi, Fab.

Cerisiers.

Insecte	Parasites
BOMBYX DISPARATE OU LA SPONGIEUSE. — Liparis dispar, Dup.	Tachina Moreti, R.-D.
BOMBYX TÊTE BLEUE. — Diloba cœruleocephala, Dup.	Doria concinnata, Meig.
PUCERON DU CERISIER. — Aphis Cerasi, Fab.	
TORDEUSES DES ARBRES FRUITIERS. — Tortrix lævigana, heperana, Dup.	Campoplex fulvipes, G. Elachestus fenestratus, N. de E. Microgaster perspicuus, Wesm. — gagates, N. de E. Metopia bisignata, R.-D. Pimpla scanica, Grav. Senometopia Gouraldi, R.-D.
YPONOMEUTE DU POMMIER. — Yponomeuta malinella et padella, Dup.	Aneure cervus, G. Anomalon tenuicorne, Grav. Campoplex sordidus, Grav. Encyrtus fuscicollis, N. de E. Eurigaster pomariorum, R.-D. Ichneumon brunicornis, Grav. Mesochorus splendidulus, Grav. Pimpla scanica, Grav.
MOUCHE DES CERISES. — Ortalis Cerasi, Meig.	

Charme.

Insecte	Parasites
PHALÈNE HIÉMALE. — Cheimatobia brumata, Dup.	Masicera flavicans, G. Microgaster sessilis, N. de E.

Châtaignier.

PYRALE DES CHATAIGNES. — Carpocapsa splendana, Dup.

Chêne.

Insecte	Parasites
BOMBYX DU TRÈFLE. — Bombyx trifolii, Lin.	Peltastes dentatus, Grav.

Bombyx neustrien ou la Livrée. — Lasiocampa neustria, Dup.	Carcelia bombylans, R.-D. Tachina larvarum, Meig. Zenillia aurea, R.-D.
Bombyx feuille de chêne. — Lasiocampa quercifolia, Dup.	Masicera lasiocampæ, R.-D.
Hanneton. — Melolontha vulgaris, Fab.	
Phalène hiémale.— Cheimatobia brumata, Dup.	Microgaster sessilis, N. de E. Masicera flavicans, G.
Tordeuses des Arbres fruitiers. — Tortrix xylosteana, Dup.	
Pyrale des Glands. — Carpocapsa amplana, Dup,	Lissonota impressor, Grav.

Chèvrefeuille des bois.

Tordeuses des Arbres fruitiers. — Tortrix xylosteana, Dup.

Citroniers.

Gallinsecte de l'Oranger. — Lecanium hesperidum, Burm.

Clématite.

Grand rongeur de la Vigne. — Apate sex dentata, Oliv.

Épine blanche.

Bombyx du Trèfle. — Bombyx trifolii, Lin.	Peltastes dentatus, Grav.
Coupe-Bourgeon. — Rhynchites conicus, Herbs.	

Épine noire.

Bombyx du Trèfle. — Bombyx trifolii, Lin.	Peltastes dentatus, Grav.

Figuier.

Gallinsecte du Figuier. — Coccus Ficus caricæ, Oliv.

Grand-Rongeur de la Vigne. — Apate sex dentata, Oliv.

Pucerons aptères de différentes espèces.

Rongeur du Figuier. — Hypoborus Ficus, Erich.

Silvain a six dents. — Sylvanus sex dentatus, Fab.

Fraisiers.

TIPULE POTAGÈRE. — Tipula oleracea, Lin.; — paludosa, Meig. — Pachyrhina maculata, Macq.	

Framboisiers.

TIPULE POTAGÈRE. — Tipula oleracea, Lin., — paludosa, Meig. — Phachyrhina maculata, Macq.	
TORDEUSES DES ARBRES FRUITIERS. — Tortrix lævigana, Dup. — Aspidia uddmanniana, Dup.	Campoplex rufipes, Grav. — fulvipes, G. Chelonus rugosulus, G. Meteorus pallidus, Halid.

Frênes.

BOMBYX DU TRÈFLE. — Bombyx trifolii, Lin.	Peltastes dentatus, Grav.
GUÊPES. — Vespa vulgaris, Lin. — crabro, Lin. — Polistes gallica, Lin.	Volucella zonaria, Meig. Volucella inanis, Meig.

Genêts.

BOMBYX DU TRÈFLE. — Bombyx trifolii, Lin.	Peltastes dentatus, Grav.

Groseillers.

MOUCHE A SCIE DU GROSEILLER. — Nematus ribis, Le Duc.	Blacus gigas, Wesm. Degeeria flavicans, G. Tryphon armillatorius, Grav.
NOCTUELLE POTAGÈRE. — Hadena oleracea, Dup.	
PUCERON DU GROSEILLER. — Aphis ribis, Lin.	Syrphus ribesii, Meig.

Hêtre.

BOMBYX DU TRÈFLE. — Bombyx trifolii, Lin.	Peltastes dentatus, Grav.
PHALÈNE HIÉMALE. — Cheimatobia brumata, Dup.	Masicera flavicans, G. Microgaster sessilis, N. de E.
PYRALE DES FAINES. — Carpocapsa fagiglandana, Guén.	Lissonota impressor, Grav
URBECS. — Rhynchites betuleti, Fab.; — Rhynchites populi, Fab.	

Jardins en général.

Destructeurs	Protecteurs
Altises ou Puces des Jardins. — Altica nemorum, Fab.; — concinna, Marsh.; — helxines, Fab.; — exoleta, Fab.; — atricilla, Fab.; — nigripes, Panz.; — pœciloceras, Kun.; — melæna, Illig.; — punctulata, Marsh.	
Bombyx disparate ou la Spongieuse. — Liparis dispar, Dup.	Tachina Moreli, R.-D.
Guêpes. — Vespa vulgaris, Lin.; — crabro, Lin. — Polistes gallica, Lin.	Volucella zonaria, Meig. — inanis, Meig.
Hanneton. — Melolontha vulgaris, Fab.	
Mouche a scie du Poirier. — Lyda pyri, Schr.	
Noctuelle Psi. — Acronycta Psi, Dup.	
Perce oreille. — Forficula auricularia, Lin.	
Pucerons des Arbres fruitiers, — Aphis laniger, persicæ, Morr.; — amygdali, Blanch.; — pyri, G. — mali, de G.; — cerasi, Fab., — pruni, Fab., — ribis, Lin.	Ceraphron Carpenterii, Curt. Ceraphron clandestinus, N. de E. Coruna clavata, Curt.
Tipule potagère. — Tipula oleracea, Lin.; — paludosa, Meig. — Pachyrrhina maculata, Macq.	

Laurier rose.

Gallinsecte de l'Olivier. — Coccus oleæ, Lat.

Limoniers.

Gallinsecte de l'Oranger. — Lecanium hesperidum, Burm.

Merisiers.

Destructeurs	Protecteurs
Charançon des Pommiers. — Anthonomus pomorum, Schœn.	Bracon variator. Pimpla graminellæ, Grav.

Mûrier-multicaule.

Grand Rongeur de la Vigne. — Apate sex dentata, Oliv.

Myrte.

Gallinsecte de l'Oranger. — Lecanium hesperidum, Burm.

Noisetiers.

BOMBYX PATTE ÉTENDUE. — Orgya pudibunda, Dup.	Carcelia amphion, R.-D.; — lucorum, Meig.; — cantans, R.-D., — susurrans, R.-D.; — orgyæ, R.-D. Doria concinnata, Meig. Zenillia aurea, R.-D.
CHARANÇON DES NOISETTES. — Balaninus nucum, Schœn.	
GALLINSECTE DU NOISETIER. — Lecanium Coryli, Ill.	
SAPERDE LINÉAIRE. — Saperda linearis, Fabr.	
TORDEUSES DES ARBRES FRUITIERS. — Tortrix lævigana, Dup.	Cryptus assertorius, Grav.

Noyer.

CADELLE. — Trogosita mauritanica, Fab.	
PYRALE DES Pommes. — Carpocapsa pomonana, Dup.	Perilampus lævifrons, N. de E.

Olivier.

GALLINSECTE DE L'OLIVIER. — Coccus oleæ, Lat.

GRAND RONGEUR DE LA VIGNE. — Apate sex dentata, Oliv.

MINEUSE DES FEUILLES DE L'OLIVIER. — Elachista oleella, B. de F.

MINEUSE DES NOYAUX DE L'OLIVE. — Œcophora olivella, B. de F.

MOUCHES DES OLIVES. — Dacus oleæ, Meig.

RONGEURS DE L'OLIVIER. — Hylesinus oleiperda, Fab., et Phloiotribus oleæ, Lat.

THRIPS. — Thrips decora et cerealium, Halid.

Oranger.

GALLINSECTE DE L'OLIVIER. — Coccus oleæ, Lat.

GALLINSECTE DE L'ORANGER, — Lecanium hesperidum, Burm.

MOUCHE DE L'ORANGER. — Ceratis hispanica, de Brême.

Orme.

Bombyx disparate ou la Spongieuse. — Liparis dispar, Dup.	Tachina Moreti, R.-D.
Bombyx neustrien ou la Livrée. — Lasiocampa neustria, Dup.	Carcelia bombylans, R.-D. Tachina larvarum, Meig. Zenillia aurea, R.-D.
Noctuelle Psi. — Acronycta Psi, Dup.	

Pêchers.

Gallinsecte du Pêcher. — Lecanium persicæ et amygdali, Blanch.	
Guêpes. — Vespa vulgaris, Lin. — crabro, Lin. — Polistes gallica, Lin.	Volucella zonaria, Meig. Volucella inanis, Meig.
Hanneton des Champs. — Anisoplia agricola, Fab.	
Mouche a scie du Pêcher. — Lyda.	
Puceron de l'Amandier. — Aphis amygdali, Blanch	
Thrips. — Thrips decora et cerealium, Halid.	

Peuplier.

Bombyx disparate ou la Spongieuse. — Liparis dispar, Dup.	Tachina Moreti, R.-D.

Poiriers.

Bombyx disparate ou la Spongieuse. Liparis dispar. Dup.	Tachina Moreti, R.-D.
Bombyx neustrien ou la Livrée. — Lasiocampa neustria, Dup.	Carcelia bombylans, R.-D. Tachina larvarum, Meig. Zenillia aurea, R.-D.
Bombyx patte étendue. — Orgya pudibunda, Dup.	Carcelia amphion, R.-D., — lucorum, Meig.; — cantans, R.-D. — susurrans, R.-D., — orgyæ, R.-D. Doria concinnata, Meig. Zenillia aurea, R.-D.
Charançon des Pommiers. — Anthonomus pomorum, Schœn.	Bracon variator. Pimpla graminellæ, Grav.
Cécidomye des Poirettes. — Cecidomyia nigra, Meig.	
Coupe-Bourgeon. — Rhynchites conicus, Herbs.	
Grand Paon de Nuit. — Saturnia pyri, Dup.	Saturnia atropivora, R.-D.

Insectes	Parasites
Guêpes. — Vespa vulgaris, Lin. — crabro, Lin. — Polistes gallica, Lin.	Volucella zonaria, Meig. Volucella inanis, Meig.
Larve Limace. — Selandria atra, Steph. et Selandria æthiops, Fab.	
Mouche a scie du Poirier. — Lyda pyri, Schr.	
Petit Paon de Nuit. — Saturnia carpini, Dup.	Phorocera assimilis, Fall. Scotia Saturniæ, R.-D. Winthemya quadripustulata, Fabr.
Phalène hiémale. — Cheimatobia brumata, Dup.	Masicera flavicans, G. Microgaster sessilis, N. de E.
Pique-Bourgeon. — Cephus compressus, Fab.	Pimpla stercorator, Grav.
Psylles du Poirier. — Psylla rubra, Fourc., et aurantiaca, G.	
Puceron du Pêcher. — Aphis persicæ, Morr.	
Puceron du Poirier. — Aphis pyri, G.	
Pyrale des Pommes. — Carpocapsa pomonana, Dup.	Perilampus lævifrons, N. de E.
Rhynchites Bacchus, Schœn.	
Tordeuses des Arbres fruitiers. — Tortrix lævigana, Dup.; — heparana, xylosteana, Dup. — Teras contaminana, Dup.; — nyctemerana, Dup. — Pentina pruniana, Dup. — Aspidia uddmanniana, Dup.	Campoplex rufipes, Grav. — fulvipes, G. Cryptus assertorius, Grav. Elachestus fenestratus, N. de E. Metopia bi-signata, N. de E. Microgaster perspicuus, Wesm. — gagates, N. de E. Pimpla scanica, Grav. Pimpla turionellæ, Grav. Senometopia Gouraldi, R.-D.
Urbecs. — Rhynchites betuleti, Fab., et Rhynchites populi, Fab.	

Pommiers.

Insectes	Parasites
Bombyx disparate ou la Spongieuse. — Liparis dispar., Dup.	Tachina Moreti, R.-D.
Bombyx neustrien ou la Livrée. — Lasiocampa neustria, Dup.	Carcelia bombylans, R.-D. Tachina larvarum, Meig. Zenillia aurea, R.-D.
Bombyx patte étendue. — Orgya pudibunda, Dup.	Carcelia amphion, R.-D.; — lucorum, Meig.; — cantans, R.-D.; — susurrans, R.-D.; — orgyæ, R.-D. Doria concinnata, Meig. Zenillia aurea, R.-D.

Charançon des Pommiers. — Anthonomus pomorum, Schœn.	Pimpla graminellæ, Grav. — Bracon variator.
Coupe-Bourgeon. — Rhynchites conicus, Herbs.	
Gallinsecte en coquille. — Aspidiotus conchyformis, Burm.	Insecte parasite indéterminé.
Grand Paon de Nuit. — Saturnia pyri, Dup.	Sturmia atropivora, R.-D.
Grand Rongeur du Pommier. — Scolitus pruni, Ratz.	Pteromalus bimaculatus.
Guêpes. — Vespa vulgaris, Lin. — crabro, Lin. — Polistes gallica, Lin.	Volucella zonaria, Meig. Volucella inanis, Meig.
Hanneton des Champs. — Anisoplia agricola, Fab.	
Phalène hiémale. — Cheimatobia brumata, Dup.	Masicera flavicans, G. Microgaster sessilis, N. D.
Petit Paon de Nuit. — Saturnia carpini, Dup.	Phorocera assimilis, Fall. Scotia Saturniæ, R.-D. Winthemya quadripustulata, Fab.
Petit Rongeur du Pommier. — Scolytus rugulosus, Ratz.	Blacus fuscipes, G. Pteromalus bimaculatus, N. de E.
Puceron du Pommier. — Aphis mali, de G.	
Puceron lanigère. — Aphis laniger, Ill.	
Pyrale des pommes. — Carpocapsa pomonana, Dup.	Perilampus lævifrons, N. de E.
Rhynchites Bacchus, Schœn.	
Tordeuses des Arbres fruitiers. — Tortrix lævigana, Dup.; — heparana xylosteana, Dup. — Teras contaminana, Dup.; — nyctemerana, Dup. — Penthina pruniana, Dup. — Aspidia uddmanniana, Dup.	Campoplex rufipes, Grav. — fulvipes, Grav. Cryptus assertorius, Grav. Elachestus fenestratus, N. de E. Metopia bisignata, R.-D. Microgaster perspicuus, Wesm. — gagates, N. de E. Pimpla scanica, Grav. — turionellæ, Grav. Senometopia Gouraldi, R.-D.
Yponomeute du Pommier. — Yponomeuta malinella et padella, Dup.	Aneure cervus, G. Anomalon tenuicorne, Grav. Campoplex sordidus, Grav. Encyrtus fuscicollis, N. de E. Eurigaster pomariorum, R.-D. Ichneumon brunicornis, Grav. Mesochorus splendidulus, Grav. Pimpla scanica, Grav.

Pruniers.

Insectes		Parasites
Bombyx tête bleue. — Diloba cœruleo-cephala, Dup.	}	Doria concinnata, Meig.
Coupe Bourgeon. — Rhynchites conicus, Herbs.		
Guêpes. — Vespa vulgaris, Lin. — crabro, Lin. — Polistes gallica, Lin.	}	Volucella zonaria, Meig. Volucella inanis, Meig.
Noctuelle Psi. — Acronycta Psi, Dup.		
Puceron du Prunier. — Aphis pruni, Fab.		
Pyrale des Prunes — Carpocapsa funebrana, Dup.		
Tordeuses des Arbres fruitiers. — Tortrix lævigana, Dup. — heparana, Dup. — xylosteana, Dup.	}	Campoplex fulvipes, G. Elachestus fenestratus, N. de E. Pimpla scanica, Grav. Metopia bi-signata, R.-D. Microgaster perspicuus, Wesm. — gagates, N. de E. Senometopia Gouraldi, R.-D.

Robinier.

Insectes		Parasites
Grand Rongeur de la Vigne. — Apate sexdentata, Oliv.		

Ronces sèches.

Insectes		Parasites
Bombyx du Trèfle. — Bombyx trifolii, Lin.	}	Peltastes dentatus, Grav.
Pucerons aptères de différentes espèces,	}	Pemphredon (Cemonus) unicolor, Lat.
Tordeuses des Arbres fruitiers. — Aspidia uddmanniana, Dup.	}	Chelonus rugosulus, G.

Rosier.

Insectes		Parasites
Hanneton a Corselet vert. — Anisoplia horticola, Fab.		
Hanneton des Champs. — Anisoplia agricola, Fab.		
Psylomyie de la Rose. — Psylomyia rosæ, Meig.		
Pucerons aptères de différentes espèces.	}	Ceraphron Carpenterii, Curt. Ceraphron clandestinus, N. de E. Coruna clavata, Curt.
Pucerons du Rosier.		

Thrips. — Thrips decora et cerealium. Halid. Tordeuses des Arbres fruitiers. — Tortrix heparana, Dup.; — Aspidia cynosbana.	Microgaster gagates, N. de E. Pimpla turionnellæ, Grav.

Saule.

Bombyx neustrien ou la Livrée. — Lasiocampa neustria, Dup.	Carcelia bombylans, R.-D. Zenillia aurea, R.-D. Tachina larvarum, Meig.

Saule-Marsault.

Altises ou Puces des Jardins. — Altica helxines, Fab.

Urbecs. — Rhynchites betuleti, Fab. et Rhynchites populi, Fab.

Vigne.

Altises ou Puces des Jardins. — Altica oleracea, Fab.	
Gallinsecte de la Vigne. — Lecanium vitis, Lin.	Celia troglodytes, Schuck. Encyrtus Swederi, N. de E.
Grand Rongeur de la Vigne. — Apate sex dentata, Oliv.	
Guêpes. — Vespa vulgaris, Lin.; — crabro, Lin. — Polistes gallica, Lin.	Volucella zonaria, Meig. Volucella inanis, Meig.
L'Ecrivain. — Eumolpus vitis, Fab.	
Petit Rongeur de la Vigne. — Apate sinuata, Fab.	
Pyrale de la Vigne. — Œnophthira pilleriana, Dup.	Anomalon flaveolatum, Grav. Bethylus formicarius, Lat. Campoplex maïalis, Grav. Chalcis minuta, N. de E. Diplolepis (Torymus) cuprea, Spin. Diplolepis (Torymus) obsoleta, Spin. Eulophus pyralidium. Ichneumon melanogonus, Grav Pimpla alternans, Grav. Pimpla instigator, Grav. Pteromalus communis, N. de E. — cupreus, N. de E. — ovatus, N. de E. — larvarum, N. de E. Pteromalus deplanatus, N. de E.
Rhynchites Bacchus, Schœn.	
Urbecs. — Rhynchites betuleti, Fab. et Rynchytes populi, Fab.	

§ 2. — PLANTES POTAGÈRES ET INDUSTRIELLES.

Angélique.

Mouche du Panais. — Tephritis onopordinis, Fab. } Entedon andronicus. Ophius pallipes, Wesm

Arroche.

Mouche de la Betterave. — Pegomyia hyoscyami, Macq.

Noctuelle potagère. — Hadena oleracea, Dup.

Artichauts.

Casside verte. — Cassida viridis, Lin.

Fourmi jaune. — Formica flava, Fab.

Puceron des Racines. — Aphis radicum. G.

Asperge.

Criocères de l'Asperge. — Crioceris asparagi, Geoff. et duodecim-punctata, Lat.

Bette.

Tipule potagère. — Tipula oleracea, Lin. et paludosa, Meig. — Pachyrhina maculata, Macq.

Ver gris, Ver court. — Agrotis segetum, Hub. — Agrotis exclamationis, Dup.

Betteraves.

Altises ou Puces des Jardins. — Altica oleracea, Fab.

Bouillon blanc.

Noctuelle potagère. — Hadena oleracea, Dup.

Capucine.

Altises ou Puces des Jardins. — Altica nigripes, Panz.

Destructeurs	Protecteurs
Noctuelle potagère. — Hadena oleracea, Dup.	
Phytomyze géniculée. — Phytomyza geniculata, Meig.	Dacnusa lysias, G. Entedon tolis, G.

Carotte.

Destructeurs	Protecteurs
Psylomyie de la Rose. — Psylomyia rosæ, Meig.	
Teigne de la Carotte. — Hæmilis daucella, Dup. et depressella, Dup.	Cryptus profligator, Grav. Microgaster, Curt. Ophion vulnerator, Grav.
Tipule potagère. — Tipula oleracea, Lin. et paludosa, Meig. — Pachyrhina maculata, Macq.	

Chicorée.

Destructeurs	Protecteurs
Fourmi jaune. — Formica flava, Fab.	
Puceron des Racines. — Aphis radicum, G.	
Ver gris, Ver court. — Agrotis segetum, Hub. — Agrotis exclamationis, Dup.	

Chou.

Destructeurs	Protecteurs
Altises ou Puces des Jardins. — Altica nemorum, Fab.; — atra, Payk.; — melæna, Illig.; — brassicæ, Fab.; — flexuosa, Panz.	
Charançon Cou sillonné. — Ceutorhynchus sulcicollis, Schœn.	Sigalphus pallipes, N. de E. Taphæus affinis, Wesm.
Grand Papillon du Chou. — Pieris brassicæ, Lat.	Doria concinnata, Meig. Microgaster glomeratus, N. de E. Pimpla instigator, Grav. Pteromalus larvarum, N. de E.
Mouche du Navet. — Anthomyia brassicæ. R.-D. et Anthomyia radicum, Meig.	
Noctuelle du Chou. — Hadena brassicæ, Dup.	Erigone sedula, R.-D Tachina hadenæ, G.
Noctuelle gamma. — Plusia gamma, Dup.	Phryxe vulgaris, Meig. Tachina micans, G.
Papillon blanc veiné de vert. — Pieris napi, Dup.	Hemiteles melanarius, Grav.
Petit Papillon du Chou. — Pieris rapæ, Dup.	Doria concinnata, Meig. Phryxe pieridis, R.-D.

Phytomyze géniculée. — Phytomyza geniculata, Meig.	Dacnusa lysias, G. Entedon tolis, G.
Puceron du Chou. — Aphis brassicæ, Lin.	
Punaise du Chou. — Pentatoma ornatum, Fab.	
Tipule potagère. — Tipula oleracea, Lin. et paludosa, Meig. — Pachyrhina maculata, Macq.	
Ver gris, Ver court. — Agrotis segetum, Hub., — Agrotis exclamationis, Dup.	

Cresson.

Petit Papillon du Chou. — Pieris rapæ, Dup.	Doria concinnata, Meig. Phryxe pieridis, R.-D.

Crucifères.

Altises ou Puces des Jardins. — Altica exoleta, Fab. — Melœna Illig.; — punctulata, Marsh.	
Papillon blanc veiné de vert. — Pieris napi, Dup.	Hemiteles melanarius, Grav.

Dahlias.

Tipule potagère. — Tipula oleracea, Lin. et paludosa, Meig. — Pachyrhina maculata, Macq.

Epinards.

Noctuelle gamma. — Plusia gamma, Dup.	Phryxe vulgaris, Meig. Tachina micans, G.
Noctuelle potagère. — Hadena oleracea, Dup.	
Ver gris, Ver court. — Agrotis segetum, Hub. — Agrotis exclamationis, Dup.	

Echalotte.

Mouche de l'Échalotte. — Anthomyia platura, Macq.	Alysia lucidula,

Fève.

Bruche de la Fève. — Bruchus rufimanus, Schœn.	Pteromalus varians, N. de E.

PUCERON DE LA FÈVE. — Aphis fabæ, Blanch.

NOCTUELLE POTAGÈRE. — Hadena oleracea, Dup.

TIPULE POTAGÈRE. — Tipula oleracea, Lin. et paludosa, Meig. — Pachyrhina maculata, Macq.

Giroflée.

PHYTOMYZE GÉNICULÉE. — Phytomyza géniculata, Meig. } Dacnusa lysias, G. Entedon tolis, G.

Jusquiame.

MOUCHE DE LA BETTERAVE. — Pegomyia hyoscyami, Macq.

Laitue.

NOCTUELLE FIANCÉE. — Triphœna pronuba, Dup.

VER GRIS, VER COURT. — Agrotis exclamationis, Hub. — Agrotis segetum, Dup.

NOCTUELLE DE LA LAITUE. — Polia dysodea, Dup. } Ophion merdarius, Grav.

NOCTUELLE GAMMA. — Plusia gamma, Dup. } Phryxe vulgaris, Meig. Tachina micans, G.

TIPULE POTAGÈRE. — Tipula oleracea. Lin. et paludosa, Meig. — Pachyrhina maculata, Macq.

AGROMYZE PIED NOIR. — Agromyza nigripes, Meig.

Lentille.

BRUCHE DE LA LENTILLE. — Bruchus pallidicornis, Schœn. } Pteromalus varians, N. de E

Melons.

THRIPS. — Thrips decora et cerealium, Halid.

Moutarde des Champs.

CHARANÇON COU SILLONNÉ. — Ceutorhynchus sulcicollis, Schœn. } Sigalphus pallipes, N. de E Taphæus affinis, Wesm.

Navet.

CHARANÇON COU SILLONNÉ. — Ceutorhynchus sulcicollis, Schœn. } Sigalphus pallipes, N. de E Taphæus affinis, Wesm.

ALTISES OU PUCES DES JARDINS. — Alticæ, Altica nemorum, Fab.; — Melæna, Illig.

Papillon blanc veiné de vert. — Pieris napi, Dup.	Hemiteles melanarius, Grav.
Ver gris, ver court. — Agrotis segetum, Hub. — Agrotis exclamationis, Dup.	
Mouche du Navet. — Anthomyia brassicæ, R.-D., et Anthomyia radicum, Meig.	

Oignon.

Teigne du Poireau et de l'Oignon. — Lita vigeliella, Dup.

Œillets.

Tipule potagère. — Tipula oleracea, Lin., et paludosa, Meig.; — Pachyrhina maculata, Macq.

Oseille.

Puceron de l'Oseille. — Aphis rumicis, Lin.

Noctuelle fiancée. — Triphæna pronuba, Dup.

Noctuelle potagère. — Hadena oleracea, Dup.

Mouche de l'Oseille. — Pegomyia acetosæ, R.-D.

Panais.

Teigne de la Carotte. — Hæmilis daucella, Dup., et depressella, Dup.	Cryptus profligator, Grav. Microgaster....., Curt. Ophion vulnerator, Grav.
Mouche du Panais. — Tephritis onopordinis, Fab.	Entedon andronicus. Opius pallipes, Wesm.

Patience.

Taupins. — Elater lineatus, Fab.

Plantain.

Bombyx du Trèfle. — Bombyx trifolii, Lin.	Peltastes dentatus, Grav.

Pavot.

Phytomyze géniculée. — Phytomyza geniculata, Meig.	Dacnusa lysias, G. Entedon tolis, G.

Plantes potagères en général.

Bruches. — Bruchus pisi, Fab.; — rufimanus, Schœn. — pallidicornis, Schœn.	Dacnusa lysias. G.

Destructeurs	Protecteurs
ALTISES OU PUCES DES JARDINS. — Alticæ : Altica nemorum, Fab. ; — concinna, Marsh. ; — exoleta, Fab. ; — oleracea, Fab., — helxines, Fab., — atricilla, Fab. ; — nigripes, Panz. ; — pœcilocceras, Kun. ; — atra, Payk. ; — mela na, Illig. ; — punctulata, Marsh., — brassicæ, Fab. ; — flexuosa, Panz.	
COURTILLIÈRE OU TAUPE GRILLON. — Gryllotalpa vulgaris, Latr.	
FOURMI JAUNE. — Formica flava, Fab.	
NOCTUELLE GAMMA. — Plusia gamma, Dup.	Phryxe vulgaris, Meig. Tachina micans, G.
NOCTUELLE POTAGÈRE. — Hadena oleracea, Dup.	
PERCE-OREILLES. — Forficula auricularia, Lin.	
PUCERONS DES PLANTES POTAGÈRES. — Aphis brassicæ, L. ; — rapæ, Curt. ; — rumicis, L. ; — fabæ, Blanch.	
PUCERON DES RACINES. — Aphis radicum, G.	
TIPULE POTAGÈRE. — Tipula oleracea, Lin., et paludosa, Meig. ; — Pachyrhina maculata, Macq.	
VER GRIS. VER COURT. — Agrotis segetum, Hub. ; — Agrotis exclamationis, Dup.	

Pois.

Destructeurs	Protecteurs
BRUCHE DU POIS. — Bruchus pisi, Fab.	Pteromalus varians, N. de E.
FOURMI JAUNE. — Formica flava, Fab.	
NOCTUELLE POTAGÈRE. — Hadena oleracea, Dup.	
TEIGNE DES POIS VERTS. — Grapholita pisana, Guén.	
TIPULE POTAGÈRE. — Tipula oleracea, Lin. ; — paludosa, Meig. — Pachyrhina maculata, Macq.	

Poireau.

TEIGNE DU POIREAU ET DE L'OIGNON. — Lita vigeliella, Dup.

Pommes de terre.

ALTISES OU PUCES DES JARDINS. — Altica exoleta, Fab.

TIPULE POTAGÈRE. — Tipula oleracea, Lin. et paludosa, Meig. — Pachyrhina maculata, Macq.

VER GRIS, VER COURT. — Agrotis segetum, Hub. — Agrotis exclamationis, Dup.

Radis.

ALTISES OU PUCES DES JARDINS. — Alticæ : Altica nigripes, Panz. — Altica atra, Payk. ; — melæna, Illig.

MOUCHE DU NAVET. — Anthomyia brassicæ, R.-D. et Anthomyia radicum, Meig.

Raifort.

MOUCHE DU NAVET. — Anthomyia brassicæ, R.-D., et Anthomyia radicum, Meig.

Rave.

PUCERON DE LA RAVE. — Aphis rapæ, Curt.

Renoncule jaune.

TAUPINS. — Elater lineatus, Fab.

Réséda.

PETIT PAPILLON DU CHOU. — Pieris rapæ, Dup. } Doria concinnata, Meig. Phryxe pieridis, R.-D.

Turneps.

ALTISES OU PUCES DES JARDINS. — Alticæ : Altica nemorum, Fab. ; — concinna, Marsh.

PAPILLON BLANC VEINÉ DE VERT. — Pieris napi, Dup. } Hemiteles melanarius, Grav.

PETIT PAPILLON DU CHOU. — Pieris rapæ, Dup. } Doria concinnata, Meig. Phryxe pieridis, R.-D.

PUCERON DE LA RAVE. — Aphis rapæ, Curt.

VER GRIS, VER COURT. — Agrotis segetum, Hub. — Agrotis exclamationis, Dup.

§ 3. — CÉRÉALES ET PLANTES FOURRAGÈRES.

Avoine.

ALUCITE DES CÉRÉALES. — Butalis cerealella, Dup.

CHLOROPS DE L'ORGE. — Chlorops herpini, Guer., et vittata G. } Alysia olivieri, Guér. Pteromalus micans, Oliv.

CRIOCÈRE DE L'ORGE. — Crioceris melanopa, Fab.	
PUCERON DU BLÉ. — Aphis granaria, Kirb., — Aphis avenæ, Fab.	Aphidius avenæ, Halid.
HANNETON A CORSELET VERT. — Anisoplia horticola, Fab.	

Betterave rouge (Feuilles de la).

CASSIDE NÉBULEUSE. — Cassida nebulosa, Lin.	Pteromalus.....

Blé.

ALUCITE DES CÉRÉALES. — Butalis cerealella, Dup.	
CADELLE. — Trogosita mauritanica, Fab.	
CARABE BOSSU. — Carabus gibbus, Fab.	
CÉCIDOMYIE DU FROMENT. — Cecydomyia tritici, Lat.	Coleocentrus spicator, G. Platygaster muticus, N. de E. — scutellaris, N. de E. — punctiger, N. de E.
CEPHUS PYGMÉE. — Cephus pygmæus, Lat.	Pachymerus calcitrator, Grav.
CHARANÇON DU BLÉ. — Sitophilus granarius, Schœn.	Pteromalus tritici, G.
CHLOROPS DE L'ORGE. — Chlorops herpini, Guer. et vittata, G.	Alysia olivieri, Guér. Pteromalus micans, Oliv.
CHLOROPS LINÉE. — Chlorops lineata, Guer.	Alysia olivieri, Guér.
COURTILLIÈRE OU TAUPE-GRILLON. — Gryllotalpa vulgaris, Latr.	
HANNETON DES CHAMPS. — Anisoplia agricola, Fab.	
HANNETON A CORSELET VERT. — Anisoplia horticola, Fab.	
HANNETON D'ÉTÉ. — Rhisotrogus æstivus, Lat.; — Amphimallon fuscum, G.	
HANNETON SOLSTITIAL. — Amphimallon solstitiale, Lat.	
L'AIGUILLONNIER. — Saperda marginella, Fab.	
NOCTUELLE DU BLÉ. — Agrotis tritici, Lin.	

Oscine dévastante. — Oscinis vastator, Curt.	Sigalphus caudatus, N. de E.
Puceron du Blé. — Aphis granaria, Kirb., et Aphis avenæ, Fab.	Aphidius avenæ, Halid.
Silvain a six Dents. — Sylvanus sexdentatus, Fab.	
Taupins. — Elater sputator, obscurus, lineatus, ruficaudis, et gilvellus, Fabr.	
Teigne des Grains. — Tinea granella, Lin.	
Thrips. — Thrips decora et cerealium, Halid.	
Ver gris, Ver court, Noctuelle des Moissons. — Agrotis segetum, Hub.	

Bruyères.

Bombyx de la Luzerne. — Bombyx medicaginis, Borkh.	Teleas phalænarum, N. de E.

Céréales et Plantes fourragères en général.

Alucite des Céréales. — Butalis cecerealella, Dup.	
Bombyx du Trèfle. — Bombyx trifolii, Lin.	Peltastes dentatus, Grav.
Hanneton a Corselet vert. — Anisoplia horticola, Fab.	
Hanneton des champs. — Anisoplia agricola, Fab.	
Taupins. — Elater sputator, obscurus, lineatus, ruficaudis et gilvellus, Fabr.	
Thrips. — Thrips decora et cerealium, Halid.	

Hièble.

Taupins. — Elater sputator, obscurus, lineatus, ruficaudis et gilvellus, Fab.

Luzerne.

Agromyze Pied noir. — Agromyza nigripes, Meig.	
Bombyx de la Luzerne. — Bombyx medicaginis, Borkh.	Teleas phalænarum, N. de E.
Colaspe barbare. — Colaspis barbara, Fab.	

Maïs.

Destructeurs	Protecteurs
ALUCITE DES CÉRÉALES. — Butalis cerealella, Dup.	

Orge.

Destructeurs	Protecteurs
ALUCITE DES CÉRÉALES. — Butalis cerealella, Dup.	
CARABE BOSSU. — Carabus gibbus, Fab.	
CRIOCÈRE DE L'ORGE. — Crioceris melanopa, Fab.	
CHLOROPS A PIEDS ANNELÉS. — Chlorops tæniopus, Meig.	Alysia olivieri, Guér. Pteromalus micans, Oliv.
CHLOROPS DE L'ORGE. — Chlorops herpini, Guér., et vittata, G.	Alysia olivieri, Guér. Pteromalus micans, Oliv.
OSCINE DÉVASTANTE. — Oscinis vastator, Curt.	Sigalphus caudatus, N. de E.
PUCERON DU BLÉ. — Aphis granaria, Kirb. — Aphis avenæ, Fab.	Aphidius avenæ, Halid.
THRIPS. — Thrips decora et cerealium, Halid.	

Riz.

Destructeurs	Protecteurs
SILVAIN A SIX DENTS. — Sylvanus sexdentatus, Fab.	

Seigle.

Destructeurs	Protecteurs
ALUCITE DES CÉRÉALES. — Butalis cerealella, Dup.	
CARABE BOSSU. — Carabus gibbus, Fab.	
CÉPHUS PYGMÉE. — Cephus pygmæus, Lat.	Pachymerus calcitrator, Grav.
CHLOROPS DE L'ORGE. — Chlorops herpini, Guér., et vittata, G.	Alysia olivieri, Guér. Pteromalus micans, Oliv.
CHLOROPS DU NAIN. — Chlorops pumilionis, Bierk.	
CHLOROPS LINÉE. — Chlorops lineata, Guér.	Alysia olivieri, Guér. Pteromalus varians, N. de B.
HANNETON DES CHAMPS. — Anisoplia agricola, Fab.	
PUCERON DU BLÉ. — Aphis granaria, Kirb. — Aphis avenæ, Fab.	Aphidius avenæ, Halid.
TEIGNE DES GRAINS. — Tinea granella, Lin.	
THRIPS. — Thrips decora et cerealium, Halid.	

Trèfle.

Apion du Trèfle. — Apion apricans, Schœn.	Eubadizon macrocephalus, N. de E. Pteromalus pione, Walk.
Bombyx du Trèfle. — Bombyx trifolii, Lin.	Peltastes dentatus, Grav.

Vesce.

Bruche de la Vesce. — Bruchus nubilus, Schœn.	Pteromalus varians, N. de E

TABLE ALPHABÉTIQUE

DES INSECTES MENTIONNÉS DANS L'OUVRAGE.

FIN DES TABLES.

—

AUXERRE. — IMPRIMERIE PERRIQUET, RUE DE PARIS, 31.

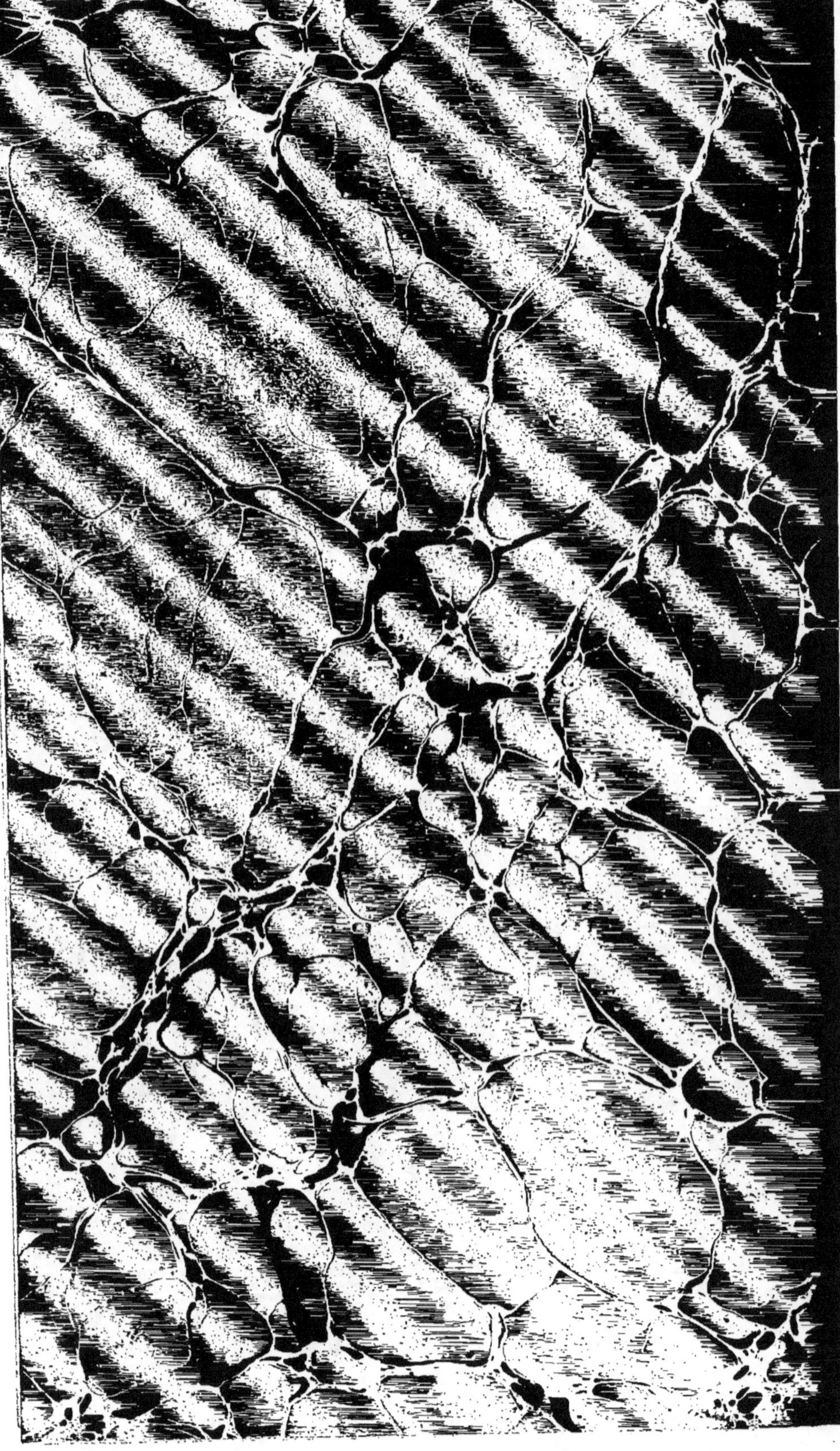

www.ingramcontent.com/pod-product-compliance
Lightning Source LLC
LaVergne TN
LVHW020602110826
845149LV00002B/352